香气成分
生物学调节功能

主 编 ○ 谢剑平 范 武

副主编 ○ 张启东 柴国璧 史清照

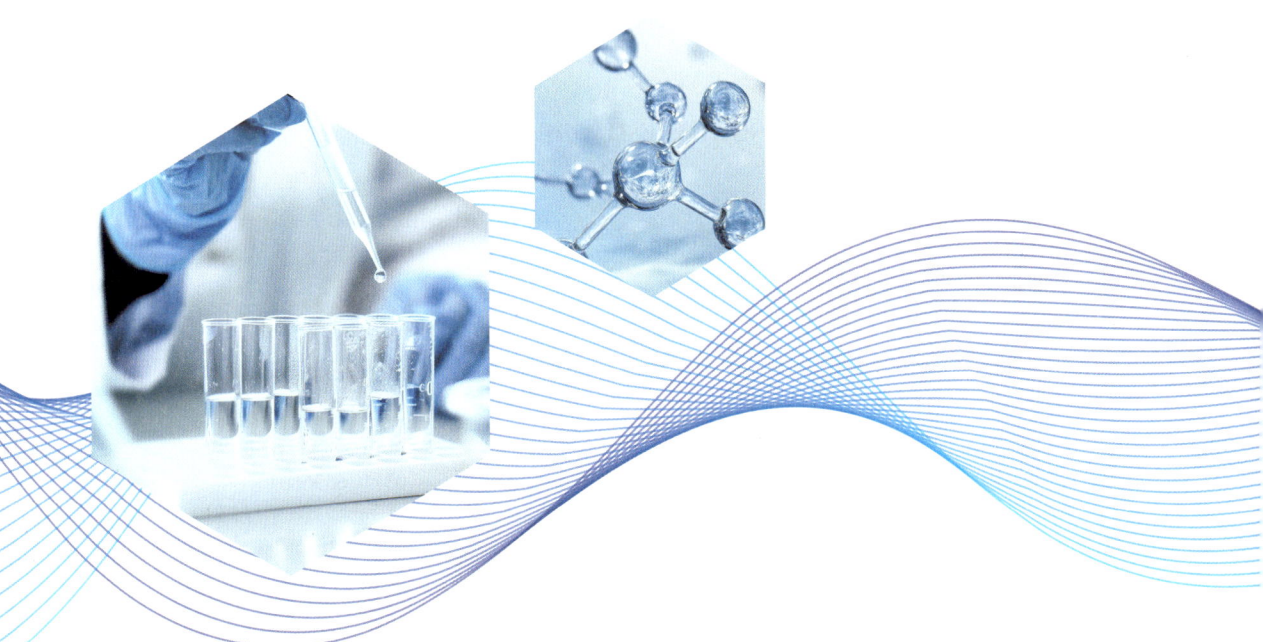

郑州大学出版社

图书在版编目(CIP)数据

香气成分生物学调节功能 / 谢剑平, 范武主编.
郑州：郑州大学出版社, 2025. 3. -- ISBN 978-7
-5773-0816-6

Ⅰ. TS207.3
中国国家版本馆 CIP 数据核字第 20249P1W55 号

香气成分生物学调节功能
XIANGQI CHENGFEN SHENGWUXUE TIAOJIE GONGNENG

策划编辑	祁小冬	封面设计	王　微
责任编辑	刘永静	版式设计	王　微
责任校对	李　蕊	责任监制	朱亚君

出版发行	郑州大学出版社	地　　址	河南省郑州市高新技术开发区
出版人	卢纪富		长椿路 11 号(450001)
经　销	全国新华书店	网　　址	http://www.zzup.cn
印　刷	河南瑞之光印刷股份有限公司	发行电话	0371-66966070
开　本	787 mm×1 092 mm　1 / 16		
印　张	20	字　　数	464 千字
版　次	2025 年 3 月第 1 版	印　　次	2025 年 3 月第 1 次印刷
书　号	ISBN 978-7-5773-0816-6	定　　价	148.00 元

本书如有印装质量问题,请与本社联系调换。

编者名单

主　编　谢剑平　范　武

副主编　张启东　柴国璧　史清照

风味体验是人类感知外界的重要感官途径,深刻影响着人类的情绪、记忆、社会行为和文化心理。风味产业的工程技术水平关乎诸多行业的核心竞争力,而风味产品的高质量供给则对于满足人民日益增长的美好生活需要具有重要价值。现代风味产业既向食品、药品、日化品、纺织品、皮革、建材、造纸、玩具等大量下游产业输出完整的风味解决方案,也向消费者直接供应丰富的感官体验。风味产品成为众多产业高附加值的重要来源,被称为"轻工业味精"和"时尚消费品芯片"。2023 年,风味产业全球市场规模 2100 亿元,间接带动下游产品效益更高达百倍。

利用风味物质尤其是香气物质满足对产品或环境风味表现的设计与调控需求,是风味产业形成和发展的内生动力。丰富多样的香气物质支撑着风味产品的设计研发,为人们的日常生活带来了美好的感官享受。近年来,随着生命科学领域的高速发展,研究者逐步意识到许多特殊香气物质除了能够引发风味体验,还具有一系列重要的生物学调节能力。例如,香芹酮作为一种重要的萜烯类香料物质,分布于众多食品和植物提取物中,目前已发现香芹酮能够针对神经系统、免疫系统、消化系统、循环系统发挥不同的作用,产生神经保护、免疫调节、抗炎症、抗癌、抗糖尿病等多种调节功能。芳樟醇作为全世界用量最大的香料之一,也被证实具有明确的抗焦虑作用。坚果香成分川芎嗪则被报道具有抑制血小板聚集、扩展血管、改善微循环作用,此外,川芎嗪还能透过血脑屏障,对神经退行性疾病具有一定程度的改善作用。可以说,这些特殊香气物质的存在构建了风味与营养健康之间的联系,是实现食品、预制菜等诸多风味下游产业风味健康双导向发展的重要枢纽。

本书是中国工程院战略研究与咨询项目"特殊风味物质识别与产业发展战略研究"的成果之一。该项目由谢剑平担任负责人,项目围绕香气成分及其生物学调节功能进行了深入调研分析,通过梳理整合世界重要经济体和国际机构香料政策性管理文件中香气成分的记录,结合复杂体系关键性香气成分科学文献报道,归纳整理出 3723 种风味产业意义显著的香气成分。通过统计分析结合文献计量方法,对单体香料类香气成分的类型划分和复杂体系关键香气成分研究现状进行了分析。进而,基于权威生物活性数据库检索,通过构建数据自动采集解析系统开展生物活性筛查,梳理出141种具有显著风味产业价值的特殊香气成分,明确了其在阿尔茨海默、帕金森、焦虑、抑郁、肿瘤、高血压、高血脂、血栓、糖尿病以及肥胖等10种重要生理和病理过程中的干预和调节作用,并凝练了相关生物学调节功能研究的方法学框架。本书共4章,谢剑平负责整体思路和结构设计,各章撰写人员如下:第1章由范武、张启东撰写;第2章由柴国璧、史清照撰写;第3章由范武、柴国璧撰写;第4章由范武、张启东;全书由谢剑平、范武统稿。

由于时间仓促,书中难免有不足及疏漏之处,请读者批评指正。

编者

2024年9月

目录

第1章 嗅觉效应与香气成分 ⋯⋯ 001
  1.1 嗅觉效应的生物学机制 ⋯⋯ 001
  1.2 复杂风味体系的关键香气成分 ⋯⋯ 003
  1.3 风味产业中的单体香料 ⋯⋯ 005
    1.3.1 国际食用香料管理政策 ⋯⋯ 006
    1.3.2 我国食用香料管理政策 ⋯⋯ 007
  1.4 香气成分的生物学调节功能 ⋯⋯ 008
  参考文献 ⋯⋯ 009

第2章 风味产业意义显著的香气成分调研分析 ⋯⋯ 013
  2.1 风味产业意义显著的香气成分调研策略 ⋯⋯ 013
    2.1.1 单体香料类香气成分 ⋯⋯ 013
    2.1.2 风味体系关键香气成分 ⋯⋯ 014
  2.2 风味产业意义显著的香气成分调研分析结果 ⋯⋯ 015
    2.2.1 单体香料类香气成分调研分析结果 ⋯⋯ 015
    2.2.2 风味体系关键香气成分调研分析结果 ⋯⋯ 016
    2.2.3 风味产业意义显著的香气成分汇总 ⋯⋯ 022
  参考文献 ⋯⋯ 022

第3章 香气成分生物学调节功能调研分析 ⋯⋯ 023
  3.1 香气成分生物学调节功能调研策略 ⋯⋯ 023
    3.1.1 香气成分生物活性数据来源 ⋯⋯ 023
    3.1.2 香气成分生物活性数据筛查原则 ⋯⋯ 025
  3.2 香气成分生物学调节功能调研分析结果 ⋯⋯ 025

第4章 香气成分生物学调节功能研究 ⋯⋯ 030
  4.1 抗阿尔茨海默病功能 ⋯⋯ 030
    4.1.1 动物行为学研究角度 ⋯⋯ 031

  4.1.2 β-淀粉样蛋白/τ蛋白研究角度 ………………………………… 032
  4.1.3 乙酰胆碱酯酶研究角度 …………………………………………… 032
  4.1.4 神经炎症研究角度 ………………………………………………… 033
  4.1.5 氧化应激研究角度 ………………………………………………… 034
 4.2 抗帕金森病功能 …………………………………………………………… 035
  4.2.1 动物行为学研究角度 ……………………………………………… 036
  4.2.2 多巴胺能神经元研究角度 ………………………………………… 037
  4.2.3 神经炎症研究角度 ………………………………………………… 038
  4.2.4 氧化应激研究角度 ………………………………………………… 039
 4.3 抗抑郁症功能 ……………………………………………………………… 040
  4.3.1 动物行为学研究角度 ……………………………………………… 040
  4.3.2 单胺类神经递质研究角度 ………………………………………… 041
 4.4 抗焦虑症功能 ……………………………………………………………… 042
 4.5 抗肿瘤功能 ………………………………………………………………… 043
  4.5.1 肿瘤细胞凋亡研究角度 …………………………………………… 044
  4.5.2 肿瘤细胞周期研究角度 …………………………………………… 045
  4.5.3 肿瘤血管生成研究角度 …………………………………………… 046
  4.5.4 肿瘤侵袭转移研究角度 …………………………………………… 047
 4.6 降血压功能 ………………………………………………………………… 048
  4.6.1 血管舒张研究角度 ………………………………………………… 048
  4.6.2 氧化应激研究角度 ………………………………………………… 049
 4.7 降血脂功能 ………………………………………………………………… 050
  4.7.1 血脂代谢研究角度 ………………………………………………… 051
  4.7.2 氧化应激研究角度 ………………………………………………… 052
 4.8 抗血栓功能 ………………………………………………………………… 053
  4.8.1 凝血研究角度 ……………………………………………………… 053
  4.8.2 血小板聚集研究角度 ……………………………………………… 054
 4.9 抗糖尿病功能 ……………………………………………………………… 055
  4.9.1 胰岛 β 细胞研究角度 ……………………………………………… 055
  4.9.2 胰岛素抵抗研究角度 ……………………………………………… 056

4.10 抗肥胖功能 ··· 058
 4.10.1 脂肪细胞分化研究角度 ··· 058
 4.10.2 白色脂肪细胞棕色化研究角度 ······································ 059
 4.10.3 脂肪合成与分解研究角度 ··· 060
 4.10.4 肠道菌群研究角度 ··· 061

参考文献 ·· 062

附录1 风味产业意义显著的香气成分信息 ······································ 071
附录2 特殊香气成分生物学调节功能统计 ······································ 302

第 1 章

嗅觉效应与香气成分

 嗅觉效应的生物学机制

嗅觉是生命体感知环境中化学成分的重要感官途径,在寻觅食物、吸引配偶、识记方向、辨别异己、躲避危险等自然行为中发挥着独特作用。长期以来,人类对嗅觉表现的复杂性有着清醒的认识,但直至20世纪90年代,针对嗅觉效应深层生物学机制的探索才取得较为坚实的研究基础。

人类很早就意识到,对嗅觉效应的描述高度依赖个体生活经验,且极难将嗅觉效应抽象为普适性的描述符号;同时,不同香气的混合往往会造成不可预知的嗅觉表现,使其显得更加难以捉摸。正因如此,在崇尚理性和追求逻辑的古典主义时代,嗅觉受到了严重的轻蔑和贬低。柏拉图(Plato)和亚里士多德(Aristotle)指斥嗅觉的愉悦与视觉、听觉相比缺乏高尚与纯粹(less pure,less noble),笛卡儿(Descartes)认为嗅觉粗俗(vulgar),叔本华(Schopenhauer)认为嗅觉是一种低级感官(an inferior sense),黑格尔(Heger)则直接将嗅觉从其美学体系中剔除[1]。然而,与古典主义哲学家们的严厉批判相反,考古研究则展现出人类对美好嗅觉享受的不懈追求。最早的香氛配方奇斐(Kyphi)可以追溯到古埃及时期,长沙马王堆汉墓出土的西汉彩绘陶熏炉中盛满了茅香、高粱姜、辛夷、藁本等香草,北宋黄庭坚留下的书法珍品《制婴香方帖》更是清楚记载着古人的制香配方(图1-1)。随着天然提取工艺以及近代化学合成技术的发展,以香水为代表的各类气味产品风靡世界,深刻影响着不同文明的外在表现特征。

对美好香气体验的追求源于人类本能,但设计和生产相关产品则需要掌握嗅觉效应产生的内在规律。长期以来,研究者从不同角度持续进行着嗅觉效应形成机制的解析工作。20世纪60年代,在 Nature 等期刊上即有研究者提出很可能存在与每一种嗅觉效应相对应的嗅觉受体(odorant receptor,OR),并推测某个OR损坏会造成某种嗅觉效应的缺失:Amoore通过调查嗅盲患者(anosmia)的特定类型,定义了一个含有7种主体气味(primary odors)的分类系统,并认为每个主体气味都对应一种OR类型[2-3]。该工作也引发了后续一系列基于嗅觉"交叉-适应"方式探讨香气分类和OR

对应关系的研究[4-8]。

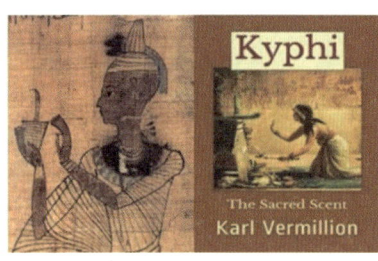
（a）古埃及祭祀使用的
香氛Kyphi

（b）马王堆一号汉墓
西汉彩绘陶熏炉

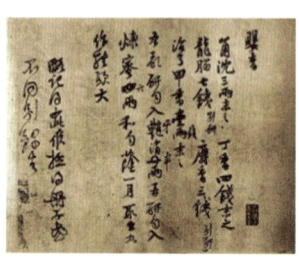
（c）黄庭坚书写的
《制婴香方帖》

图1-1 考古研究所发现的古代著名香氛产品

另外,有研究人员认为香气分子的理化性质在很大程度上决定了其香气特征。一个世纪以来,通过研究不同香气成分的分子振动、分子质量、官能团种类及位置、分子形状、电子供体、酸-碱性质、分子链长及其他物理化学参数与其香气特征之间的关系[9],研究人员建立了不同的构-香关系理论。然而仅仅用一种或几种理化参数为指标评价香气,既不能准确地预测分子的香气特征,更无法解释香气的感知过程。为了解决这类问题,2007年Khan等人基于1664个气味分子结构特征与香气特征之间的关系建立了能够实现预测香气分子愉悦度的机器学习模型[10]。2017年,*Science*报道了Keller等人的研究,他们使用19个香气描述和4884种物理化学参数对476个香气分子进行描述和表征,通过建立人工智能学习模型,可以预测8类不同香气描述符及香气强度和愉悦度,预测结果和人类感官评估结果高度相关[11]。然而,这些研究并非聚焦于人类嗅觉效应的形成过程,而是希望绕过这一过程的内在机制,利用成分的结构特征和嗅觉表现建立普适性较广的构-香关系。

真实OR的发现是揭开嗅觉效应生物学机制神秘面纱的重要成果。1991年,美国科学家Richard Axel和Linda B. Buck首次在褐家鼠中发现和克隆了*OR*基因[12],并从分子层面和细胞层面阐释了嗅觉系统的工作原理,开启了嗅觉领域研究的新纪元。Buck和Axel也凭着这一里程碑式的发现荣获了2004年诺贝尔生理学或医学奖(图1-2)。

图1-2 2004年诺贝尔生理学或医学奖获得者 Richard Axel（左）和 Linda B. Buck（右）

人类的嗅觉感知系统由嗅上皮、嗅球和嗅皮层3个部分组成。分布于上鼻甲、部分中鼻甲侧面及鼻中隔处的嗅上皮包含嗅觉神经元、支持细胞和基底细胞,其中 OR 表达在嗅觉神经元的嗅纤毛上。OR 是 G 蛋白偶联受体(G protein-coupled receptor,GPCR)超家族中最大的受体家族,属于 A 类 GPCR,具有 7 个 α 跨膜螺旋结构,N 末端位于胞外,C 末端在胞内,7 个跨膜区由 3 个胞外环和 3 个胞内环相连。当挥发性的香气分子进入鼻腔后,与 OR 结合,导致与 OR 偶联的 G 蛋白活化并脱离,从而激活腺苷酸环化酶Ⅲ,使细胞内"第二信使"环磷酸腺苷(cyclic adenosine monophosphate,cAMP)增加,进而打开细胞膜上的环核苷酸门控通道,引起 Ca^{2+} 和 Na^+ 内流,产生动作电位。嗅觉神经元在嗅上皮后方形成轴突(axon),汇聚投射到嗅球中的上千个嗅小球(glomeruli),这里是嗅觉信号的初级处理模块;嗅小球通过神经突触连接僧帽细胞(mitral cell)和丛状细胞(tufted cell),构成信号输出通路并投射至嗅皮层以及更高级的嗅觉信号处理中枢,获得更高水平的分辨和解码处理,最终形成对不同气味的感知和识别[13]。嗅觉系统的结构以及系统各部分功能和特点的明确,为理解嗅觉作用的深层机制提供了重要的生物学基础。

OR 基因家族约占哺乳动物基因组的 1%~3%[14-15],分布在除 20 号染色体和 Y 染色体之外的绝大部分染色体上。据报道,大鼠的 *OR* 基因超过 1700 个,人类的 *OR* 基因约有 860 个[16]。在进化过程中,一部分 *OR* 基因逐渐退化为假基因,失去了表达嗅觉受体蛋白的功能。据估计,大鼠约有 20% 的 *OR* 基因为假基因[17],其功能性 *OR* 基因可表达 1300 多个 OR,而人类 *OR* 假基因化程度约为 50%[18],能够有效编码的 OR 数量为 400 个左右。由于人类可区分的嗅觉效应数量远远超过了 OR 数量,因此 OR 和气味分子之间必然不是一一对应的关系。研究表明,一种 OR 可以识别具有类似结构特征的多种气味分子,而一种具有多个结构特征的气味分子也有可能同时激活多种 OR[19]。正是通过 OR 组合编码的工作模式,人类和其他动物才能够感知环境中数量极为庞大的气味分子。据粗略估计,自然界能够引发嗅觉响应的气味分子数量约在 40 万到 50 万种之间[20]。

1.2 复杂风味体系的关键香气成分

从数量庞大的气味分子中挖掘出能够有效应用于日常生活的香气物质一直是风味产业关注的焦点。现代香气成分研究始于对芳香植物和食品中挥发性成分的分离与鉴定。随着化学分析技术的快速发展,尤其是 1957 年 Holmes 和 Morrell 等人开创了气相色谱-质谱法(GC-MS)后,从各类复杂风味体系中发现的香气成分数量呈井喷式增长。在关注香气成分对不同体系感官贡献差异时,研究者逐渐意识到香气成分的贡献并不完全取决于其在体系内的含量，嗅觉阈值在很大程度上决定了这些香气成分的感官贡献大小。由此，推动了对复杂风味体系内关键香气成分鉴别技术的发展。

研究人员将 GC-MS 技术的分离鉴定能力与人类嗅觉感知能力相结合，开发了气相色谱-嗅闻仪-质谱联用技术（gas chromatography-olfactometry-mass spectrometry, GC-O-MS），并通过稀释法、检测频率法、时间强度法等逐个评估获得分离的香气成分对体系的感官贡献差异[21]。目前，以香气萃取稀释分析（aroma extraction dilution analysis, AEDA）技术在食品、香精香料的关键香气成分鉴别中应用最为广泛。AEDA 通常采用 GC-O-MS 对不同稀释梯度的香气萃取物样品进行分析，将气相色谱分离的各香气成分能被评价员感知的最高稀释倍数作为其稀释因子（dilution factor, FD），并根据 FD 值的大小判断出关键香气成分，从而帮助研究人员聚焦于体系中贡献最为显著的关键香气成分[22]。一般来说，FD 值越大，则成分在样品中的香气贡献越大，通常 FD≥8 即可认定为关键香气成分。该技术已广泛应用于果蔬、花卉、食品、香精香料等众多类型风味体系中关键香气物质的鉴定。图 1-3 展示了研究者利用 AEDA 技术分析朗姆酒香气成分的应用案例，通过聚焦 FD≥8 的 42 种关键香气成分，使后续的定量分析和感官评价工作获得了明显便利[23]。近年来，AEDA 技术也更多应用于我国传统食品中关键香气成分的鉴别。例如，研究者利用 AEDA 技术对劲酒香气成分进行分析，初步鉴定出 136 种香气成分，其中 FD≥8 的香气成分共计 70 种，聚焦了后续分子感官科学研究的成分范围[24]。针对传统酿造酱油和现代商业酱油香气差异原因的 AEDA，使研究得以聚焦于 70 余种香气成分（FD≥8），进而发现麦芽酚、4-乙基愈创木酚和苯乙醛等成分的 FD 在两类产品中存在显著差异[25]。

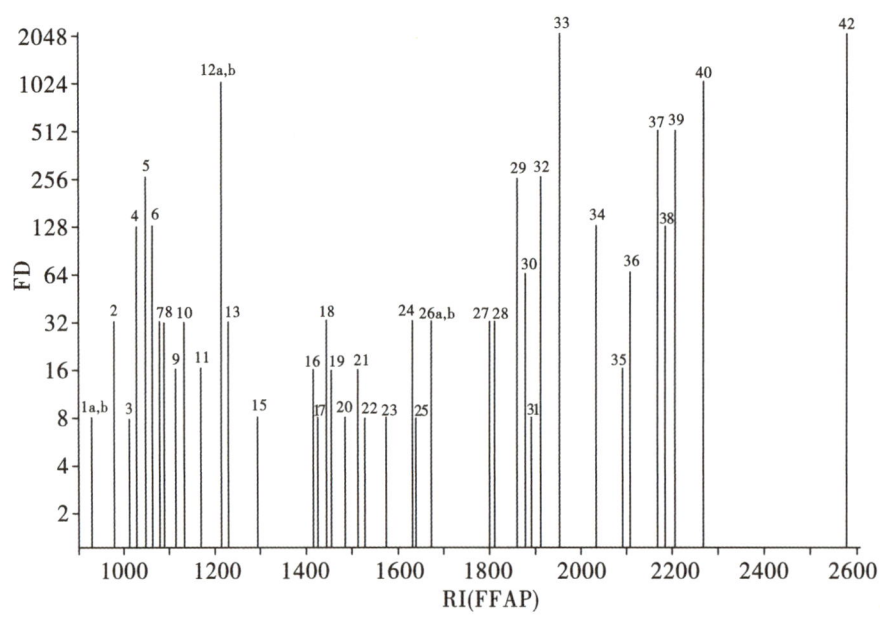

图 1-3　应用 AEDA 技术分析朗姆酒所获得 FD≥8 的关键香气成分[23]

AEDA技术将气相分离、定性分析和感官评价有机结合,操作简便易行,结论清晰明了,然而由于所评价香气成分已脱离产品基质,造成研究结论和香气成分在原风味体系中的真实感官贡献存在一定差异。因此,AEDA技术往往与香气活性值(OAV)技术结合应用,以获得更加接近真实状态的感官贡献鉴别结果。香气成分的OAV值是指该成分在风味体系中的质量浓度与其在基质中的嗅觉阈值之比。成分的浓度越高或阈值越低,其OAV值就越显著;当香气成分的浓度恰好等于其阈值时,OAV=1。目前普遍认为,风味体系内OAV≥1的香气成分才具有比较显著的感官贡献。由于OAV技术覆盖了香气成分的基质效应,能够获取更贴近真实情况的香气成分贡献度,因此,其被广泛应用于各类风味体系的关键香气成分鉴定。当然,获取OAV值需要对香气成分进行精确的定量分析,造成应用成本相比AEDA有所增大。

研究者利用关键香气成分并结合香气模型构建(aroma modeling)及消除实验(omission experiment),能够模拟出与风味体系香气轮廓非常相似的重组物(aroma recombinate)[26-31],甚至仅利用数量很少的关键香气成分,便能够成功仿制出黄油[32]、新鲜草莓[33]、咖啡[34]和红酒[35]等许多不同复杂体系的香气特征。著名风味科学家Thomas Hofmann团队综合比对了119篇针对227种食品的香气成分OAV的文献,分析结果认为,在约10 000种挥发性成分中,真正对食品香气特征产生作用的关键香气成分只有226种,小于挥发性成分总数的3%[36]。这一重要结论说明,复杂风味体系中并非所有挥发性成分都带来香气感受,具有较高感官贡献度的关键香气成分是决定复杂风味体系香气表现的最重要因素。

1.3 风味产业中的单体香料

19世纪以来,随着提取分离技术的进步,天然香料种类不断增多,产能迅速扩大。然而天然香料的生产原料受地理和物候等因素限制,品质容易波动,产能上限也逐步与工业化水平不断提升的食品和日化产业难以匹配,人们开始将目光投向能够呈现天然香气表现的"单体香料"。最初的单体香料主要通过物理或化学的方法从天然原料中分离提纯而来,因此也被称为"单离香料"。受益于化学合成和生物合成技术的进步,越来越多的单离香料甚至自然界尚不存在的新型香气成分也陆续获得规模化生产,并作为单体香料在风味产业广泛应用。当前,全世界单体香料数量超过5000种,已成为风味产业不可或缺的重要原料。

随着香料品种和用途的不断增加,世界各主要经济体和重要国际组织均出台了相应的管理政策。一般来说,针对日化香料的立法和管理主要通过不同行业组织机构如国际日化香料协会等制定自律法规和标准进行监管,并采用否定列表和限制列表的方式对禁用香料和限量香料进行公布。而针对食用香料,往往存在更为完善的监管及安全评价体系,并采用肯定列表形式对其进行规范应用。

1.3.1 国际食用香料管理政策

美国从1958年开始对食用香料进行立法管理,最初由美国食品与药品管理局(FDA)直接对其进行监管,将允许应用于食品的香料纳入联邦法规,并对天然来源及人工合成香料进行了区分。但随着新型香料不断增加,立法工作迎来了巨大挑战。因此,FDA将食用香料评价工作交由美国香料与萃取物制造协会(Flavor and Extract Manufacturers Association,FEMA)进行监管,认可其评价结果,并将结果以"一般公认安全物质"(generally recognized as safe,GRAS)名单的形式进行公布。

近60年来,FEMA专家组一直是美国评估食用香料成分安全性的主要独立机构,该专家组是由业内外的医学家、毒理学家及生物化学家等权威人士组成,其主要工作是通过FEMA GRAS计划确保食用香料的安全性,并与FDA及全球监管机构建立合作关系。每个经专家组评价为安全的食用香料都有一个FEMA编号,编号从2001号开始,2021年5月公布的FEMA GRAS 31已达5006号,即允许使用的食用香料共有3000余种。FEMA GRAS网站给出了每种FEMA GARS香料的GRAS名单文件以及用于快速参考的CAS号、香料名称、FEMA号、香气特征等信息。FEMA GRAS名单是世界上最庞大、接受度最广的许可食用香料物质名单之一,目前埃及、巴西、捷克、阿根廷、巴拉圭、乌拉圭、波多黎各等国家对GRAS名单全部采用,而原则上采用的国家已超过40个。

欧盟的食用香料监管由欧洲理事会(Council of Europe,GoE)和欧洲食品安全局(European Food Safety Authority,EFSA)负责。早期欧洲主要通过CoE蓝皮书公布食用香料名单。CoE蓝皮书包括一份可用于天然食用香料的天然资源表,以及一份可加到食物中而不危及健康的香料物质表。CoE下设的食用香料物质专家委员会对名单中的食用香料进行了编号,共有1700多种。CoE蓝皮书并非真正意义上的法规,其专家组已于20世纪90年代初停止工作。

EFSA是目前制定食品安全法规的权威机构,其独立于欧盟其他部门,在食品安全方面向欧盟委员会、CoE和欧盟成员国提供科学建议。EFSA的主要任务是开展食品安全风险评估和风险信息交流,对直接或间接影响食品和饲料安全的立法和政策提供科学建议以及科学技术支持。EFSA有10个独立的科学专家组,负责大部分食品的安全评估工作,其中食用香料的安全性评估工作由食品添加剂和食用香料专家组负责。

目前,欧盟已经形成了比较完备的食品安全体系,食用香料的管理也采用许可名单制。许可名单制定过程中涉及的香料安全法规如下。

(1)1996年颁布的法规(EC)No 2232/96,要求各成员国将批准使用的食用香料进行统一登记,形成待评价香料清单;

(2)2000年颁布的法规(EC)No 1565/2000对食用香精香料的使用及评价规则做

了说明,要求建立政府层面专家组,收集食用香料质量、规格、代谢及毒理学资料对其进行安全评估;

(3)2008年颁布的关于香料香精和具有香料性质食品配料的有关法规(EC)No 1334/2008,提出了多项食用香料香精的安全性评价原则,更新了原本注册登记的名单,删去了约150个无FEMA编号的申报香料,并于2012年完成并公布了欧盟许可的食用香料名单。截至2021年,法规(EC)No 1334/2008附录1中允许使用的食用香料约有2500种,并提供了香料名称、CAS号、FL号(EFSA号)、CoE号、FEMA号等信息。

1955年,联合国粮农组织(Food and Agriculture Organization,FAO)/世界卫生组织(World Health Organization,WHO)成立了食品添加剂专家联合委员会(Joint FAO/WHO Expert Committee on Food Additives,JECFA),该专家委员会的工作包括对食品添加剂、污染物、天然毒素和食品兽药残留进行安全性评估,其任务是分析人类食用的食品中污染物及兽药残留的化学、毒理学及其他方面的性质,确定需要优先评估的食品添加剂、污染物及兽药,评估结果为FAO、WHO及其成员国、国际食品法典委员会以及世界各国制修订食品安全标准、开展食品安全风险管理提供科学意见。

1995年,JECFA第44次会议制定了与FEMA类似的食用香料安全评价新方法,纳入了一系列指标,以便以一致和及时的方式同时评价大量食用香料。自第46次会议起,JECFA将化学结构相同的食用香料按组用第44次会议确定的方法进行评价。目前,食用香料的质量规格收录在FAO《食物与营养文章汇编(52)》(FNP52)的第4次及之后的增补本中,也被录入在线数据库。目前,FAO网站和WHO网站上可查询截至2020年第89次会议已评价食用香料,数量已达2200余种,并提供了CAS号、香料名称、FEMA号、JECFA号、CoE号等信息。

1.3.2 我国食用香料管理政策

在我国,食用香料被纳入食品添加剂一类进行监管。1977年,卫生部根据我国食用香料工业的实际情况,同时参照国际上的有关规定,将我国传统使用的食用香料进行了分类管理,并在《食品添加剂使用卫生标准(试行)》(GBn 50-77)公布了第一批允许使用的149种食用香料名单,由此开始了我国对食用添加剂的系统性、标准化管理。为加快立法工作。1980年,在国家标准总局组织下成立了中国食品添加剂标准化技术委员会,主要负责收集有关食品添加剂方面的国内外资料,讨论食品添加剂方面的立法管理问题,根据毒性试验结果审查新的食品添加剂使用卫生标准和质量标准等。1985年,在中国食品添加剂标准化技术委员会下成立了食用香料分技术委员会,负责食品添加剂毒理学评价程序中有关食用香料评价内容的起草工作。到1996年,《食品添加剂使用卫生标准》(GB 2760—1996)中允许使用的食用香料已达714种,其中合成香料574种,天然香料140种。

随着食品工业的发展,食用香料的品种和数量大幅提升,为了加快我国新食用香料的审批效率,2003年发布的《食品安全性毒理学评价程序》(GB 15193.1—2003)在"对不同受试物选择毒性试验的原则"中提到,对于香料,凡属WHO已建议批准使用或已制定日许摄入量者,以及 FEMA、CoE、国际香料工业组织(IOFI)四个国际组织中的两个或两个以上允许使用的,一般不需要进行试验;凡属资料不全或只有一个国际组织批准的,先进行急性毒性试验和遗传毒性试验组合中的一项,经初步评价后,再决定是否需进行进一步试验;凡属尚无资料可查、国际组织未允许使用的,先进行急性毒性试验、遗传毒性试验和 28 天经口毒性试验,经初步评价后,决定是否需进行进一步试验;凡属用动、植物可食部分提取的单一高纯度天然香料,如其化学结构及有关资料并未提示具有不安全性的,一般不要求进行毒性试验。该规定的出台加速了我国新食用香料的审批速度,到 2014 年,《食品安全国家标准 食品添加剂使用标准》(GB 2760—2014)中允许使用的食用香料已达 1800 种,其中合成香料 1477 种,天然香料 393 种,同时提供了化学名称、CAS 号、编码、FEMA 号等信息。

1.4 香气成分的生物学调节功能

人们很早就意识到,香气成分不仅能够带来丰富的感官体验,在调节人类身心健康方面也发挥着重要作用。例如,古埃及有使用芳香植物预防疾病和缓解病痛的记录。我国也有端午悬挂艾叶、菖蒲以祛瘟避邪的传统习俗;中医领域存在"五臭理论",专门研讨药物嗅觉表现与药性功能之间的关系[37]。

除了驱散毒虫、抗菌防腐等已广为人知的传统功用外,越来越多的现代研究证实了香气成分对于人体诸多复杂生理活动的调节功能。例如,香芹酮作为一种重要的萜烯类单体香料,分布于众多食品和植物提取物中,目前已发现香芹酮能够针对神经系统、免疫系统、消化系统、循环系统发挥不同的作用,具有神经保护、免疫调节、抗炎症、抗癌、抗糖尿病等多种调节功能[38-40];芳樟醇作为全世界用量最大的香料之一,也被证实具有明确的抗焦虑作用[41];2021 年,*Science* 重要子刊 *Science Translational Medicine* 报道了常用的果香、青香香料——法尼醇对帕金森病的改善作用,并证实法尼醇是帕金森病关键病理蛋白之一 PARIS 的有效抑制剂,可通过增强 PARIS 的法尼基化和恢复抗氧化酶的活性对多巴胺神经元损伤产生明显的保护作用[42];坚果香成分川芎嗪(四甲基吡嗪)则被报道具有抑制血小板聚集、扩张血管、改善微循环的作用,此外,川芎嗪(四甲基吡嗪)还能透过血脑屏障,对神经退行性疾病具有一定程度的改善作用[43]。值得注意的是,由于风味研究领域和生命健康领域之间存在明显的知识和技术差异,对于数量众多的香气成分生物学调节功能研究,目前尚缺乏系统的筛查和梳理。

此外,除了不断涌现的香气成分各类生物学调节功能报道外,研究者近年来还发现 OR 并不仅在嗅觉系统中有表达,在迄今为止所测试的包括肺、肠、脑、肝、皮肤、心脏、血液和睾丸等人体组织和系统中，OR 均有表达；研究者还发现部分 OR 仅在特定组织中有表达，而有些 OR 则更广泛地分布在整个人体组织中，这种现象被称为 OR "异位表达"（ectopic expression）[44]。目前，对于多数异位表达的 OR，尚不能完全明确其生理功能，有推测它们可能参与了针对细胞迁移、增殖、凋亡和胞吐等重要生理过程的调节。这些现象从另一个角度提示了作为各类 OR 配体的香气成分，在进入人体后除发挥嗅觉效应之外，诸多的生物学调节功能有可能存在重要的生物学基础和复杂的信号通路。

参考文献

[1] ROUBY C, SCHAAL B, DUBOIS D, et al. Olfaction, Taste, and Cognition [M]. Cambridge: Cambridge University Press, 2002.

[2] AMOORE J E. Specific anosmia: a clue to the olfactory code [J]. Nature, 1967, 214: 1095-1098.

[3] AMOORE J E. Specific anosmia and the concept of primary odors [J]. Chemical Senses, 1977, 2: 267-281.

[4] CAIN W S. Odor intensity after self-adaptation and cross-adaptation [J]. Perception & Psychophysics, 1970, 7: 271-275.

[5] TODRANK J, WYSOCKI C J, BEAUCHAMP G K. The effects of adaptation on the perception of similar and dissimilar odors [J]. Chemical Senses, 1991, 16: 467-482.

[6] CAIN W S, POLAK E H. Olfactory adaptation as an aspect of odor similarity [J]. Chemical Senses, 1992, 17: 481-491.

[7] PIERCE J D, WYSOCKI C J, ARONOV E V. Mutual cross-adaptation of the volatile steroid and rostenone and a non-steroid perceptual analog [J]. Chemical Senses, 1993, 18: 245-256.

[8] PIERCE J D, ZENG X N, ARONOV E V, et al. Cross-adaptation of sweaty-smelling 3-methyl-2-hexenoic acid by a structurally-similar, pleasant-smelling odorant [J]. Chemical Senses, 1995, 20: 401-411.

[9] ROSSITER K J. Structure-odor relationships [J]. Chemical Review, 1996, 96: 3201-3240.

[10] KHAN R M, LUK C H, FLINKER A, et al. Predicting odor pleasantness from odorant structure: pleasantness as a reflection of the physical world [J]. Journal of Neuroscience, 2007, 27: 10015-10023.

［11］KELLER A,GERKIN R,GUAN Y,et al. Predicting human olfactory perception from chemical features of odor molecules［J］. Science,2017,355:820-826.

［12］BUCK L,AXEL R. A novel multigene family may encode odorant receptors:a molecular basisfor odor recognition［J］. Cell,1991,65(1):175-87.

［13］MORI K,ENSAK U,NAGA O,et al. The olfactory bulb:coding and processing of odor molecule information［J］. Science,1999,286:711-715.

［14］GLUSMAN G,YANAI I,RUBIN I,et al. The complete human olfactory subgenome ［J］. Genome Research,2001,11(5):685-902.

［15］REED R. After the holy grail:establishing a molecular basis for mammalian olfaction ［J］. Cell,2004,116:329-336.

［16］GILAD Y,MAN O,GLUSMAN G. A comparison of the human and chimpanzee olfactory receptor gene repertoires［J］. Genome Research,2005,15:224-230.

［17］YOUNG J M,TRASK B J. The sense of smell:genomics of vertebrate odorant receptors ［J］. Human Molecular Genetics,2002,11(10):1153-1160.

［18］MALNIC B,GODFREY P A,BUCK L B. The human olfactory receptor gene family ［J］. Proceedings of the National Academy of Sciences,USA,2004,101(8):2584-2589.

［19］MALNIC B,HIRONO J,SATO T,et al. Combinatorial receptor codes for odors［J］. Cell,1999,96:713-723.

［20］MORI K. The Olfactory System［M］. Tokyo:Springer Tokyo Press,2014.

［21］MOLYNEUX R J,SCHIEBERLE P. Compound identification:a journal of agricultural and food chemistry perspective ［J］. Journal of Agricultural and Food Chemistry, 2007,55(12):4625-4629.

［22］GROSCH W. Detection of potent odorants in foods by aroma extract dilution analysis ［J］. Trends in Food Science andTechnology,1993,4(3):68-73.

［23］FRANITZA L,GRANVOGL M,SCHIEBERLE P. Characterization of the key aroma compounds in two commercial rums by means of the sensomics approach［J］. Journal of Agricultural and Food Chemistry,2016,64:637-645.

［24］SUN X,DU J,XIONG Y,et al. Characterization of the key aroma compounds in Chinese JingJiu by quantitative measurements,aroma recombination,and omission experiment［J］. Food Chemistry,2021,352:129450.

［25］WANG X,GUO M,SONG H,et al. Characterization of key aroma compounds in traditional Chinese soy sauce through the molecular sensory science technique［J］. LWT-Food Science and Technology,2020,128:109413.

［26］LE G S,PROST C,DEMAIMAY M. Evaluation of the representativeness of the odor of cooked mussel extracts and the relationship between sensory descriptors and potent odorants［J］. Journal of Agricultural and Food Chemistry,2001,49(3):1321-1327.

［27］LIN J,ROUSEFF R L. Characterization of aroma-impact compounds in cold-pressed grapefruit oilusing time-intensity GC-olfactometry and GC-MS[J]. Flavourand Fragrance Journal,2001,16(6):457-463.

[28] KUMAZAWA K, MASUDA H. Identification of potent odorants in different green tea varieties using flavor dilution technique[J]. Journal of Agricultural and Food Chemistry,2002,50(20):5660-5663.

[29] JEZUSSEK M, JULIANO B O, SCHIEBERLE P. Comparison of key aroma compounds in cooked brown rice varieties based on aroma extract dilution analyses[J]. Journal of Agricultural and Food Chemistry,2002,50(5):1101-1105.

[30] GREGER V, SCHIEBERLE P. Characterization of the key aroma compounds in apricots (*Prunus armeniaca*) by application of the molecular sensory science concept[J]. Journal of Agricultural and Food Chemistry,2007,55(13):5221-5228.

[31] STEINHAUS P, SCHIEBERLE P. Characterization of the Key Aroma Compounds in Soy Sauce Using Approaches of Molecular Sensory Science[J]. Journal of Agricultural and Food Chemistry,2007,55(15):6262-6269.

[32] SCHIEBERLE P, et al. Character impact odour compounds of different kinds of butter [J]. LWT-Food Science and Technology,1993,26(4):347-356.

[33] SCHIEBERLE P, HOFMANN T. Evaluation of the character impact odorants in fresh strawberry juice by quantitative measurements and sensory studies on model mixtures [J]. Journal of Agricultural and Food Chemistry,1997,45:227-232.

[34] CZERNY M, MAYER F, GROSCH W. Sensory study on the character impact odorants of roasted arabica coffee[J]. Journal of Agricultural and Food Chemistry,1999,47: 695-699.

[35] FRANK S, WOLLMANN N, SCHIEBERLE P, et al. Reconstitution of the flavor signature of dornfelder red wine on the basis of the natural concentrations of its key aroma and taste compounds[J]. Journal of Agricultural and Food Chemistry,2011,59:8866-8874.

[36] DUNKEL A, STEINHAUS M, KOTTHOFF M, et al. Nature's chemical signatures in human olfaction: A foodborne perspective for future biotechnology[J]. Angewandte Chemie International Edition,2013,53:7124-7143.

[37] 杨泽,王梦蕾,刘玉良. 基于五臭理论对中药之气理论的思考[J]. 国医论坛,2019,34:14-17.

[38] BOUYAHYA A, MECHCHATE H, BENALI T, et al. Health benefits and pharmacological properties of carvone[J]. Biomolecules,2021,11(12):1803.

[39] MURUGANATHAN U, SRINIVASAN S. Beneficial effect of carvone, a dietary monoterpene ameliorates hyperglycemia by regulating the key enzymes activities of carbohydrate metabolism in streptozotocin-induced diabetic rats[J]. Biomedicine & Pharmacotherapy,2016,84:1558-1567.

[40] GOPALAKRISHNAN T, GANAPATHY S, VEERAN V, et al. Preventive effect of D-carvone

during DMBA induced mouse skin tumorigenesis by modulating xenobiotic metabolism and induction of apoptotic events[J]. Biomedicine & Pharmacotherapy,2019,111:178-187.

[41] LINCK V M,DA SILVA A L,FIGUEIRÓ M,et al. Effects of inhaled linalool in anxiety,social interaction and aggressive behavior in mice[J]. Phytomedicine,2010,17(8-9):679-683.

[42] JO A,LEE Y,KAM T,et al. PARIS farnesylation prevents neurodegeneration in models of Parkinson's disease[J]. Science Translational Medicine,2021,13(604):eaax8891.

[43] LIN J,WANG Q,ZHOU S,et al. Tetramethylpyrazine:A review on its mechanisms and functions[J]. Biomed Pharmacother,2022,150:113005.

[44] MABERG D,HATT H. Human olfactory receptors:novel cellular functions outside of the nose[J]. Physiological Reviews,2018,98(3):1739-1763.

第 2 章

风味产业意义显著的香气成分调研分析

2.1 风味产业意义显著的香气成分调研策略

2.1.1 单体香料类香气成分

1）单体香料类香气成分数据来源

以中国《食品安全国家标准 食品添加剂使用标准》(GB 2760—2014)、美国食用香料与萃取物制造协会(FEMA)公布的 GRAS 名单、欧洲理事会(CoE)公布的"Flavouring Substances and Natural Sources of Flavourings"蓝皮书、欧洲食品安全局(EFSA)颁布的法规(EC)No 1334/2008、联合国粮农组织/世界卫生组织下食品添加剂专家联合委员会(JECFA)公布的食用香料质量规格名单为香料数据来源,开展单体香料香气成分系统梳理工作。

2）单体香料类香气成分数据筛查原则

依据"具有单一化学结构"和"具有香气属性"两个原则对不同香料许可名单中香气成分进行筛查。

(1) 筛选出具有单一化学结构的香料

——删除以混合物形成存在的香料

以混合物形式存在的香料主要为植物性天然香料,其是以芳香植物的花、枝、叶、草、根、皮、茎、籽或果实等为原料,用水蒸气蒸馏法、浸提法、压榨法、超临界萃取法等生产出来的精油、浸膏、酊剂、香脂、油树脂、净油和提取物等,是由数十种到数百种有机化合物组成的混合物。

(2) 筛选出具有香气属性的香料

——删除相对分子质量大于 325 的香料

为了能够与嗅觉受体相互作用产生香气,化合物必须克服两个物理性屏障:第一,化合物必须能够挥发进入气相,这要求其自身需具备较高的蒸气压、较低的极性以及相当低的相对分子质量;第二,化合物必须能够穿过黏膜层,这也要求其具备相当低的相对分子质量。绝大多数香气物质的相对分子质量都低于300。有报道指出,相对分子质量最大的香气分子是2-[1-(3,3-二甲基-环己基)己氧基]-2-甲基环戊烷甲酸丙酯,其相对分子质量为324.5[1]。

——删除多羟基类化合物

多羟基化合物是分子结构中含两个及以上羟基(酚羟基)的香料化合物,如没食子酸、甘油、5-羟基癸酸甘油酯、5-羟基十二酸甘油酯、橙皮素等,它们大多是非挥发性物质,几乎没有或仅有微弱的香气。

——删除多羧基类香料

多羧基类香料是指分子结构中含两个及以上羧基(—COOH)的香料化合物,主要作为调味型或增味型香料使用,如苹果酸、酒石酸、丁二酸、富马酸、α-酮戊二酸、丙二酸、戊二酸等,它们大多是非挥发性物质,几乎没有或仅有微弱的香气。

——删除盐类香料

盐类香料是指以铵盐、钠盐、钾盐、钙盐、盐酸盐、碳酸盐、硫酸盐形式存在的香料化合物,主要作为调味型或增味型香料使用,如奎宁盐酸盐、奎宁硫酸盐、高圣草酚钠盐、2-对甲氧基苯氧基丙酸钠盐、琥珀酸二钠盐、硫化铵、异戊酸铵等,它们属于非挥发性物质,本身没有香气。

——删除氨基酸类香料

氨基酸类香料是指分子结构中同时含有碱性氨基和酸性羧基的香料化合物,主要作为调味型或增味型香料使用,如L-缬氨酸、L-苏氨酸、L-赖氨酸、L-丝氨酸、L-脯氨酸等,它们大多不具有香气。

2.1.2 风味体系关键香气成分

1)风味体系关键香气成分数据来源

以美国化学文摘社 SciFinder 和美国科睿唯安科学引文索引文摘数据库 Web of Science 为检索平台,设置检索词为"aroma extract dilution"(香气萃取稀释分析)或"odor activity value"(香气活性值),其中 SciFinder 采用 CAplus 集进行摘要/关键词检索,Web of Science 采用核心合集进行主题检索,检索时间为1987—2021年,语言设置为英语、汉语,文献类型设置为研究性论文,同时排除会议论文、综述性论文。SciFinder 共检索获得文献1132篇,Web of Science 共检索获得文献1057篇,进一步通过人工审核标题、摘要,排除了与风味研究无关的文献和重复性文献,最终获得了1325篇文献。

2)风味体系关键香气成分数据筛查原则

依据香气稀释因子≥8或香气活性值≥1两个原则,对1325篇文献报道的不同风味体系的关键香气成分进行了筛查。

(1)筛选香气稀释因子≥8的香气成分

香气萃取稀释分析法是将香气提取物进行一系列浓度稀释并采用GC-O-MS分析,在较高稀释倍数下仍然能被闻到的香气成分被认为是风味的主要贡献物。香气稀释因子(dilution factor, FD)则被定义为香气萃取稀释分析(AEDA)过程中香气成分能被闻到的最高稀释倍数,通常认为FD≥8的香气成分对风味体系香气有重要贡献,其值越大贡献越大。

(2)筛选香气活性值≥1的香气成分

香气活性值(odor activity value, OAV)被定义为香气成分在风味体系中的质量浓度与适当基质下嗅觉阈值的比值,它是从"量"和"效"两个维度综合评判香气成分对风味体系香气贡献度的重要指标。一般认为,OAV≥1的香气成分对风味体系香气有重要贡献,其值越大贡献越大。

2.2 风味产业意义显著的香气成分调研分析结果

2.2.1 单体香料类香气成分调研分析结果

依据"具有单一化学结构"和"具有香气属性"两个原则,从1871个《食品安全国家标准 食品添加剂使用标准》(GB 2760)香料中筛选出1389个单体香料香气成分;从2972个FEMA香料中筛选出2355个单体香料香气成分;从1674个CoE香料中筛选出1616个单体香料香气成分;从2481个EFSA香料中筛选出2356个单体香料香气成分;从2234个JECFA香料中筛选出2113个单体香料香气成分(图2-1)。经过去重,共计筛选出3019个单体香料香气成分。

进一步对比不同国家、国际机构组织许可使用的单体香料香气成分种类差异。总体来看,我国GB 2760许可使用的1389个单体香料香气成分中绝大多数也被FEMA、EFSA或JECFA许可使用,其中1364个具有FEMA号、1247个具有EFSA号、1326个具有JECFA号。JECFA许可使用的2113个单体香料香气成分几乎全部被FEMA许可使用,其中具有FEMA号的有2064个。CoE公布的1616个单体香料香气成分几乎全部被EFSA许可使用,其中具有EFSA号的有1576个。FEMA与EFSA在许可使用的单体香料香气成分方面差异相对较大,在2355个FEMA和2356个EFSA单体香料香气成分中,同时具有FEMA号和EFSA号的仅有1701个。此外,在3019个单体香料香气成分中同时被GB 2760、FEMA、CoE、EFSA和JECFA允许使用的单体香料香气成分有988个。

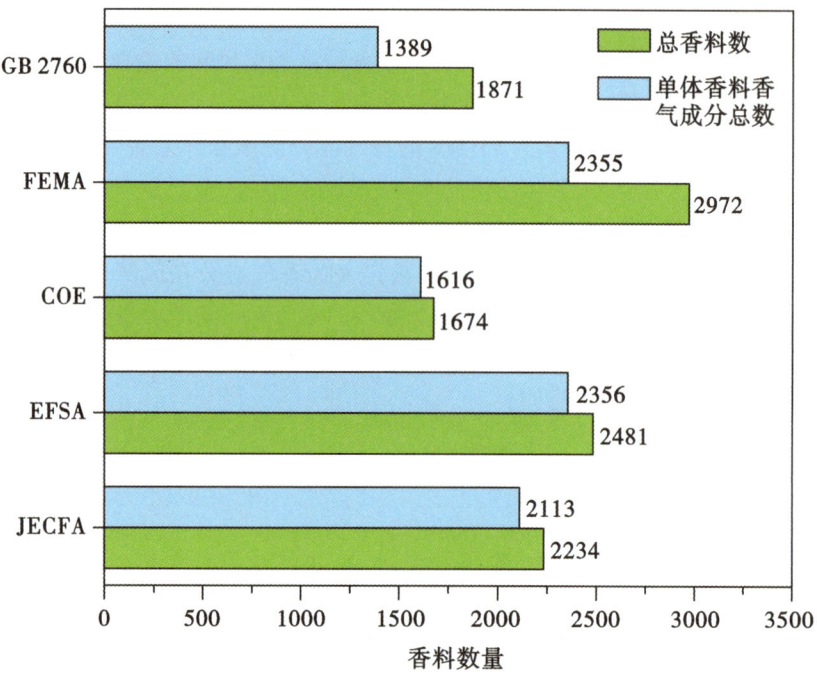

图2-1　不同许可名单中总香料数及单体香料香气成分数

2.2.2　风味体系关键香气成分调研分析结果

项目组依据"香气稀释因子≥8"或"香气活性值≥1"两个原则,从1325篇文献中共计筛选出1610种关键香气成分,研究对象涉及酒类、水果及制品、调味品、食用植物油、芳香植物及提取物、肉及制品、水产品、粮食及制品、茶类、可可类、咖啡类、蔬菜、食用菌、乳制品等风味体系。

项目组进一步利用Excel、Bibliometricx和Vosviewer等文本挖掘软件工具的统计分析功能并结合人工精炼,对1325篇文献的出版年份、国家、作者、研究对象、关键香气成分等进行统计分析,具体结果如下。

(1)关键香气成分研究领域的发展历程

对1325篇文献按出版年份进行每年发文量统计分析,可大致将复杂风味体系关键香气成分的研究发展进程分为3个阶段:低速发展阶段、加速发展阶段和高速发展阶段(图2-2)。低速发展阶段为1987—1996年,研究者对该领域的研究刚刚起步,有关文献发表较少,发文量总共45篇,年均只有4.5篇。1997—2011年这15年为加速发展阶段,随着人们对分子感官科学重要性的认识加深,更多的科研力量和资金随即注入,其间发表文献总计361篇,达到年均24篇,约为低速发展阶段的5.3倍,关键香气成分研究领域的科研产出取得了较快的增长。在2012—2021年期间,人们对食品感官质量要求不断升级,分子感官科学表现出来的价值和重要性逐渐突出,各国研究人员对该领域的研究热情高涨,共发表文献919篇,年均发文量达到惊人的92篇,尤其是从2019年开始,年发文量飞速上升。虽然复杂风味体系关键香气成分研究领域起步较晚、时间跨度较短,文献发文量也无法与最热门的领域媲美,但是这些数据充分说明了香气成分研究领域的发展是迅速而稳健的。

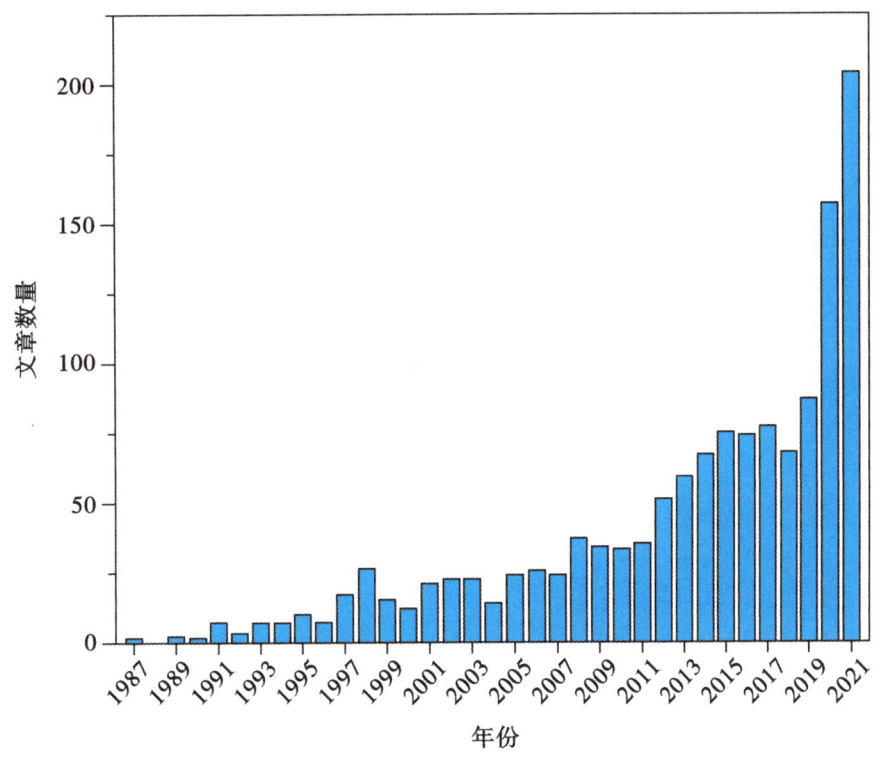

图2-2　1987—2021年期间每年发文量

(2)关键香气成分研究领域的研究力量分布

对1325篇文献按国家和年发文量进行统计分析,结果显示,在过去的30多年里,发文量多的国家主要为中国(495篇)、德国(231篇)、美国(115篇)和日本(108篇)(图2-3)。我国在复杂风味体系关键香气成分研究领域起步较晚,于2004年才发表第一篇相关文献,但随着国家经济水平的提高和科研力量的壮大,近10年文献发表量迅速攀升,2012—2021年期间,发表文献473篇,年均发文量以绝对优势超过研究起步最早的德国,分别是德国、美国、日本的4.4倍、10倍和7倍,这表明我国对风味产品香气属性的重视度不断提升,同时也体现了我国学者踊跃开展风味学术研究的积极性。

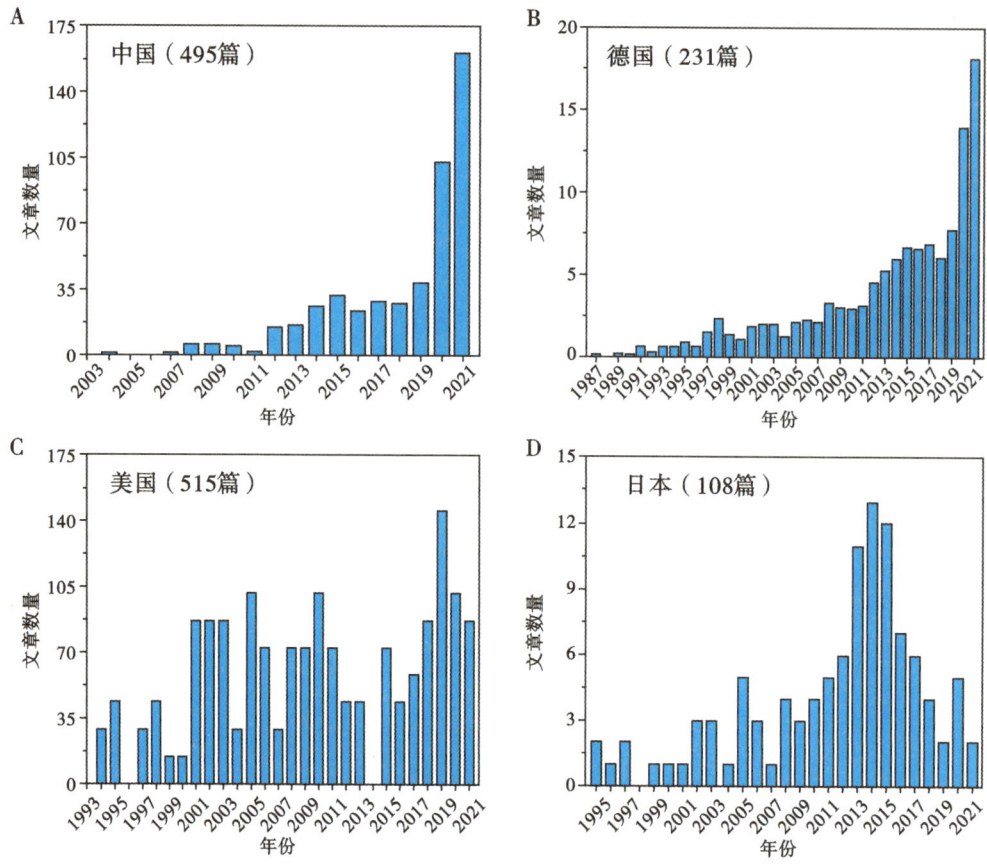

图2-3 不同国家每年发文量

对1325篇文献的发表作者进行统计分析，主要作者的发表文献量与被引次数如图2-4所示。对复杂风味体系关键香气成分研究最频繁的是德国慕尼黑工业大学的Peter Schieberle教授，发表113篇文献，占1326篇文献的8.52%，文献平均被引次数为64.98，他是目前对这一领域研究最权威、最深入的专家。Werner Grosch教授发表文献33篇，文献平均被引次数高达98.27，他也是香气萃取稀释分析法的发明者。我国发表相关文献较多的学者主要有北京工商大学的孙宝国教授，发表24篇文献，平均被引次数为35.04；北京工商大学的宋焕禄教授，发表27篇文献，平均被引次数为23.85；以及上海应用技术大学的肖作兵教授，发表25篇文献，平均被引次数为43.2。

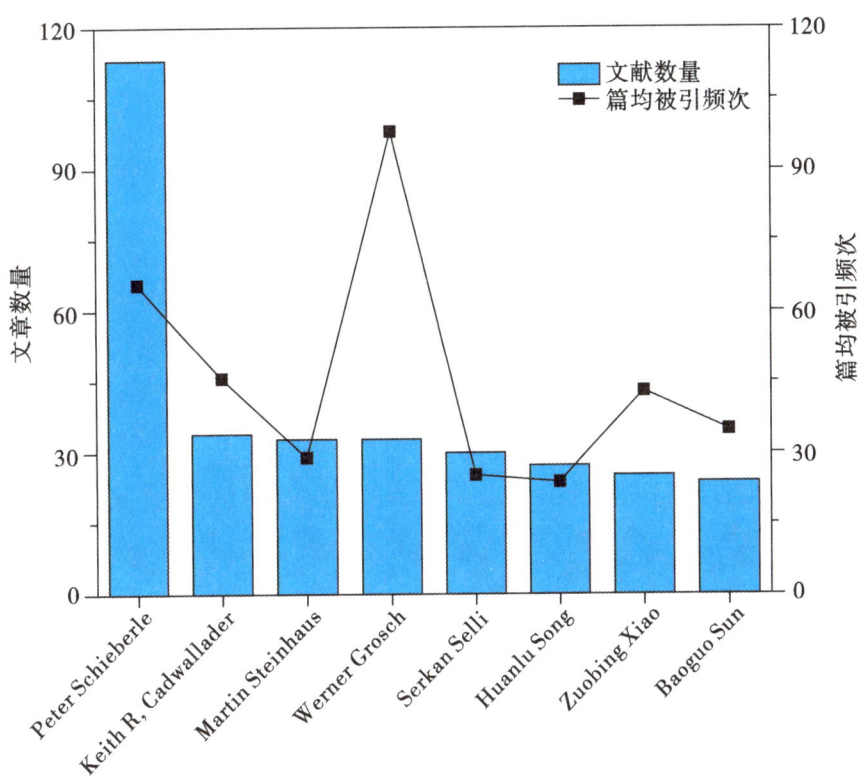

图2-4 作者发表文献及被引用情况

(3) 风味研究对象分布

对1325篇文献中不同类型风味研究对象进行统计分析,结果见图2-5。1325篇文献中,研究酒类、水果及其制品、芳香植物及其提取物、调味品的文献数量均超过100篇,其中酒类文献有338篇,占文献总量的25.5%;其次是水果及其制品,已发表文献192篇,占比14.49%;紧随其后的是芳香植物及其提取物、调味品,已发表文献数量分别为130篇和101篇。

对文献量超过100篇的4类风味体系累积年发文量进行统计分析,结果见图2-6。在2002—2021年的20年时间里,酒类、水果及其制品、芳香植物及其提取物、调味品关键香气成分研究文献总计分别有328篇、174篇、123篇和89篇,累积年发文量符合普赖斯曲线,均呈指数型上升趋势(图2-6),其中,酒类文献数量持续增长率高达0.1637。尽管芳香植物及其提取物(123篇)累积发文量低于水果及其制品(174篇),但其文献量持续增长率(0.1323)比后者(0.1222)稍高。

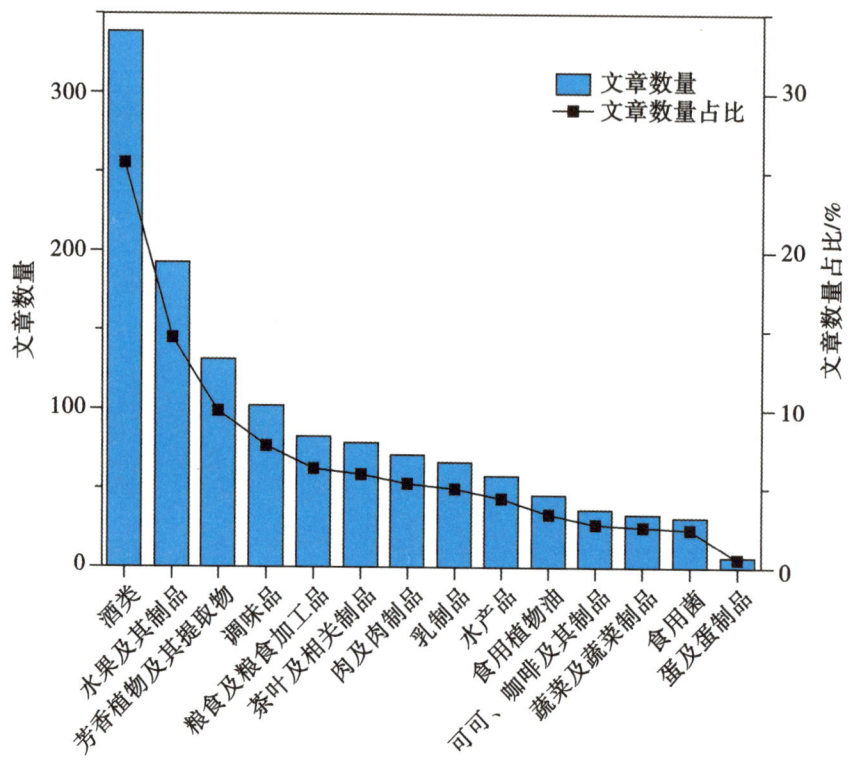

图2-5 不同类型风味研究对象文献分布

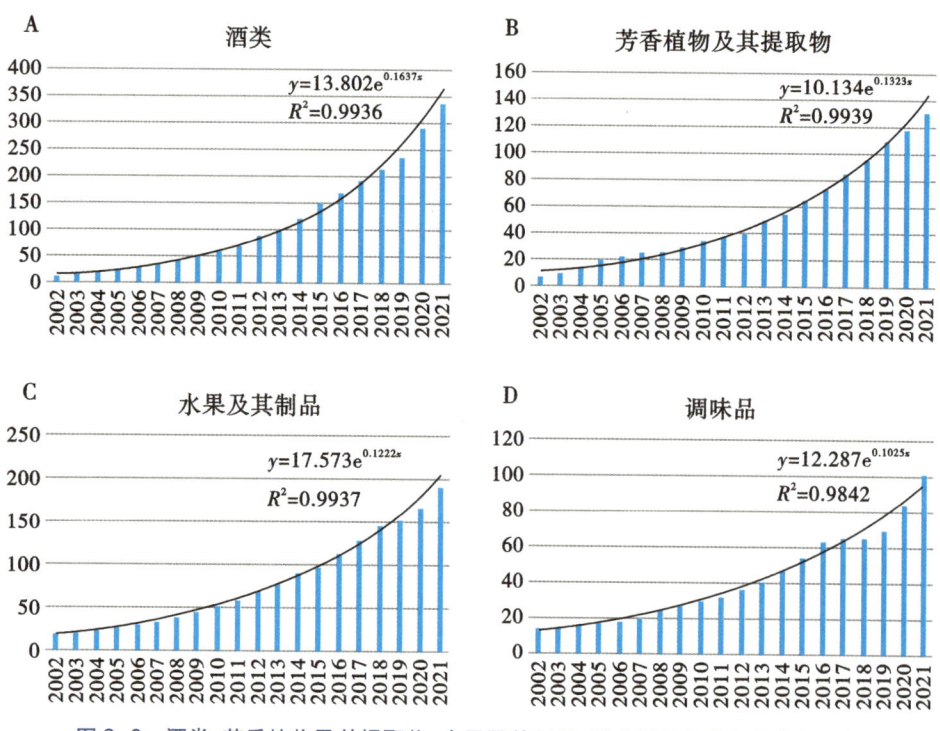

图2-6 酒类、芳香植物及其提取物、水果及其制品、调味品累积发文量变化趋势

（4）关键香气成分分布

对关键香气成分累积发现量随年代变化趋势进行统计分析,结果如图2-7所示。关键香气成分发现数量趋势分为两个阶段,分别为1987—2005年和2006—2021年,两阶段均以二次函数增长模式增加,但是增长速率有所不同。在1987—2005年期间,研究人员从复杂风味体系中共发现了644种关键香气成分,平均每年约能新发现关键香气成分35种。随着人们对风味产品感官质量的追求以及更多先进分离分析技术方法的应用,在2006年之后16年时间里,新发现的关键香气成分共计931种,年均发现量约为上一阶段的2倍。

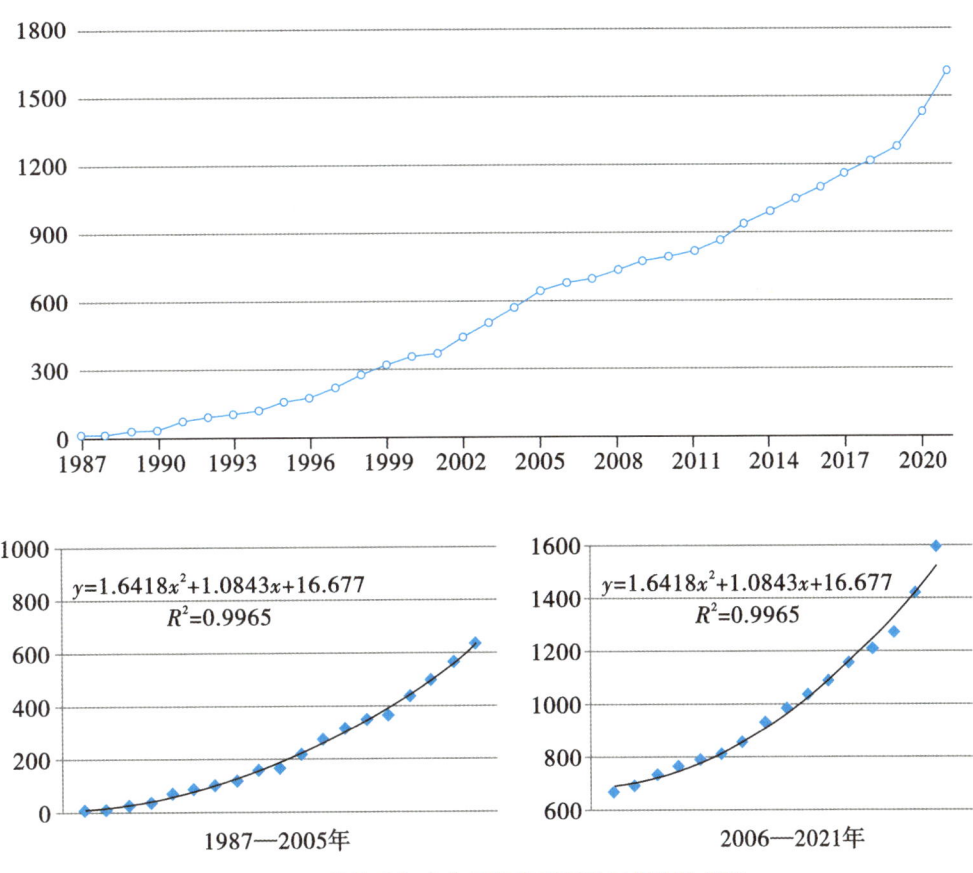

图2-7　关键香气成分累积发现量随时间变化趋势

对不同风味体系中关键香气成分数量进行统计分析,结果如图2-8所示。芳香植物及其提取物、水果及其制品、酒类、调味品、茶叶及相关制品、水产品、食用植物油中已发现的关键香气成分为300~600种,其中芳香植物及其提取物、水果及其制品中关键香气成分最多,分别为598种和571种;紧随其后的是酒类和调味品,分别有493种和434种,茶叶及相关制品中共372种关键香气成分。

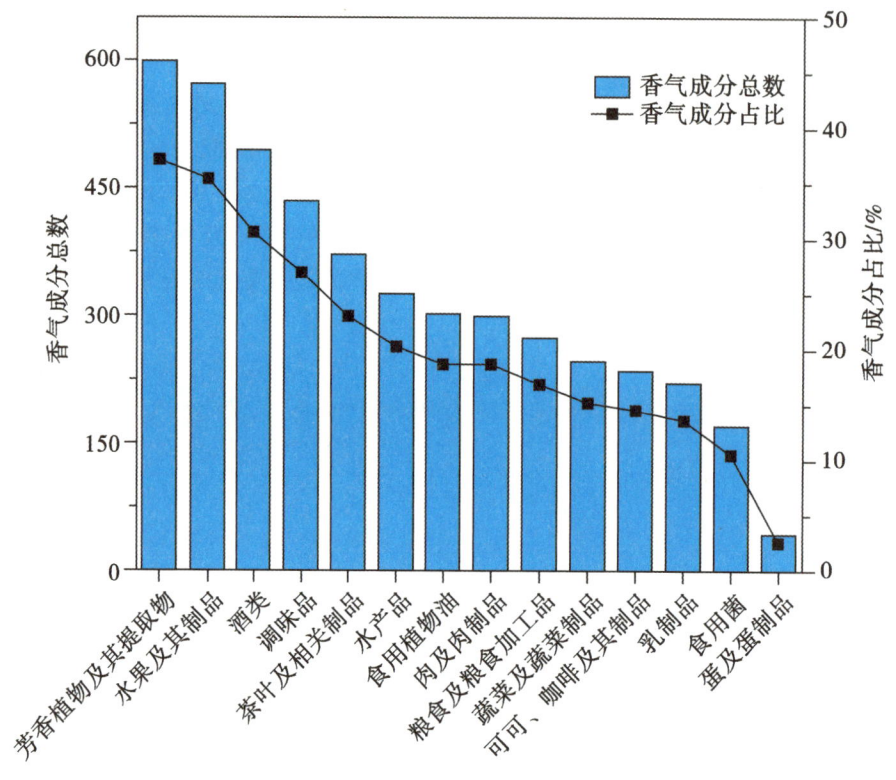

图 2-8 不同风味体系中关键香气成分数量

2.2.3 风味产业意义显著的香气成分汇总

项目组以 CAS 号为依据对 3019 种单体香料香气成分与 1610 种复杂风味体系关键香气成分进行了去重，最终明确了风味产业意义显著的香气成分共计 3723 种，其中已有 906 种复杂体系关键香气成分被作为单体香料使用，占关键香气成分总数的 56.27%。附录 1 详细列出了 3723 种风味产业意义显著的香气成分的 CAS 号、化合物名称、在不同香料许可名单中的编号信息以及在不同风味体系中的存在情况。

参考文献

KRAFT P. "Brain aided" musk design [J]. Chemistry & Biodiversity, 2004, 1 (12): 1957–1974.

第 3 章

香气成分生物学调节功能调研分析

3.1 香气成分生物学调节功能调研策略

3.1.1 香气成分生物活性数据来源

Reaxys 是爱思唯尔（Elsevier）旗下的综合化学信息检索平台，收录了来自 16000 种化学相关期刊、全球 7 大专利局、10000 种专著和会议中，与化学反应、物质、理化性质、合成路线、生物活性等相关的内容。Reaxys 药物化学模块"Reaxys Medicinal Chemistry"（RMC）是目前全球最大、最权威的小分子生物活性数据库，共计收录超过 4200 万条生物活性数据（包含体外药效、动物模型、新陈代谢、药代动力学、毒理学等）、800 万小分子化合物、3200 个作用靶点、7000 万篇文献专利。目前，RMC 中所有的数据都可进行精确检索和分析，同时每一条数据都提供了文献的出处、标题、摘要等信息，可以进行追溯、查询和效验。

项目组以风味产业意义显著的 3723 种香气成分为对象，利用 CAS 号在 RMC 网络平台进行生物活性信息检索，通过自动化信息获取技术采集半结构化原始网页数据，采用文本对象模型（document object model, DOM）解析技术、正则提取技术结合映射规则将半结构化数据转换为结构化数据，以收集香气成分生物活性数据（生物活性词、相关文献标题、摘要等信息），具体过程如下。

自动化数据采集解析系统架构如图 3-1 所示，由任务调度、地址管理、网页下载、页面渲染、结构化数据解析和数据持久化 6 个模块组成。

（1）任务调度模块

该模块负责启动、停止采集任务以及定制自动化采集策略。自动化采集策略包含并发采集线程数量、单域并发采集线程数量、并发下载线程数量、任务休眠时长、定时采集等策略。通过采集策略参数的合理配置，可以在保证采集效率的前提下减少对

RMC网站的访问压力,避免影响RMC网站的正常运行。

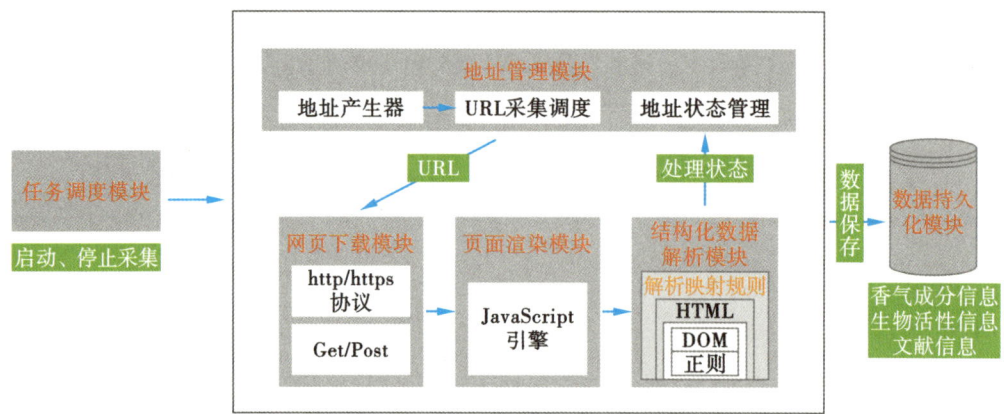

图3-1 生物活性信息自动化采集解析系统构架

（2）地址管理模块

该模块负责根据3723种香气成分CAS号生成RMC检索地址、生物活性详情地址、生物活性文献地址等地址,并将URL地址分配给网页下载模块,同时管理URL地址下载状态。

（3）网页下载模块

该模块负责接收URL地址,并下载URL对应的资源内容。网页下载模块支持通过http、https协议访问资源,以及通过Get方法、Post方法发送资源下载请求。项目组采用Get或Post方法对指定URL发送资源请求后,通过对响应信息的分析获取资源类型及页面代码,并将下载到的网页代码分配给页面渲染模块。

（4）页面渲染模块

该模块负责对来自RMC的网页代码进行渲染。网页代码通常是由超文本标记语言（HTML）、层叠样式表（CSS）、网页脚本语言（JavaScript）3部分组成。由于通过发送资源请求RMC返回的网页代码并不完整,项目组在页面渲染模块中内置了JavaScript脚本执行引擎（V8引擎）,并通过执行JavaScript脚本异步获取或处理渲染出完整页面代码。

（5）结构化数据解析模块

该模块负责定义解析映射规则,并根据该规则从页面代码中提取结构化数据。项目组将网页代码转换为DOM树,通过使用选择器对DOM树节点进行查询,并结合映射规则实现对结构化数据抽取。针对不规范代码片段,项目组进一步使用正则表达式结合映射规则来抽取结构化数据。通过以上方法,将半结构化的网页代码转换为香气成分基本信息、生物活性信息、相关文献信息等结构化数据。

（6）数据持久化模块

数据持久化模块负责将从网页中抽取的结构化数据保存到MySQL数据库中,以供查询、浏览、分析使用。

3.1.2 香气成分生物活性数据筛查原则

项目组从推动风味产业创新发展的角度出发,通过以下5个原则对收集的香气成分生物活性数据(生物活性词、相关文献标题和摘要信息)进行系统筛查。

(1)剔除负面作用的生物活性数据,包括致癌剂、致畸剂、肝毒剂、神经毒剂、肾毒剂、肺毒剂、亚慢性毒剂、慢性毒剂等。

(2)剔除与人体健康不直接相关的生物活性数据,包括驱虫剂、杀虫剂、防白蚁剂、杀孢子剂、除草剂、抑藻剂、灭蚊剂、麻醉剂、拒食剂、信息素等。

(3)剔除指向人体急性病症的生物活性数据,包括抗溃疡剂、抗哮喘剂、抗惊厥剂、止泻剂、抗疱疹病毒剂、抗流感病毒剂等。

(4)剔除风味产业已广泛深入研究的传统生物活性数据,包括抗菌剂、防腐剂、防霉剂、抗生物膜剂、抗瘙痒剂、去头皮屑剂、抗口臭剂等。

(5)剔除香气成分以混合物形式呈现的生物活性数据。

3.2 香气成分生物学调节功能调研分析结果

3723种风味产业意义显著香气成分的生物活性检索结果表明,具有明确生物活性记录的香气成分共有449种,项目组进一步通过上述5个原则共计筛选出了141种特殊香气成分及其相关生物活性文献631篇。

从筛查出的141种特殊香气成分的化学类型来看,它们与植物主要代谢途径产物类型呈现较高的吻合度。数量最多的是由植物甲羟戊酸和磷酸甲基赤藓醇代谢途径形成的萜类及其含氧和不同饱和程度的衍生物,共计64种,主要为单萜类如柠檬烯、藏红花醛、薄荷醇、香芹酮、乙酸芳樟酯等,倍半萜类如β-石竹烯、红没药醇、金合欢醇、吉马酮、圆柚酮等,以及降碳倍半萜类如β-紫罗兰酮。数量其次的是由植物莽草酸途径代谢产生的苯类/苯丙素类及其衍生物,共计39种,其中苯丙素及其衍生物包括肉桂醛、丁香酚、茴香脑、香兰素、愈创木酚等,苯类及其衍生物包括苯甲酸苄酯、苯乙醇、苯甲醛、苯乙酸等。此外,其他类型特殊香气成分还包括脂肪酸类及其衍生物(26种)、硫化物类(9种)以及氮氧杂环类化合物(3种)(图3-2、表3-1)。

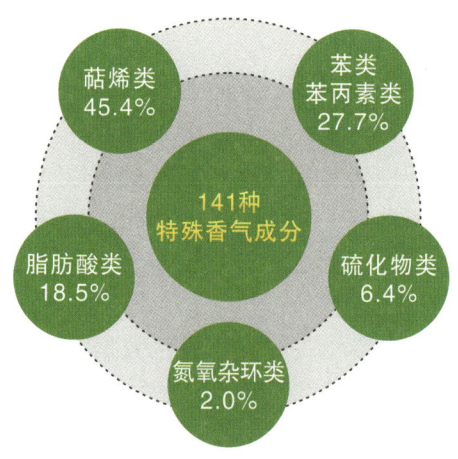

图 3-2　特殊香气成分化学类型分布

表 3-1　141 种特殊香气成分

化学类型	成分名称
萜类及其衍生物（64 种）	香芹酚、百里香酚、百里醌、β-石竹烯、柠檬烯、1,8-桉叶素、芳樟醇、香叶醇、藏红花醛、柠檬醛、薄荷醇、橙花叔醇、冰片、圆柚酮、α-蒎烯、红没药醇、香芹酮、桃金娘烯醛、合金欢烯、紫苏醛、香茅醇、β-榄香烯、香茅醛、对异丙基甲苯、枯茗醛、(-)-α-没药醇、吉马酮、1,4-桉叶素、D-柠檬烯、桃金娘烯醇、莰烯、4-萜烯醇、月桂烯、乙酸龙脑酯、长叶薄荷酮、乙酸芳樟酯、α-松油醇、β-蒎烯、α-水芹烯、紫苏醇、异松油烯、橙花醇、β-紫罗酮、斯巴醇、薄荷酮、D-香芹酮、乙酸香叶酯、香茅酸、蒎烯、氧化石竹烯、香叶酸、(-)-紫苏醛、柏木脑、β-紫罗兰酮、α-松油醇、异胡薄荷醇、cis-橙花叔醇、橙花醛、β-桉叶醇、香芹醇、左旋薄荷酮、左旋-β-蒎烯、胡薄荷酮、α-葎草烯
苯类/苯丙素类及其衍生物（39 种）	肉桂醛、木兰醇、姜酮、丁香酚、3-正丁基苯酞、香草酸、Z-藁本内酯、香兰素、肉桂酸、反式-大茴香脑、覆盆子酮、对羟基苯乙醇、肉桂醇、丁香醛、异丁香酚、异丁香酚甲醚、苯乙醇、邻羟基肉桂酸、肉桂酸甲酯、7-甲氧基香豆素、大茴香醛、胡椒醛、反式-肉桂酸、肉桂酸乙酯、4-羟基苯乙烯、苯甲醇、对羟基苯乙胺、乙基香兰素、苯甲醛、苯甲酸苄酯、苯乙酸、2-羟基-4-甲氧基苯甲醛、对羟基苯乙酮、反-肉桂醛、愈创木酚、茴香脑、邻甲氧基肉桂醛、香草醇、3-羟基苯甲醛
脂肪酸类及其衍生物（26 种）	月桂酸、α-亚麻酸、丙酮酸乙酯、茉莉酸甲酯、癸酸、辛酸、丙酸、肉豆蔻酸、乙酸、丁酸、异戊酸、反式-2,4-癸二烯醛、戊酸、十五烷酸、丙酮酸、硬脂酸、正庚酸、2-戊烯醛、壬酸、己醛、棕榈酸甲酯、反-2-戊烯醛、正癸醇、十一烷酸、1-戊烯-3-酮、二氢茉莉酸甲酯
硫化物（9 种）	二烯丙基三硫醚、异硫氰酸烯丙酯、苄基异硫氰酸酯、二烯丙基二硫醚、2-苯基乙基异硫代氰酸酯、3H-1,2-二硫杂环戊二烯-3-酮、二甲基三硫、二烯丙基硫醚、二甲基二硫
氮氧杂环类化合物（3 种）	2,3,5,6-四甲基吡嗪、2,5-二甲基吡嗪、麦芽酚

从 141 种特殊香气成分的生物活性指向功效来看,其生物学调节功能主要表现为对肿瘤、高血压、阿尔茨海默病、糖尿病、肥胖、焦虑症、帕金森病、高脂血症、抑郁症以及血栓的干预和调节(图 3-3)。其中,具有抗肿瘤作用的香气成分数量高达 85 种,其次是具有降血压、抗阿尔茨海默病、抗糖尿病作用的香气成分,数量均在 50 种左右。

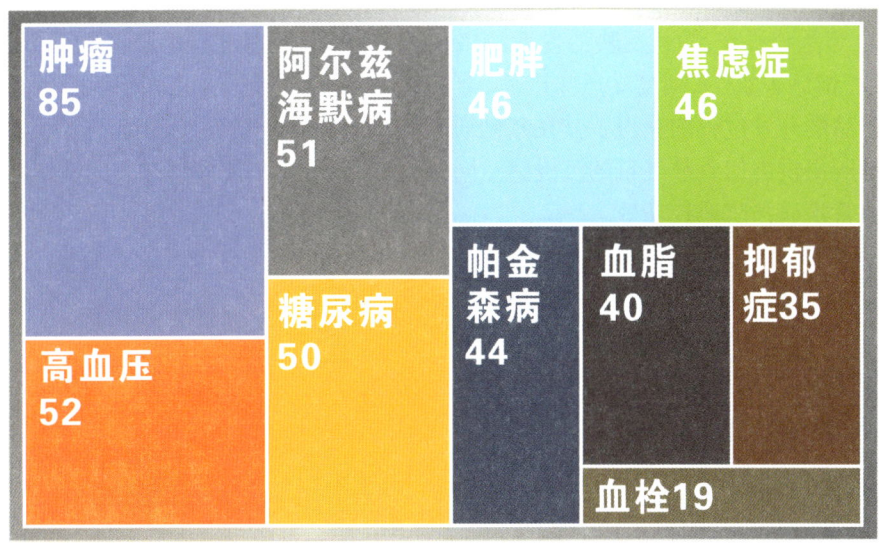

图 3-3　10 种生物学调节功能下特殊香气成分数量分布

对每种特殊香气成分的生物学调节功能进行统计,结果表明,大量香气成分兼具多样生物学调节功能(图 3-4)。具有 3 种及以上生物学调节功能的香气成分共计 63 种,其中生物学调节功能最丰富的萜类及其衍生物香气物质包括香芹酚(10 种)、百里香酚(10 种)、百里醌(10 种)、β-石竹烯(9 种)、柠檬烯(9)和 1,8-桉叶素(8 种)等;苯类/苯丙素类及其衍生物香气物质包括肉桂醛(10 种)、木兰醇(10 种)、姜酮(9 种)、丁香酚(9 种)和 3-正丁基苯酞(9 种)等;脂肪酸及其衍生物类香气物质包括 α-亚麻酸(9 种)、月桂酸(8 种)、茉莉酮酸甲酯(5 种)和癸酸(5 种)等;硫化物包括二烯丙基三硫醚(6 种)、异硫氰酸烯丙酯(5 种)、苄基异硫氰酸酯(5 种);氮杂环类香气物质包括四甲基吡嗪(9 种)。

附录 2 详细列出了 141 种特殊香气成分 CAS 号、化学名称及其生物学调节功能。

项目组以实地调研方式,走访了芬美意香料有限公司、奇华顿香精香料(广州)有限公司、上海高砂·鉴臣香料公司、爱普香料集团股份有限公司和广州立白企业集团有限公司等重要香精香料生产和应用企业。经过充分交流,项目组对于我国香气成分类风味产品供给侧与应用端形成以下认识。

近年来,国际风味产业巨头更加重视生命健康领域,并通过企业并购或业务重组等形式着力强化自身生物学研究实力。芬美意与营养保健品知名企业——荷兰皇家帝斯曼集团于 2023 年 5 月 9 日宣布完成合并,其生物学领域研发能力获得极大提升;奇华顿将原有"Taste"与"Fragrance"两大业务板块调整为"Taste & Wellbeing"和

"Fragrance & Beauty",明显强化了其业务的生物学功能属性。与此同时,这些跨国企业通过对其所关注基础研究领域的长期研发投入,形成了明显的研究导向能力,并建立了辅助功能性高端风味产品设计的基础性数据库。从20世纪90年代开始,芬美意、奇华顿、高砂等企业均基于自有香原料系统,长期与欧洲研究机构合作开展反映消费者感知香原料或风味产品后脑区神经活动的脑电图(EEG)和功能磁共振成像(fMRI)等基础研究,构建反映消费者情绪、睡眠等重要生理过程的脑区活动数据库。芬美意"情绪香氛"系列高端风味产品,奇华顿情绪香氛、舒眠香氛和乐活香氛等功能香氛产品的开发过程均获得了其在基础研究领域累积数据的重要辅助。高砂则关注芬多精所提供类似森林气氛的沉浸感受同时,也正在研究其抗抑郁方面的情绪功效和对心血管疾病预防调控功效。

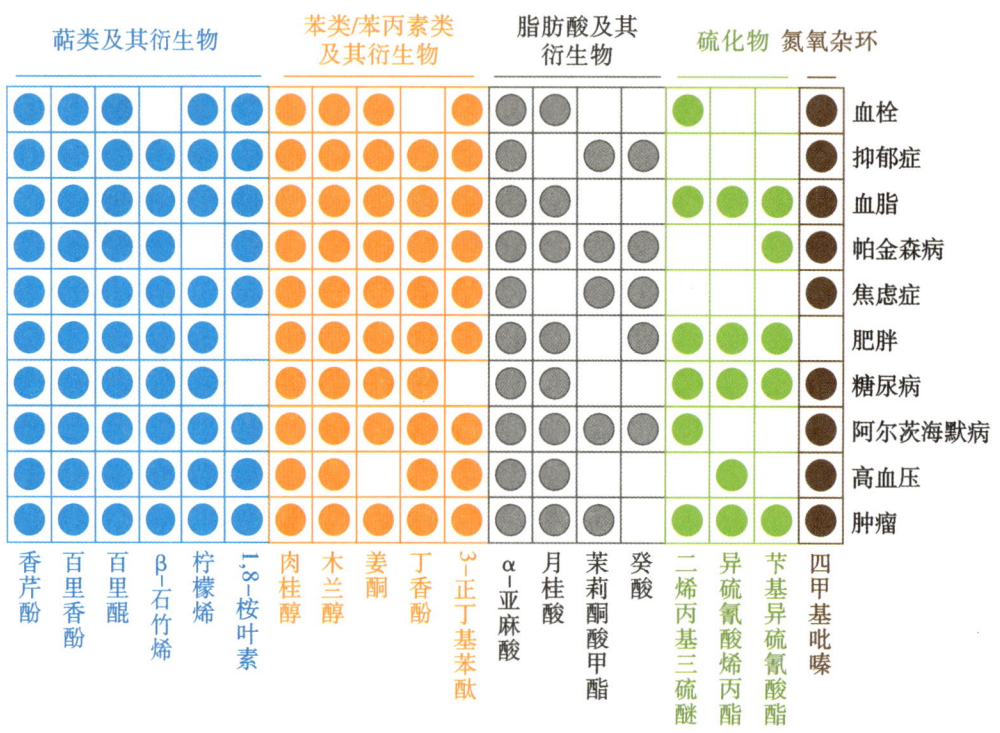

图3-4 代表性特殊香气成分的多样生物学调节功能

此外,风味产业跨国企业在世界范围内依据各地域研究优势,构筑了不同定位的研发中心,并通过构建内部数据管理与分享系统,实现了研究数据与应用数据在公司全球多点位的高速互动。在数据资源不断累积的前提下,各公司开始关注人工智能技术对于产品设计的应用价值。奇华顿在法国巴黎和上海分别建立了数据工厂(digital factory),并自主研发了人工智能辅助自动调香系统"Carto",提升了产品设计环节的创新能力和工作效率。芬美意、高砂等也自主或与IT领域企业合作研发了各自的自动调香系统。人工智能和大数据技术在各大风味企业已形成数据积累与应用导向的良性机制。

相比之下，我国风味产业和下游应用企业所涉及风味物质的研究相对传统，主要关注香原料的合成提取与香精调配生产。对于风味物质前沿生物功能研究关注不足，对消费者情绪与行为研究领域涉足较少。同时，我国风味产业企业规模相对偏小，香原料对外依赖程度较高，缺乏在世界范围内调动各类学术资源的能力，对研究数据和应用数据的累积与共享程度不足，这在一定程度上限制了其对于高端功能型风味产品的研发能力。

第 4 章

香气成分生物学调节功能研究

项目组对特殊香气成分相关生物活性文献进行了全文分析,从研究角度、生物模型构建、评价指标、检测方法、设备需求、文献举例6个方面对10种生物学调节功能研究的方法学框架进行了梳理,从而为企业快速获取香气成分生物学功能研究方法信息,有效评估相关研究方法的产业应用成本、价值提供科学支撑。

4.1 抗阿尔茨海默病功能

阿尔茨海默病(Alzheimer's disease,AD)俗称老年性痴呆,是一种与年龄和衰老相关的慢性神经退行性疾病,主要表现为进行性记忆减退、执行功能受损、日常活动困难、思维和行为方式改变以及语言功能损害等症状[1]。近年来,随着我国阿尔茨海默病的发病人数持续增加,社会经济负担日益明显,AD 已成为严重危害人群健康的重大疾病和社会问题。据 2020 年一项全国性横断面研究显示,我国 60 岁以上人群中 AD 患者达 983 万例[2]。

经调研共计发现 51 种特殊香气成分在体外或体内研究中被证实对 AD 具有神经保护作用,包括 1,8-桉叶素、藏红花醛、肉桂醛、胡薄荷酮、百里香酚等。项目组进一步对相关文献进行了全文梳理,结果表明,研究人员考察香气成分对 AD 的干预作用时主要从 5 个角度开展工作,分别是动物行为学、β-淀粉样蛋白(Aβ)/τ 蛋白、乙酰胆碱酯酶、神经炎症和氧化应激。项目组分别从以上 5 个角度分析了香气成分在阿尔茨海默病干预作用研究中的方法学框架,具体结果如下。

4.1.1 动物行为学研究角度

动物行为学是生物实验研究的重要方法之一,动物在不同生理状态、病理状态及环境下的行为学指标可以有效反映其情绪、社交行为、学习能力、运动能力等。通过监测 AD 模型动物的行为学变化,能够最直观地反映香气成分的抗 AD 作用效果。

为了复制 AD 的主要病理学及神经生化等方面的特征,以及模拟 AD 的行为学特征,通常可以采用基因干预或化学干预的方法建立 AD 动物模型,如 APP/PS1 转基因鼠、TgCRND8 转基因鼠、快速老龄化模型鼠,或注射 Aβ、东莨菪碱、链脲佐菌素、氯化铝等物质诱导的 AD 模型鼠。基于不同的 AD 模型鼠,进一步通过 Morris 水迷宫、Y 迷宫、新物体识别、条件性恐惧箱、被动规避测试箱、八臂径向迷宫等行为学实验方法,考察香气成分干预前后 AD 模型鼠在认知、空间记忆、工作记忆、学习记忆等方面能力的变化,可以有效表征香气成分对 AD 的干预调节作用。

例如,在 Morris 水迷宫实验中,可通过记录 AD 模型鼠找到隐藏在水面下的平台所用时间(逃避潜伏期)及路程(逃避潜伏路程)、平均游泳速度、游泳轨迹等,评价其空间学习记忆能力;撤去水面下的平台后,通过记录 AD 模型鼠首次经过原平台区域的时间、在各象限中的游泳时间及路程、经过原平台区域的次数、平均游泳速度、游泳轨迹等,可评价其空间工作记忆能力。表 4-1 简要展示了从动物行为学角度评估香气成分对 AD 干预作用研究的方法学框架。

表 4-1 动物行为学研究角度方法学框架

研究模型	转基因模型鼠:APP/PS1 转基因鼠、TgCRND8 转基因鼠、快速老龄化模型鼠; 化学诱导模型鼠:注射 Aβ 诱导、注射东莨菪碱诱导、注射链脲佐菌素诱导、注射氯化铝诱导
评价指标	Morris 水迷宫实验:游泳轨迹、经过隐藏在水面下的平台所用时间等; Y 迷宫实验:进入各臂的次数、路线等; 新物体识别实验:对已熟悉物体和陌生物体的探索时间的长短; 条件性恐惧箱实验:训练后的动物在条件刺激下的僵直比; 被动规避测试实验:实验时动物的潜伏期和错误次数; 八臂径向迷宫实验:动物进入没有食物臂的次数
设备需求	Morris 水迷宫、Y 迷宫、条件性恐惧箱、被动规避测试箱、八臂径向迷宫、摄像头
文献举例	1. Metabolic Brain Disease,2019,34(6):1747-1759. 2. Basic and Clinical Neuroscience,2015,6(1):29-37. 3. BioMed Research International,2018,2018:3570830.

4.1.2 β-淀粉样蛋白/τ蛋白研究角度

β-淀粉样蛋白(Aβ)是胞外β-分泌酶和胞内γ-分泌酶切割淀粉样前体蛋白后形成的一系列蛋白肽,其与AD的发病过程紧密相关。大脑中Aβ聚集后形成的斑块具有很强的神经毒性,是AD主要病理标志物[3,4]。τ蛋白则是一类稳定神经元微管的微管相关蛋白,τ蛋白过度磷酸化所形成的神经纤维缠结(neurofibrillary tangles, NFT)是AD病理学的关键组成部分[5]。

研究表明,特殊香气成分可通过抑制Aβ表达、聚集及τ蛋白过度磷酸化发挥抗AD作用。例如,用四甲基吡嗪处理链脲佐菌素诱导的AD模型大鼠可通过抑制糖原合成酶激酶活性,减少τ蛋白过度磷酸化和Aβ沉积,恢复胆碱能神经元功能,从而改善AD模型鼠的学习和认知功能[6]。

目前,在香气成分通过抑制Aβ聚集/τ蛋白磷酸化干预AD研究中,主要采用蛋白印迹法或酶联免疫试剂盒检测Aβ和磷酸化τ蛋白的表达量,采用免疫组化及免疫荧光法评估Aβ聚集程度及形成斑块大小。表4-2简要展示了从Aβ/τ蛋白角度评估香气成分对AD干预作用研究的方法学框架。

表4-2 Aβ蛋白/τ蛋白研究角度方法学框架

研究模型	转基因模型鼠:APP/PS1转基因鼠、TgCRND8转基因鼠、快速老龄化模型鼠;化学诱导模型鼠:注射Aβ诱导、注射东莨菪碱注射诱导、注射链脲佐菌素诱导、注射氯化铝诱导
评价指标	β-淀粉样蛋白表达量; 磷酸化τ蛋白表达量; β-淀粉样蛋白斑块大小及聚集程度
检测方法	蛋白质印迹法、酶联免疫试剂盒、免疫组化及免疫荧光
设备需求	化学发光呈像仪、酶标仪、冰冻切片机、激光扫描共聚焦显微镜、荧光显微镜
文献举例	1. Acta Biochimica et Biophysica Sinica, 2017, 49(8):722-728. 2. Frontiers in Cell and Developmental Biology, 2021, 9:632843. 3. European Journal of Medicinal Chemistry, 2019, 168:207-220.

4.1.3 乙酰胆碱酯酶研究角度

乙酰胆碱酯酶(acetylcholinesterase, AChE)是一种丝氨酸蛋白酶,具有氨肽酶和羧肽酶的活性,主要存在运动神经终板突触后膜和脑部的神经突触中,主要功能是将作为神经递质的乙酰胆碱水解,起终止神经传导的作用[7]。据报道,AD患者基底前脑的胆碱能神经严重缺失,乙酰胆碱酯酶活性升高,导致脑内乙酰胆碱含量降低。临床实践证明,轻度和中度 AD 患者连续服用 6 个月的乙酰胆碱酯酶抑制剂治疗后,患者的认知障碍得到了明显的改善[8]。

研究表明,特殊香气成分可通过抑制 AChE 活性提升胆碱能系统功能,发挥抗 AD 作用。例如,β-石竹烯给药 21 天可显著抑制急性淀粉样蛋白毒性大鼠的 AChE 活性,增强抗氧化标志物(如 SOD、CAT、GPx 和 GSH),降低丙二醛水平,逆转 AD 模型鼠的记忆损伤[9]。不同剂量的藏红花醛可显著降低 β-淀粉样蛋白诱导的 AD 模型鼠的氧化应激水平、抑制细胞凋亡和炎症因子的释放,同时降低 AChE 活性,改善 AD 模型鼠在 Y 迷宫、新物体识别、被动回避和八臂迷宫实验中的认知记忆能力[10]。

目前,在香气成分通过抑制乙酰胆碱酯酶活性干预 AD 研究中,AChE 活性可直接通过乙酰胆碱酯酶检测试剂盒测定。表 4-3 简要展示了从乙酰胆碱酯酶角度评估香气成分对 AD 干预作用研究的方法学框架。

表 4-3 乙酰胆碱酯酶活性研究角度方法学框架

研究模型	转基因模型鼠:APP/PS1 转基因鼠、TgCRND8 转基因鼠、快速老龄化模型鼠;化学诱导模型鼠:注射 Aβ 诱导、注射东莨菪碱诱导、注射链脲佐菌素诱导、注射氯化铝诱导
评价指标	乙酰胆碱酯酶活性
检测方法	乙酰胆碱酯酶检测试剂盒
设备需求	酶标仪
文献举例	1. Biomedicine and Pharmacotherapy,2019,112:108673. 2. Brain Research,201,1642:397-408. 3. Brain Research,2009,1305:108-17.

4.1.4 神经炎症研究角度

神经炎症是中枢神经系统中由小胶质细胞和星形胶质细胞激活的免疫应答。瞬时神经炎症信号转导在发育和损伤后组织修复期间起到保护作用,而慢性神经炎症则与多种神经退行性疾病进展有关。大量证据表明,神经炎症会参与并加剧阿尔茨海默病的发病进展。星形胶质细胞和小胶质细胞的激活,以及趋化因子等神经炎症因子的同时增加,可能是阿尔茨海默病病变的早期事件和发病机制[11]。

研究表明,特殊香气成分可通过抑制神经炎症发挥抗 AD 作用。例如,在 AD 转基因 APP/PS1 小鼠模型中,β-石竹烯可通过激活大麻素Ⅱ型受体和过氧化物酶体增殖物激活受体(PPARs),下调大脑皮层组织中环氧合酶-2 的 mRNA 和蛋白水平以及相关促性炎细胞因子的表达,如 TNF-α 和 IL-1β,从而减少大脑皮层和海马中 β-淀粉样蛋白聚集,改善 AD 小鼠的功能缺陷[12]。

目前,在香气成分通过抑制神经炎症干预 AD 的体内或体外研究中,通常采用蛋白质印迹法或相应检测试剂盒测定神经炎症相关因子的表达量,包括促炎性细胞因子(IL-1β、IL-6、NF-κB、PGE2 等)、抗炎因子(IL-10)、C 反应蛋白、NO 含量等。小胶质细胞和星形胶质细胞的激活水平可通过相应标志物 Iba-1 和胶质纤维酸性蛋白(GFAP)进行表征,其中标志物表达量可采用蛋白质印迹法或相应检测试剂盒测定,而标志物的密度则可采用免疫组化及免疫荧光法观察。表4-4 简要展示了从神经炎症角度评估香气成分对 AD 干预作用研究的方法学框架。

表4-4 神经炎症研究角度方法学框架

研究模型	转基因模型鼠:APP/PS1 转基因鼠、TgCRND8 转基因鼠、快速老龄化模型鼠; 化学诱导模型鼠:注射 Aβ 诱导、注射东莨菪碱诱导、注射链脲佐菌素诱导、注射氯化铝诱导; 体外细胞:Aβ 诱导的 BV-2 细胞(小鼠小胶质细胞)或 PC12 细胞(常用的神经细胞株)或 SH-SY5Y 细胞(人神经母细胞瘤细胞)
评价指标	促炎性细胞因子表达量:肿瘤坏死因子-α(TNF-α)、白介素-1β(IL-1β)、白介素6(IL-6)、核因子-κB(NF-κB)、前列腺素 E2(PGE2)、诱导型一氧化氮合酶(iNOS)、环氧合酶-2(COX-2)、Toll 样受体4(TLR4); 抗炎因子表达量:白介素10(IL-10); 胶质纤维酸性蛋白(GFAP)表达量——星形胶质细胞标志物; Iba-1 表达量——小胶质细胞标志物; C 反应蛋白——非特异性炎性标志物
检测方法	蛋白质印迹法,免疫组化及免疫荧光,TNF-α、IL-1β、IL-6 等检测试剂盒
设备需求	化学发光呈像仪、冰冻切片机、激光扫描共聚焦显微镜、荧光显微镜、酶标仪
文献举例	1. Pharmacology,2014,94(1-2):1-12. 2. Metabolic Brain Disease,2019,34(1):165-172. 3. Metabolic Brain Disease,2019,34(6):1747-1759.

4.1.5 氧化应激研究角度

氧化应激是指在某些特殊状态下,因机体内氧化还原平衡失调,产生的自由基超出了机体的抗氧化清除能力范围,导致细胞及器官内活性氧(ROS)、活性氮(RNS)物质的积累,所引起的氧化损伤过程。大脑氧化损伤是 AD 的一个重要特征,"氧化应激假说"提出 AD 中氧化应激产生较早,可在轻度认知功能障碍及分子水平改变出现(即β-淀粉样蛋白沉积及神经纤维缠结的形成)之前,导致细胞和组织损伤,促进 AD 进展。氧化应激中增高的氧化损伤标记水平、抗氧化防御系统中特定活性的改变与β-淀粉样蛋白斑块、τ蛋白磷酸化之间联系紧密。

研究表明,特殊香气成分可通过抑制氧化应激发挥抗 AD 作用。例如,采用氯化铝诱导 AD 大鼠模型前,口服丙酮酸乙酯4周可显著降低氯化铝引起的氧化应激水平,同时改善 AD 大鼠记忆损伤,提示丙酮酸乙酯可能具有预防 AD 的潜在作用。不同剂量的香兰素可显著降低链脲佐菌素诱导的 AD 模型鼠大脑氧化应激、亚硝化应激以及乙酰胆碱酯酶等活性,改善 AD 模型鼠的学习、认知和大脑损伤[13]。

目前,在香气成分通过抑制氧化应激干预 AD 的体内或体外研究中,有关氧化应激状态/程度的评价指标主要分为 4 类:①调控机体氧化应激反应的核转录因子 Nrf2 水平;②抗氧化物质,包括抗氧化酶和非酶抗氧化物;③氧化产物,包括脂质氧化产物和蛋白氧化产物;④活性氧自由基。这些评价指标均可直接采用相应检测试剂盒测定。表 4-5 简要展示了从氧化应激角度评估香气成分对 AD 干预作用研究的方法学框架。

表 4-5 氧化应激研究角度方法学框架

研究模型	转基因模型鼠:APP/PS1 转基因鼠、TgCRND8 转基因鼠、快速老龄化模型鼠; 化学诱导模型鼠:注射 Aβ 诱导、注射东莨菪碱诱导、注射链脲佐菌素诱导、注射氯化铝诱导; 体外细胞:Aβ 诱导的 BV-2 细胞(小鼠小胶质细胞)或 PC12 细胞(常用的神经细胞株)或 SH-SY5Y 细胞(人神经母细胞瘤细胞)
评价指标	核转录因子红系 2 相关因子 2(Nrf2)水平; 抗氧化酶活性:超氧化物歧化酶(SOD)、过氧化氢酶(CAT)、谷胱甘肽过氧化物酶(GSH-Px)、过氧化物酶(POD); 非酶抗氧化物含量:谷胱甘肽; 氧化产物水平:脂质氧化水平——丙二醛含量、蛋白氧化水平——蛋白羰基含量; 活性氧自由基含量
检测方法	Nrf2、SOD、GSH 等相应检测试剂盒
设备需求	酶标仪
文献举例	1. Journal of Molecular Neuroscience,2020,70(6):836-850. 2. Neurochemical Research,200,28(5):733-41. 3. Eur J Neurosci,2022,56(9):5714-5726.

4.2 抗帕金森病功能

帕金森病(Parkinson's disease,PD)是仅次于阿尔茨海默病的第二大神经退行性疾病,包括运动症状和非运动症状,其中运动症状主要表现为运动迟缓、震颤和肢体僵直等,而非运动症状主要为自主神经障碍,如情绪或认知障碍、快感不足、沮丧及幻觉等[14]。流行病学调查结果显示,我国65岁以上老年人群中PD发病率为1.7%,全国约有221万PD患者,由PD造成的费用支出约为170亿元[15]。

经调研发现,共计43种特殊香气成分在体外或体内研究中被证实对PD具有神经保护作用,包括丙酮酸乙酯、红没药醇、枯茗醛、圆柚酮、桃金娘烯醛等。项目组进一步对相关文献进行了全文梳理,结果表明,研究人员考察香气成分对PD的干预作用时主要从4个角度开展工作,分别是动物行为学、多巴胺能神经元、神经炎症和氧化应激。项目组分别从以上4个角度分析了香气成分在帕金森病干预作用研究中的方法学框架,具体结果如下。

4.2.1 动物行为学研究角度

为了复制PD的主要病理学、神经生化,以及模拟出PD的行为学特征,通常可以利用6-羟多巴胺(6-OHDA)、1-甲基-4苯基-1,2,3,6-四氢吡啶(MPTP)、鱼藤酮及脂多糖等化学物质诱导的方法建立PD模型鼠。基于不同的PD动物模型,进一步通过旷场、高架迷宫及疲劳转棒等行为学实验方法,考察香气成分干预前后PD模型鼠的运动协调能力、焦虑行为及空间记忆能力的变化,从而可以有效表征香气成分对PD的干预调节作用。

例如,在旷场实验中,通过记录PD模型动物的运动速度、距离,以及在中央和边缘区域的停留时间、进出次数等参数,可评估其运动能力、焦虑水平及探索能力。在疲劳转棒实验中,通过记录PD模型动物在转棒上停留的时间,可衡量其运动协调能力。表4-6简要展示了从动物行为学角度评估香气成分对PD干预作用研究的方法学框架。

表4-6 动物行为学研究角度方法学框架

研究模型	化学诱导模型鼠:6-羟多巴胺(6-OHDA)损伤DA神经元、MPTP诱导、鱼藤酮诱导、脂多糖诱导
评价指标	旷场实验:运动速度、距离以及在中央和边缘区域的停留时间等; 疲劳转棒实验:动物在转棒上停留的时间; 高架迷宫:动物在开放臂和封闭臂中的停留时间比
设备需求	旷场、高架迷宫、疲劳转棒仪、摄像头
文献举例	1. Journal of Food Engineering,2015,80(10):H2336-45. 2. Neurochemical Research,2016,41(8):1899-910. 3. Arquivos de Neuro-Psiquiatria,2019,77(7):493-500.

4.2.2 多巴胺能神经元研究角度

PD 主要病理特征为中脑黑质致密区多巴胺（DA）能神经元变性死亡引起的纹状体 DA 释放显著性减少，其反映为酪氨酸羟化酶（DA 合成限速酶）、多巴胺转运体功能障碍。DA 神经元内 α-突触核蛋白错误折叠聚集形成的路易体则是 PD 的另一个病理特征，其与黑质多巴胺能神经元的变性缺失密切相关。研究表明，α-突触核蛋白过表达可抑制酪氨酸羟化酶的活性，导致多巴胺合成降低，其异常聚集会引起神经元变性死亡[16]。

研究表明，特殊香气成分可通过调节多巴胺能神经元功能发挥抗 PD 作用。例如，四甲基吡嗪可显著改善鱼藤酮诱导的 PD 大鼠中脑和纹状体中酪氨酸羟化酶的表达，增加纹状体中多巴胺含量，改善 PD 大鼠的运动缺陷[17]。Karamkolly 等发现香叶醇预处理可改善纹状体区抗氧化平衡，降低黑质和纹状体中细胞色素 C 和凋亡蛋白 caspase-9 的表达，并以剂量依赖的方式抑制 MPTP 小鼠 α-突触核蛋白的聚集[18]。

目前，在香气成分通过保护多巴胺能神经元干预 PD 研究中，通常采用蛋白质印迹法测定 α-突触核蛋白、酪氨酸羟化酶和多巴胺转运体的总表达量。α-突触核蛋白的聚集程度、酪氨酸羟化酶的密度和多巴胺能神经元的存活率则可采用免疫组化及免疫荧光法观察。脑内多巴胺的含量可通过高效液相色谱-电化学检测器检测。表 4-7 简要展示了从保护多巴胺能神经元角度评估香气成分对 PD 干预作用研究的方法学框架。

表 4-7 多巴胺能神经元研究角度方法学框架

研究模型	体内化学诱导模型鼠：6-羟多巴胺（6-OHDA）损伤 DA 神经元、MPTP 诱导、鱼藤酮诱导、脂多糖诱导
评价指标	酪氨酸羟化酶表达量、多巴胺转运体表达量、多巴胺能神经元存活率、α-突触核蛋白表达量、多巴胺含量
检测方法	蛋白质印迹法、免疫组化及免疫荧光、高效液相色谱-电化学检测
设备需求	化学发光呈像仪、酶标仪、冰冻切片机、激光扫描共聚焦显微镜、荧光显微镜、HPLC-ECD 检测器
文献举例	1. Chemico-biological Interactions, 2014, 217: 57-66. 2. Molecular Neurobiology, 2017, 54(7): 4866-4878. 3. Pharmaceutical Biology, 2018, 56(1): 450-454.

4.2.3 神经炎症研究角度

中枢神经系统发生神经炎症的特点是小胶质细胞和星形胶质细胞的激活,从而产生大量的细胞因子、趋化因子、活性氧等,对血脑屏障产生破坏作用,引起多巴胺能神经元的不可逆性损伤[19]。大量证据表明,病理状态下多巴胺能神经元释放至胞外的α-突触核蛋白寡聚体可激活邻近的小胶质细胞和星形胶质细胞,诱导神经炎症的发生,进而加剧PD的发病进展[20]。

研究表明,特殊香气成分可通过抑制神经炎症发挥抗PD作用。例如,薄荷醇能够以浓度依赖的形式抑制脂多糖诱导的PD模型大鼠体内促炎酶类(iNOS和COX-2)和促炎性细胞因子(TNF-α、IL-6和IL-1β)的表达,抑制小胶质细胞活化、黑质中多巴胺能神经元数量的减少,从而减少阿扑吗啡诱导的旋转行为[21]。

目前,在香气成分通过抑制神经炎症干预PD的体内或体外研究中,通常采用蛋白质印迹法或酶联免疫试剂盒测定炎症相关因子(如IL-10、NF-κB、PGE2、iNOS等)的表达量。小胶质细胞和星形胶质细胞的激活水平可通过相应标志物Iba-1和胶质纤维酸性蛋白(GFAP)进行表征,其中标志物表达量可采用蛋白质印迹法或相应检测试剂盒测定,而标志物的密度则可采用免疫组化及免疫荧光法观察。表4-8简要展示了从神经炎症角度评估香气成分对PD干预作用研究的方法学框架。

表4-8 神经炎症研究角度方法学框架

研究模型	体内化学诱导模型鼠:6-羟多巴胺(6-OHDA)损伤DA神经元、MPTP诱导、鱼藤酮诱导、脂多糖诱导; 体外细胞:MPTP处理的BE(2)-M7细胞(人神经母细胞瘤细胞)、LPS处理的BV-2细胞(小胶质细胞)、鱼藤酮处理的初级多巴胺能细胞、MPP+处理的SH-SY5Y细胞(人神经母细胞瘤细胞)
评价指标	促炎性细胞因子表达量:肿瘤坏死因子-α(TNF-α)、白介素-1β(IL-1β)、白介素6(IL-6)、核因子-κB(NF-κB)、前列腺素E2(PGE2)、诱导型一氧化氮合酶(iNOS)、环氧合酶-2(COX-2)、Toll样受体4(TLR4); 抗炎因子表达量:白介素10(IL-10); 胶质纤维酸性蛋白(GFAP)表达量——星形胶质细胞标志物; Iba-1表达量——小胶质细胞标志物; C反应蛋白——非特异性炎性标志物
检测方法	蛋白质印迹法,免疫组化及免疫荧光,TNF-α、IL-1β、IL-6等相应检测试剂盒
设备需求	化学发光呈像仪、酶标仪、冰冻切片机、激光扫描共聚焦显微镜、荧光显微镜
文献举例	1. International Immunopharmacology,2020,85:106679. 2. Antioxidants (Basel),2021,10(5):745. 3. Bmc Neuroscience,2016,17(1):58.

4.2.4 氧化应激研究角度

大脑氧化损伤是 PD 的一个重要特征，在 PD 患者和 PD 研究模型中均检测到严重的氧化应激，如不饱和脂肪酸浓度降低、游离铁离子浓度上升、谷胱甘肽含量下降、丙二醛水平升高、线粒体复合体 I 受损等[22]。"氧化应激假说"提出，中脑黑质致密区多巴胺能神经元在自身氧化代谢过程中会产生自由基，当多巴胺能神经元退行性病变甚至丢失，多巴胺能神经元数量减少时，会引发尚存的多巴胺能神经元代谢活动的代偿性增强，导致过氧化氢水平增高、羟基自由基聚积等，进而引起氧化应激毒性，导致黑质多巴胺能神经元自发退变[23]。

研究表明，特殊香气成分可通过抑制氧化应激发挥抗 PD 作用。例如，在鱼藤酮和 MPTP 诱导的小鼠帕金森模型中，香叶醇处理可抑制氧化应激，维持线粒体功能，改善小鼠的运动协调性，增加多巴胺能神经元的表达[24]。体外细胞实验发现，木兰醇可显著减弱 MPP+诱导的人神经母细胞瘤细胞（SH-SY5Y）的毒性和活性氧产生。体内实验也证明，MPTP 给药前后，小鼠口服木兰醇均可显著缓解 MPTP 诱导的纹状体多巴胺转运体和酪氨酸羟化酶的降低。此外，木兰醇还可完全阻止 MPTP 诱导的纹状体脂质过氧化[25]。

目前，在香气成分通过抑制氧化应激干预 PD 的体内或体外研究中，均可直接采用相应检测试剂盒测定氧化应激相关指标的变化，包括 Nrf2 水平、抗氧化酶活性（超氧化物歧化酶、过氧化氢酶等）、内源性非酶抗氧化物谷胱甘肽含量、脂质/蛋白氧化水平（丙二醛/蛋白羰基含量）等。表 4-9 简要展示了从氧化应激角度评估香气成分对 PD 干预作用研究的方法学框架。

表 4-9　氧化应激研究角度方法学框架

研究模型	体内化学诱导模型鼠：6-羟多巴胺（6-OHDA）损伤 DA 神经元、MPTP 诱导、鱼藤酮诱导、脂多糖诱导； 体外细胞：MPTP 处理的 BE（2）-M7 细胞（人神经母细胞瘤细胞）、LPS 处理的 BV-2 细胞（小胶质细胞）、鱼藤酮处理的初级多巴胺能细胞、MPP+处理的 SH-SY5Y 细胞（人神经母细胞瘤细胞）
评价指标	核转录因子红系 2 相关因子 2（Nrf2）水平； 抗氧化酶活性：超氧化物歧化酶（SOD）、过氧化氢酶（CAT）、谷胱甘肽过氧化物酶（GSH-Px）、过氧化物酶（POD）； 谷胱甘肽含量； 脂质氧化水平——丙二醛含量； 蛋白氧化水平——蛋白羰基含量； 线粒体膜电位； 活性氧自由基含量
检测方法	Nrf2、SOD、GSH 等相应检测试剂盒

续表4-9

设备需求	酶标仪
文献举例	1. Neurochemical Research,2018,43(10):1947-1962. 2. Zeitschrift für Naturforschung. C,A Journal of Biosciences,2016,71(7-8):191-199. 3. BMC Complementary Medicine and Therapies,2022,22(1):40.

4.3 抗抑郁症功能

抑郁症是一种常见的精神疾病,以情绪低落、兴趣减退、睡眠和饮食紊乱及意志活动减退为主要特征。抑郁症状长期持续且容易反复发作,严重影响个人的工作、学习和日常生活,给个人和社会带来巨大的负担。抑郁症患者还有较高的自杀行为倾向,导致死亡和伤残。随着现代生活节奏的加快,社会压力增大,抑郁症发病率近年来呈上升趋势。我国约有5400万抑郁人口,占总人口的4.2%,其中每年有近900万人因抑郁伤残[26],是我国致残的第二大原因。抑郁症已成为全社会广泛关注的问题[27]。

经调研发现,共计33种特殊香气成分具有缓解抑郁的作用,包括1,8-桉叶素、3-正丁基苯酞、Z-藁本内酯、橙花叔醇、百里香酚等。项目组进一步对相关文献进行了全文梳理,结果表明,研究人员考察香气成分对抑郁症的干预作用时主要从2个角度开展工作,分别是动物行为学和单胺类神经递质。项目组分别从以上2个角度分析了香气成分在抑郁症干预作用研究中的方法学框架,具体结果如下。

4.3.1 动物行为学研究角度

为了模拟抑郁症的行为学特征,通常可以采用慢性社交失败应激、慢性不可预测轻度应激、嗅球切除慢性应激及皮质酮诱导等方法建立抑郁动物模型。基于不同的抑郁模型动物,进一步通过糖水偏好实验、强迫游泳及悬尾等行为学实验方法,直观考察特殊香气成分是否可发挥缓解抑郁的作用。

例如,基于抑郁引起的快感缺失,即个体无法从奖励或愉快的活动中体验到快乐,通过糖水偏好实验记录抑郁模型动物对水溶液、蔗糖溶液的偏好选择,如总液体消耗量、糖水消耗量、纯水消耗量,计算糖水偏爱指数,可评估其快感缺失症状及抑郁程度。通过悬尾实验记录抑郁模型鼠的不动时间,衡量其绝望水平及抑郁状态。

表4-10简要展示了采用行为学实验评估特殊香气成分在抑郁症干预作用研究中的方法学框架。

表4-10 动物行为学研究角度方法学框架

研究模型	慢性社交失败应激鼠、慢性不可预测轻度应激鼠、嗅球切除慢性应激鼠、皮质酮诱导鼠
评价指标	糖水偏好实验——总液体消耗量、糖水消耗量等； 强迫游泳实验——游泳、攀爬及不动时间； 悬尾试验——不动时间； 新奇摄食抑制实验——摄食潜伏时间和摄食量
设备需求	Lickometer三联舔舐行为测试箱体、悬尾测试仪
文献举例	1. Molecules,2022,27(24):8658. 2. Neurochemical Research,2016,41(11):2859-2867. 3. Life Sciences,2015,128:24-29.

4.3.2 单胺类神经递质研究角度

单胺类神经递质是神经系统里担当"信使"的一组特定化学物质,这些递质的通路分布于大脑各区,参与认知功能、行为活动、精神情感、记忆力、食欲等生理功能[28]。目前,抑郁症发病机制研究最多的是"单胺假说",该假说认为抑郁症的生物学基础是在特定的神经传导通路上单胺神经递质的含量不足或功能降低,主要表现则是相关脑区去甲肾上腺素(NE)、多巴胺(DA)和5-羟色胺(5-HT)的合成和释放减少[29]。

研究表明,特殊香气成分可通过提升单胺类神经递质含量发挥缓解抑郁的作用。例如,Xu等采用行为学评估结合神经递质测定发现,香兰素处理可增加嗅球切除慢性应激状态下大鼠的蔗糖消耗量,提升脑内5-HT和DA水平,降低强迫游泳实验中的不动时间[30]。四甲基吡嗪可显著提高不可预测轻度应激(CUMS)抑郁模型大鼠海马区DA含量、前额叶及纹状体中NE含量[31]。此外,芳樟醇和β-蒎烯也可通过与单胺能系统相互作用发挥抗抑郁作用[32]。

目前,在香气成分通过调节单胺类神经递质发挥抗抑郁作用的研究中,通常利用酶联免疫吸附测定或液相-电化学分析方法检测抑郁模型鼠在香气成分干预前后脑内DA、5-HT、NE的含量变化来评估特殊香气成分对抑郁症的干预作用。表4-11简要展示了从单胺类神经递质角度评估香气成分缓解抑郁作用研究的方法学框架。

表 4-11　单胺类神经递质研究角度方法学框架

研究模型	慢性社交失败应激鼠、慢性不可预测轻度应激鼠、嗅球切除慢性应激鼠
评价指标	神经递质释放水平:DA、5-HT、NE
检测方法	酶联免疫吸附检测试剂盒、高效液相-电化学检测法
设备需求	酶标仪、高效液相-电化学检测器
文献举例	1. Cognitive Neurodynamics,2019,13(2):191-200. 2. Physiology & Behavior,2015,152(Pt A):264-71. 3. Advances in Medical Sciences,2018,63(1):36-42.

4.4　抗焦虑症功能

焦虑是个体对即将到来的或正在进行的伴随有一定压力、威胁的任务所产生的紧张、不安、忧虑、烦恼等不愉快的复杂情绪状态。长期处于高焦虑状态可直接导致焦虑性神经症,其表现为广泛、持续性焦虑或反复发作的惊恐不安、恐惧[33]。2019 年,横断面流行病学研究中国精神卫生显示,相比其他精神障碍加权发病率,焦虑障碍终身患病率为 7.6%,已成为我国疾病负担的突出问题[34]。

经调研发现,共计 45 种特殊香气成分具有缓减焦虑的作用,包括木兰醇、柏木脑、香茅醇、苯甲酸苄酯、α-亚麻酸等。项目组进一步对相关文献进行了全文梳理,结果表明,研究人员考察香气成分对焦虑的干预作用时主要从动物行为学角度开展工作。

目前在特殊香气成分对焦虑症干预研究中,主要利用创伤后应激障碍大鼠、镉诱导的神经毒性动物、乙醇戒断及肝脏损伤引起的焦虑样行为动物,采用高架十字迷宫、旷场、明暗箱探究、动物敞箱、新异-抑制摄食等行为学实验,监测特殊香气成分干预前后模型动物的焦虑水平。

例如,在高架十字迷宫中,通过记录动物在开放臂和闭臂中的运动距离、时间以及进入开放臂的次数等来考察其焦虑状态。在明暗箱探究实验中,通过记录动物在明暗两边转换次数和(或)在明亮一边探索行为的次数和时间来评估其焦虑反应程度。表 4-12 简要展示了采用动物行为学实验评估特殊香气成分在焦虑症干预作用研究中的方法学框架。

表 4-12 动物行为学研究角度方法学框架

研究模型	创伤后应激障碍大鼠,镉诱导的神经毒性、肝脏损伤引起的小鼠焦虑样行为模型,乙醇戒断引起的小鼠焦虑模型
评价指标	高架十字迷宫实验——动物在开放臂和封闭臂中的停留时间比; 旷场实验——动物在中心区域的时间、直立次数和理毛时间等; 明暗箱探究实验——动物在明暗箱两边的转换次数和(或)在明亮一侧探索行为的次数和时间等; 动物敞箱实验——动物在中心区域的活动时间和进入中心区域的次数等; 新异-抑制摄食实验——动物开始摄食的反应时间等
设备需求	高架十字迷宫、明暗箱、旷场
文献举例	1. Biomedicine & Pharmacotherapy,2022,151:113100. 2. Phytomedicine,2021,83:153474. 3. Naunyn-Schmiedeberg's Archives of Pharmacology,2017,390(10):1041-1046.

4.5 抗肿瘤功能

肿瘤是机体在各种致癌因素作用下,局部组织细胞在基因水平上失去对其生长的正常调控,导致其克隆性异常增生而形成的新生物[35]。肿瘤通常可分为良性和恶性两大类,其中恶性肿瘤(即癌症)生长较快、发展迅速,会造成组织器官的严重破坏,并有转移特征,给人体带来极大危害。据国际癌症研究机构统计,2020 年全球新增 1930 万癌症患者,1000 万人因癌症去世,其中,中国新发癌症病例 457 万例,死亡病例 300 万例,位居全球第一[36]。目前癌症已成为严重威胁我国人群健康的重大公共卫生问题,防控形式严峻。

经调研,四甲基吡嗪、茉莉酮酸甲酯、柠檬烯、二烯丙基三硫醚、丁香酚等 85 种特殊香气成分被证实具有抗肿瘤作用。项目组进一步对相关文献进行了全文梳理,结果表明,研究人员考察香气成分对肿瘤的干预作用时主要从 4 个角度开展工作,分别是肿瘤细胞凋亡、肿瘤细胞周期、肿瘤血管生成、肿瘤侵袭转移。项目组分别从以上 4 个角度分析了特殊香气成分在肿瘤干预作用研究中的方法学框架,具体结果如下。

4.5.1 肿瘤细胞凋亡研究角度

细胞凋亡是一种细胞自主生理性死亡,对生物体的正常发育和自身稳定具有十分重要的作用。细胞凋亡过程涉及一系列蛋白的激活、表达及调控,其中 P53 蛋白、survivin 蛋白、Bcl-2 家族蛋白、caspase 家族蛋白等在凋亡信号转导中扮演着重要角色。例如,P53 蛋白可通过抑制 Bcl-2 蛋白并激活 Bax 蛋白,提升线粒体外膜通透性,降低膜电位水平,从而导致细胞色素 c 释放至细胞质,引起 caspase-9 激活并触发一系列凋亡事件[37]。大量证据表明,凋亡相关蛋白异常表达引起的细胞凋亡抑制与肿瘤的发生发展密切相关。

研究表明,特殊香气成分可通过调控凋亡相关蛋白诱导肿瘤细胞凋亡。例如,香茅醇处理可以破坏 Bcl-2/Bax 平衡,导致线粒体膜电位水平下降并释放细胞色素 c,从而激活 caspase-7、caspase-9 等下游 caspase 级联反应,最终导致乳腺肿瘤细胞发生凋亡[38]。反式-大茴香脑可通过上调 P53 蛋白、caspase-3、caspase-9 蛋白表达,降低 Bcl-xl 蛋白释放和线粒体膜电位,促进人骨肉瘤细胞系 MG-63 的凋亡过程[39]。此外,多项研究表明,二烯丙基三硫醚在 HT29[40]、LNCaP[41]、MCF-7[42] 等不同类型肿瘤细胞系中均可通过调控凋亡蛋白发挥抗肿瘤作用。

目前在香气成分对肿瘤干预作用的研究中,最常用的生物模型是体外培养的肿瘤细胞,例如,宫颈癌细胞(HeLa、SiHa、CaSki 等)、乳腺癌细胞(MCF-7、T47D、MDA-MB-231 等)、肺癌细胞(A549、H460、H1299 等)、卵巢癌细胞(SKOV3、OVCA429、A2780 等)、前列腺癌细胞(PC-3、DU145、LNCaP 等)、结直肠癌细胞(HT-29、SW480、HCT116 等)、脑胶质瘤细胞(U87、U251、T98G 等)。除了细胞培养外,体内模型包括异种移植肿瘤动物模型和化学物质诱导肿瘤动物模型,其中,人类肿瘤细胞系异种移植免疫缺陷小鼠模型较为常用[43]。

肿瘤凋亡细胞一般表现为细胞体积收缩,并发生膜变形、起泡,膜起泡可导致在垂死细胞边缘形成小囊泡(凋亡小体),通过瑞氏染色法对肿瘤细胞凋亡小体染色,比较细胞形态学指标的变化,可以最直观地表征香气成分的促肿瘤凋亡效果[44]。

除了通过形态学变化表征,肿瘤细胞凋亡情况还可由细胞 DNA 片段化程度、细胞膜磷脂酰丝氨酸(phosphatidylserine,PS)外翻程度来反映[45]。其中,DNA 片段化引起的染色质浓缩和核碎裂,可采用原位末端标记法(TUNEL 法)染色后,使用普通光学显微镜进行观察;PS 外翻程度可在其与绿色荧光 FITC 标记的 Annexin V 特异结合后,采用流式细胞仪或荧光显微镜检测。目前已有多种市售 TUNEL 试剂盒和 Annexin V-FITC 试剂盒等细胞凋亡检测试剂盒。

凋亡相关蛋白如 P53 蛋白、survivin 蛋白、Bcl-2 家族蛋白、caspase 家族蛋白等的表达量通常可采用蛋白质免疫印迹法测定。表 4-13 简要展示了从肿瘤细胞凋亡角度评估香气成分对肿瘤干预作用研究的方法学框架。

表4-13 肿瘤细胞凋亡研究角度方法学框架

研究模型	体内模型:异种移植肿瘤小鼠模型、化学物质诱导肿瘤小鼠模型; 体外模型:癌细胞(HeLa、MCF-7、DU145、HT-29等)
评价指标	肿瘤细胞形态学指标:细胞体积、细胞膜完整度、凋亡小体是否出现; 肿瘤细胞凋亡比率:DNA片段化程度、磷脂酰丝氨酸外翻程度; 凋亡相关蛋白表达:P53蛋白、Bcl-2家族蛋白、cytochrome c、caspase家族蛋白、survivin蛋白等
检测方法	细胞染色法(瑞氏染色、TUNEL染色、Annexin染色等)、流式细胞法、蛋白质免疫印迹法
设备需求	冰冻切片机、激光扫描共聚焦显微镜、荧光显微镜、流式细胞仪、化学发光成像仪
文献举例	1. J Biol Regul Homeost Agents,2015,29(2):297-306. 2. Cancer Lett,2005,225(1):41-52. 3. Cancer Lett,2008,271(1):34-46.

4.5.2 肿瘤细胞周期研究角度

细胞周期是细胞生命活动的基本过程,指细胞从一次分裂完成到下一次分裂结束经历的全过程,其中DNA合成与细胞分裂是细胞周期的主要事件。在进化过程中细胞发展并建立了一系列调控机制,以确保细胞周期严格有序地交替和各时相依次有序变更。已发现的与细胞周期调控相关的分子主要有三大类:细胞周期蛋白(cyclin)、细胞周期蛋白依赖性激酶(cyclin-dependent kinase,CDK)、细胞周期蛋白依赖性激酶抑制剂(cyclin-dependent kinase inhibitor,CKI)。其中CDK是调控网络的核心,cyclin对CDK具有正性调控作用,而CKI则起负性调控作用,它们共同构成了细胞周期调控的分子基础[46]。大量证据显示,细胞周期蛋白的缺失或过表达造成的细胞周期调节失控是细胞异常增殖进而发生肿瘤的重要原因。

研究表明,特殊香气成分可通过调控细胞周期蛋白的表达,诱导细胞周期阻滞,从而抑制肿瘤细胞的生长和增殖。例如,四甲基吡嗪通过下调细胞周期蛋白cyclin B1和CDK 2诱导肝癌肿瘤细胞G2/M期停滞[47]。二烯丙基三硫醚可通过诱导CDK1的下调和失活介导H358和H460两种肺癌细胞系的G2/M期停滞[48],也可通过上调cyclin B1和cyclin D1蛋白表达水平诱导MCF-7乳腺癌G0/G1期停滞[49]。

目前,在香气成分通过调控细胞周期干预肿瘤的研究中,DNA含量可采用流式细胞仪或荧光共聚焦显微镜检测其与碘化丙啶(PI)等染料结合后的荧光强度来表征,其可以最直观地反映肿瘤细胞在不同复制周期阶段的分布比例;细胞周期调控相关蛋白表达量则可通过蛋白质免疫印迹法检测。表4-14简要展示了从肿瘤细胞复制周期角度评估香气成分对肿瘤干预作用研究的方法学框架。

表4-14 肿瘤细胞复制研究角度方法学框架

研究模型	体内模型:异种移植肿瘤小鼠模型、化学物质诱导肿瘤小鼠模型; 体外模型:癌细胞(HeLa、MCF-7、DU145、HT-29 等)
评价指标	细胞周期时相分布比例;DNA 含量; 细胞周期蛋白表达:cyclin B1、cyclin D1、CDK 4、CDK 1、CKI
检测方法	细胞染色法[碘化丙啶(PI)染色]、流式细胞法、蛋白质免疫印迹法
设备需求	荧光共聚焦显微镜、流式细胞仪、化学发光成像仪
文献举例	1. Anticancer Drugs,2008,19(6):573-81. 2. J BUON,2020,25(1):280-285. 3. Antioxid Redox Signal,2016,24(15):839-54.

4.5.3 肿瘤血管生成研究角度

血管生成,即从原已存在的血管中形成新血管,是肿瘤赖以生长转移的重要基础。肿瘤血管生成与血管内皮细胞及调控血管生成的多种因子密切相关。目前已发现的血管生成正负调节因子约有 40~50 种,其中研究最为广泛和深入的是血管内皮生长因子(vascular endothelial growth factor,VEGF),其在大量人类肿瘤细胞中均过度表达,能够特异性促进内皮细胞的增殖、迁移和管腔形成,是肿瘤血管生成的主要调控者[50]。

研究表明,特殊香气成分可通过抑制肿瘤血管生成发挥抗肿瘤作用。例如,香叶醇通过下调肿瘤细胞中 VEGF 和血管内皮生长因子受体(vascular endothelial growth factor receptor,VEGFR)的表达,抑制肿瘤血管生成[51]。据 Gong 等报道,香草酸可以有效抑制人类结肠癌 HCT116 细胞 VEGF、促红细胞生成素(erythropoietin,EPO)和缺氧诱导因子 1(hypoxia-inducible factor-1α,HIF-1α)的表达,破坏肿瘤血管生成过程[52]。

目前,在香气成分通过抑制血管生成干预肿瘤的研究中,基于鸡胚绒毛尿囊膜抑制肿瘤模型,通过实时成像技术可检测血管生成密度、长度和分支数等变化,能够直观表征香气成分对肿瘤血管生成的影响。VEGF 及其受体表达量则可以通过蛋白质印迹法进行检测。表 4-15 简要展示了从肿瘤血管生成角度评估香气成分对肿瘤干预作用研究的方法学框架。

表4-15　血管生成研究角度方法学框架

研究模型	体内模型：鸡胚绒毛尿囊膜抑制肿瘤模型、异种移植肿瘤模型、化学物质诱导肿瘤模型； 体外模型：癌细胞（HeLa、MCF-7、DU145、HT-29等）
评价指标	血管生成指标：血管密度、血管长度、血管分支数； 血管内皮生成因子及其受体表达程度：VEGF、VEGFR 1、VEGFR 2
检测方法	实时成像法、蛋白质印迹法
设备需求	微循环实时成像仪、化学发光成像仪
文献举例	1. Life Sci,2010,86(25-26):936-41. 2. BMC Cancer,2013,13:74. 3. Int J Oncol,2016,48(5):2079-86.

4.5.4　肿瘤侵袭转移研究角度

肿瘤侵袭转移是恶性肿瘤的主要特征，是引起恶性肿瘤患者死亡的重要原因。在众多影响肿瘤侵袭和转移的因素中，细胞外基质（extracellular matrix，ECM）是阻止肿瘤转移的第一道屏障。已发现ECM的降解酶至少有6类，分别为脯肽酶、丝氨酸蛋白酶、半胱氨酸蛋白酶、天冬酰氨蛋白酶、糖苷酶和基质金属蛋白酶（matrix metalloproteinase，MMP）。其中，MMP，尤其是MMP-2及MMP-9在肿瘤细胞中的过度表达与肿瘤的侵袭转移能力密切相关[53]。

研究表明，特殊香气成分可通过抑制肿瘤侵袭转移发挥抗肿瘤作用。例如，苄基异硫氰酸酯通过抑制MAPK信号通路的激活，调控MMP-2及其抑制因子的表达，从而显著抑制B16F10黑色素瘤细胞的转移能力[54]。丁香酚通过下调MMP-2和MMP-9表达，抑制MDA-MB-231和SK-BR-3肿瘤细胞迁移[55]。

目前，在香气成分通过抑制肿瘤侵袭转移干预肿瘤的研究中，最常用的体外实验方法是划痕愈合实验和Transwell侵袭实验[56]。其中，划痕愈合实验操作简单、经济实惠，其通过在细胞培养皿内制造一个划痕来模拟伤口愈合过程，从而考察香气成分对肿瘤细胞愈合程度的影响；Transwell侵袭实验则可以更加准确地模拟肿瘤细胞在体内侵袭的过程，通过观察下层细胞侵袭至上层的数量来评估香气成分抑制肿瘤侵袭转移的能力。MMP、ECM（胶原蛋白、蛋白聚糖、弹性蛋白、ECM糖蛋白）表达量可通过蛋白质印迹法进行测定。表4-16简要展示了从肿瘤转移侵袭研究角度评估香气成分对肿瘤干预作用研究的方法学框架。

表 4-16 肿瘤转移侵袭研究角度方法学框架

研究模型	体内模型:异种移植肿瘤模型、化学物质诱导肿瘤模型; 体外模型:癌细胞(HeLa、MCF-7、DU145、HT-29 等)
评价指标	细胞划痕愈合程度、迁移细胞数; 细胞外基质及其降解酶:ECM、MMP-2、MMP-9 等
检测方法	蛋白质印迹法、Transwell 侵袭实验、划痕愈合实验
设备需求	化学发光成像仪、细胞计数仪、光学显微镜
文献举例	1. BMC Complement Altern Med,2018,18(1):321. 2. J Cell Mol Med,2015,19(2):474-84. 3. Int J Oncol,2016,49(4):1704-12.

4.6 降血压功能

高血压是指血液在血管中流动时对血管壁造成的压力值持续高于正常值的现象,表现为体循环动脉收缩压≥140 mmHg(1 kPa=7.5 mmHg)和(或)舒张压≥90 mmHg。大多数高血压患者前期没有症状,但若不及时干预,则可能会诱发冠心病、脑卒中、慢性肾脏病等严重疾病。目前,高血压呈全球流行趋势,美国成人高血压患病率为29%~31%,欧洲为32%。据《中国心血管病报告2021》显示,我国成年人高血压的患病率达到27.9%,患者超过2.6亿[57]。

经调研,百里醌、红没药醇、木兰醇、月桂酸等52种香气成分具有干预高血压的生物学功能。项目组进一步对相关文献进行全文梳理,结果表明,研究人员考察香气成分对高血压的干预作用时主要从血管舒张和氧化应激2个研究角度开展,项目组分别从以上2个角度分析总结了香气成分在高血压干预作用研究中的方法学框架,具体结果如下。

4.6.1 血管舒张研究角度

血管舒张是指血管壁松弛、血管腔扩张,使血液流通畅通的情况。血管舒张功能的损伤是引起高血压的重要原因之一。目前已发现的内源性舒张血管物质主要有3种:一氧化氮(NO)、前列环素、内皮细胞超极化因子。其中NO介导的血管舒张效应最为关键。美国科学家伊格纳罗证实,NO 通过激活鸟苷酸环化酶,使血管平滑肌细胞内环磷酸鸟苷(cGMP)含量升高,钙水平明显降低,进而促使肌球蛋白轻链脱磷酸化,平滑肌细胞松弛,引起血管平滑肌舒张[58]。正是由于这一重大发现,伊格纳罗被授予 1998 年诺贝尔生理学或医学奖。

研究表明,特殊香气成分可通过舒张血管发挥降血压作用。例如,膳食补充 α-亚麻酸可缓解自发性高血压大鼠和血管紧张素 Ⅱ(Ang Ⅱ)诱导高血压模型小鼠的收缩压升高,并改善其内皮依赖性血管舒张功能[59];香草酸处理能显著提高亚硝基左旋精氨酸甲酯(L-NAME)诱导高血压大鼠血浆 NO 浓度,降低其收缩、舒张压[60]。

目前,在香气成分通过舒张血管干预高血压的研究中,通常可以采用自发性高血压大鼠或 Ang Ⅱ、亚硝基左旋精氨酸甲酯(L-NAME)等化学物质诱导的高血压小鼠为模型,其中自发性高血压大鼠是目前国际上公认的最接近人类原发性高血压的动物模型,应用最广泛[61]。

香气成分是否具有降血压效果可直接根据其对高血压模型动物收缩压和平均动脉压的影响来判断。通常,血压测量可采用间接尾压法和直接动脉插管法,其中,尾压法测定简单无创,而插管法测定的结果更为准确和精密[62]。香气成分对高血压模型鼠血管舒张程度的影响可直接由血管张力测定仪检测。血液中 NO 的含量水平(硝酸盐含量)及一氧化氮合酶含量或活性均可通过相应检测试剂盒检测。表 4-17 简要展示了从调节血管舒张研究角度评估香气成分对高血压干预作用研究的方法学框架。

表 4-17 血管舒张研究角度方法学框架

研究模型	体内模型:自发性高血压动物模型、Ang Ⅱ 诱导高血压动物模型、L-NAME 诱导高血压动物模型
评价指标	血压指标:收缩压、平均动脉压; 血管舒张能力指标:血管张力、NO、NO 合酶
检测方法	血压测量尾压法、动脉插管法、NO 检测试剂盒、蛋白质印迹法
设备需求	尾动脉压力测量仪、血压动脉导管压力传感器、血管张力测定仪、酶标仪、化学发光成像仪
文献举例	1. Cell Death Dis,2020,11(2):83. 2. Flavour Fragr J,2013,28(5):333-339.

4.6.2 氧化应激研究角度

氧化应激是指机体组织或细胞内氧自由基生成增加和(或)清除能力降低,导致活性氧簇(ROS)在体内或细胞内蓄积而引起的氧化损伤过程。生物医学研究资料显示,高血压的发病机制与氧化应激密切相关,高血压患者机体的氧化和抗氧化水平失衡,过多的自由基引起血管内皮损伤和血管的收缩,从而加重高血压病情[63]。

研究表明,特殊香气成分可通过抑制氧化应激发挥降血压作用。例如,在L-NAME诱导的成年雄性高血压大鼠模型中,香草酸可以降低血浆中丙二醛(MDA)水平,提高超氧化物歧化酶(SOD)和谷胱甘肽过氧化物酶(GSH-Px)活性,具有显著的降血压和抗氧化能力[60]。口服α-松油醇可通过提高高血压大鼠血浆中SOD、过氧化氢酶(CAT)、GSH-Px等抗氧化酶活性,降低大鼠平均动脉压水平[64]。

目前,在香气成分通过抑制氧化应激干预高血压的研究中,均可直接采用相应检测试剂盒测定氧化应激相关指标的变化,包括活性氧自由基含量、过氧化产物(丙二醛、蛋白羰基)含量、抗氧化酶(超氧化物歧化酶、过氧化氢酶等)活性、非酶抗氧化物(维生素C、谷胱甘肽等)含量等。表4-18简要展示了从氧化应激研究角度评估香气成分对高血压干预作用研究的方法学框架。

表4-18 氧化应激研究角度方法学框架

研究模型	体内模型:自发性高血压动物模型、AngⅡ诱导高血压动物模型、L-NAME诱导高血压动物模型
评价指标	血压指标:收缩压、平均动脉压; 活性氧自由基(ROS)含量; 过氧化物:丙二醛、蛋白羰基; 抗氧化酶:超氧化物歧化酶(SOD)、过氧化氢酶(CAT)、谷胱甘肽过氧化物酶(GSH-Px)、过氧化氢酶(POD)等; 非酶抗氧化剂:维生素C、维生素E、还原型谷胱甘肽(GSH)等
检测方法	SOD、GSH、维生素C等相应检测试剂盒
设备需求	酶标仪
文献举例	1. Redox Rep,2011,16(5):208-15. 2. Phytother Res,2007,21(5):410-4.

4.7 降血脂功能

高脂血症是指血脂水平过高,主要表现为空腹静脉血总胆固醇(total cholesterol,TC)≥6.22 mmol/L、甘油三酯(triglyceride,TG)≥2.26 mmol/L、低密度脂蛋白(low-density lipoprotein,LDL)≥4.14 mmol/L、高密度脂蛋白(high-density lipoprotein,HDL)<1.04 mmol/L[65]。高脂血症已被公认是心脑血管疾病的高危因素,同时也与脂肪肝、糖尿病的发生与发展密切相关。随着人口老龄化和人们生活方

式、习惯的改变,我国人群高脂血症患病率急剧升高。相关调查显示,中老年人群高脂血症发病率高达42%,并呈年轻化趋势[66]。

经调研,柠檬烯、香芹酮、丁香酚等40种特殊香气成分具有干预高脂血症的生物学功能。项目组进一步对相关文献进行全文梳理,结果表明,研究人员考察香气成分对高脂血症的干预作用主要从血脂代谢和氧化应激2个研究角度开展,项目组分别从以上2个角度分析总结了香气成分在高脂血症干预作用研究中的方法学框架,具体结果如下。

4.7.1 血脂代谢研究角度

血脂代谢紊乱是诱发高脂血症的关键因素。肝是机体脂质代谢最为活跃的器官,肝中胆固醇-7α-羟化酶(CYP7A1)是特异的细胞色素P450单加氧酶,催化胆固醇转为胆汁酸经典途径中的初始和限速步骤,在维持胆固醇稳态中起重要作用;羟甲基戊二酰辅酶A(HMG-CoA)还原酶则是胆固醇合成的限速酶;胆固醇调节元件结合蛋白(SREBP)是脂肪合成基因转录的重要调节因子,不但介导胆固醇生物合成的反馈调节,而且在脂肪酸合成中起重要调节作用[67]。大量流行病学调查显示,高脂血症患者 *CYP7A1*[68]、*HMG-CoA*[69]、*SREBP*[70]基因多态性是血脂代谢紊乱发生的遗传易感因素。

研究表明,特殊香气成分可通过调节体内血脂代谢水平发挥降血脂作用。例如,月桂酸处理可降低高脂血症模型大鼠体内胆固醇合成限速酶HMG-CoA还原酶的活性,从而显著降低其血浆中胆固醇、甘油三酯、低密度脂蛋白和极低密度脂蛋白(very low-density lipoprotein,VLDL)水平,提高高密度脂蛋白的含量[71]。苊烯通过调节SREBP-1表达和核易位水平,降低高脂血症大鼠血浆中胆固醇和甘油三酯的含量[72]。

目前,在香气成分通过调节血脂代谢干预高脂血症的研究中,可采用的动物模型包括高脂饮食喂养法诱发高脂血症动物模型、注射四酚丁醛(Triton WR-1339)诱发高脂血症动物模型等,其中高脂饮食喂养造模法时间跨度较长,对动物的饲养管理要求较严格,而Triton WR-1339注射法操作简单、造模快速。通常采用相应检测试剂盒测定TC、TG、HDL、LDL等血脂指标的变化,通过蛋白质印迹法对肝脏中CYP7A1酶、HMG-CoA还原酶和SREBP蛋白表达水平进行表征。表4-19简要展示了从调节血脂代谢水平角度评估香气成分对高脂血症干预作用研究的方法学框架。

表4-19 血脂代谢水平研究角度方法学框架

研究模型	体内模型:高脂饮食喂养法诱发高脂血症动物模型、Triton WR-1339诱发高脂血症动物模型
评价指标	血脂指标:TC、TG、HDL、LDL; 血脂代谢酶表达水平:CYP7A1、HMG-CoA还原酶、SREBP-1、SREBP-2等
检测方法	TC、TG、HDL等相应检测试剂盒、蛋白质印迹法

续表 4-19

设备需求	酶标仪、化学发光成像仪
文献举例	1. Biomed Pharmacother,2016,80:276-288. 2. PLoS One,2016,11(1):e0147117.

4.7.2 氧化应激研究角度

氧化应激和高脂血症互相促进,互为因果。一方面,自由基引发脂质过氧化反应的持续进行,可加重血浆低密度脂蛋白氧化,同时减少血浆高密度脂蛋白的含量,引发机体脂蛋白代谢紊乱。胆固醇氧化的主要产物 7-酮胆固醇不仅可损伤内膜,而且可通过对胆固醇的酯化作用干扰胆固醇代谢,造成机体胆固醇代谢紊乱[73]。另一方面,脂质代谢异常的情况下,血浆中高游离脂肪酸水平是导致线粒体功能紊乱、诱导氧化应激的主要原因[74]。高脂血症和氧化应激之间形成的恶性循环,使心脑血管疾病的发生概率大幅增加。

研究表明,特殊香气成分可通过抑制氧化应激发挥降血脂作用。例如,二烯丙基二硫醚干预可以显著降低高脂饮食大鼠的血脂水平,同时通过提高肝和血清中抗氧化酶水平、减少脂质过氧化反应改善高脂血症大鼠的肝脏组织学异常情况[75]。四甲基吡嗪可通过抑制 ROS 水平,增加 SOD、CAT 抗氧化酶的抗氧化作用,调节 PPARγ 信号通路来降低血脂[76]。

目前,在香气成分通过氧化应激角度干预高脂血症的研究中,可采用相应检测试剂盒测定活性氧自由基含量、过氧化物水平、酶抗氧化剂活性及非酶抗氧化剂含量。表 4-20 简要展示了从氧化应激研究角度评估香气成分对高脂血症干预作用研究的方法学框架。

表 4-20　氧化应激研究角度方法学框架

研究模型	体内模型:高脂饮食喂养法诱发高脂血症动物模型、Triton WR-1339 诱发高脂血症动物模型
评价指标	血脂指标:TC、TG、HDL、LDL; 活性氧自由基(ROS)含量; 过氧化物:丙二醛、蛋白羰基; 抗氧化酶:超氧化物歧化酶(SOD)、过氧化氢酶(CAT)、谷胱甘肽过氧化物酶(GSH-Px)、过氧化氢酶(POD)等; 非酶抗氧化剂:维生素 C、维生素 E、还原型谷胱甘肽(GSH)等
检测方法	SOD、GSH、维生素 C 等相应检测试剂盒
设备需求	酶标仪
文献举例	Pharm. Pharmacol,1999,5(12):689-696.

4.8 抗血栓功能

血栓是指由凝血系统激活和血小板活化导致的血液凝固[77]。血栓形成对破裂的血管起止血作用，但在多数情况下，其对机体会产生不同程度的负面影响，是诱发缺血性脑卒中、心肌梗死、肺栓塞等血栓栓塞性疾病的高风险因素。最新的临床数据表明，新型冠状病毒感染与血栓并发症也有着显著的相关性[78]。

经调研，香芹酚、四甲基吡嗪、α-亚麻酸、茴香脑等 19 种特殊香气成分被证实具有干预血栓形成的生物学功能。项目组进一步对相关文献进行了全文梳理，结果表明，研究人员考察香气成分对血栓形成的干预研究中，主要从凝血、血小板聚集 2 个角度开展工作，项目组分别从以上 2 个角度分析总结了香气成分在血栓形成干预作用研究中的方法学框架，具体结果如下。

4.8.1 凝血研究角度

凝血系统涵盖凝血和抗凝两个方面，两者之间的动态平衡是机体维持体内血液正常流动、防止形成血栓前状态的关键。抗凝血酶Ⅲ、蛋白 C 和蛋白 S 是人体内重要的生理性凝血酶抑制剂，参与并维持体内凝血与抗凝系统的动态平衡。其中，抗凝血酶Ⅲ是抗凝系统中最重要的因子，约占血浆抗凝酶总活性的 70%~80%，可抑制凝血酶和凝血因子Ⅹa、Ⅸa、Ⅺa、Ⅻa 活性；蛋白 C 可在蛋白 S 的辅助下抑制血浆中的凝血因子Ⅴa 和Ⅷa，进而产生抗凝作用。证据显示，抗凝血酶Ⅲ、蛋白 C 和蛋白 S 等抗凝蛋白活性改变与血栓栓塞性疾病具有较强的临床相关性[79]。

研究表明，特殊香气成分可通过抑制凝血发挥抗血栓形成作用。例如，二烯丙基三硫醚处理可通过增强抗凝血酶Ⅲ、蛋白 C 等抗凝因子活性，显著延长正常 Sprague-Dawley(SD)大鼠剪尾后出血时间和凝血酶时间(thrombin time, TT)，降低血浆纤维蛋白原浓度[80]。肉桂醛可剂量依赖性抑制凝血酶活性，显著延长小鼠剪尾后的出血时间，降低动静脉分流模型大鼠形成血栓的重量[81]。

目前，在香气成分通过调节凝血系统干预血栓形成的研究中，通常可采用正常 Sprague-Dawley 大鼠或 C57BL/6 小鼠考察香气成分对凝血功能指标的影响。此外，也可采用动静脉分流血栓模型、丝线结扎血栓模型、三氯化铁诱导血栓模型等考察香气成分对血栓形成的影响[82]。

香气成分是否具有抗血栓效果可直接根据其对正常或模型动物出血时间、凝血酶时间(TT)、凝血酶原时间(PT)、活化部分凝血活酶时间(APTT)的影响来判断,抗凝酶Ⅲ、蛋白 C、蛋白 S 的表达水平可通过相应检测试剂盒检测。表 4-21 简要展示了从凝血和抗凝系统角度评估香气成分对血栓形成干预作用研究的方法学框架。

表 4-21　凝血和抗凝系统研究角度方法学框架

研究模型	体内模型:正常 Sprague-Dawley 大鼠、正常 C57BL/6 小鼠、动静脉分流血栓模型、丝线结扎血栓模型、三氯化铁诱导血栓模型
评价指标	凝血能力:出血时间、凝血酶时间、血栓大小; 抗凝因子:抗凝酶Ⅲ、蛋白 C、蛋白 S
检测方法	抗凝酶Ⅲ、蛋白 C、蛋白 S 检测试剂盒
设备需求	计时器、酶标仪
文献举例	1. Food Chem Toxicol,2007,45(3):502-7. 2. Thromb Res,2007,119(3):337-42.

4.8.2　血小板聚集研究角度

血小板过度活化、聚集是血栓形成的主要原因之一。众所周知,花生四烯酸(arachidonic acid,AA)代谢途径在血小板聚集中发挥关键作用,目前已知至少有 3 类酶参与 AA 代谢,包括环氧合酶(cyclooxygenase,COX)、脂氧酶(lipoxygenase,LOX)和细胞色素 P450[83]。其中,COX-1 途径介导生成的血栓烷素 A2(thromboxane A2)是一种强烈的血小板聚集和释放诱导剂,其被作为血栓前状态和血栓性疾病的重要判断指标[84]。

研究表明,特殊香气成分可通过抑制血小板聚集发挥抗血栓作用。香气成分乙酸在安全剂量下可通过抑制环氧合酶 1 活性和血栓烷素 A2 形成使 AA 诱导的血小板聚集减少,显著延长大鼠尾部出血时间,从而发挥抗血栓形成的生物学作用[85]。

目前,在香气成分通过抑制血小板聚集干预血栓形成的研究中,血小板的聚集程度可采用比浊法检测,环氧合酶 1 活性、血栓烷素 A2 表达量可采用相应检测试剂盒检测。表 4-22 简要展示了从血小板聚集角度评估香气成分对血栓形成干预作用研究的方法学框架。

表 4-22　血小板聚集研究角度方法学框架

研究模型	体内模型:正常 Sprague-Dawley 大鼠、正常 C57BL/6 小鼠、动静脉分流血栓模型、丝线结扎血栓模型、三氯化铁诱导血栓模型
评价指标	凝血能力:出血时间、凝血酶时间、血栓大小; 血小板聚集程度; 血小板聚集诱导剂:血栓烷素 B2(反映血栓烷素 A2 含量)、环氧合酶 1(COX-1)

续表 4-22

检测方法	比浊法,COX-1、血栓烷素 A2 检测试剂盒
设备需求	血小板聚集分析仪、酶标仪
文献举例	Food Funct,2015,6(8):2845-53.

4.9 抗糖尿病功能

糖尿病(diabetes mellitus,DM)是一种以高血糖为典型特征的代谢综合征,主要由胰岛 β 细胞胰岛素分泌功能障碍和(或)胰岛素生物作用受阻引起。据 2021 国际糖尿病联合会统计,全球 20~79 岁成人糖尿病患病率为 10%,患者人数达 5.37 亿,是全球发病率较高的疾病之一。2021 年因糖尿病死亡 6.7 亿人,每年糖尿病的花费为 966 亿美元,而约半数患者对该疾病无意识和无知,进一步加速了糖尿病的发生发展。据估计,2030 年糖尿病患者将达 6.43 亿,而到 2045 年这一数据将上升至 7.83 亿[86]。目前,糖尿病的发病率和死亡率在全世界范围内不断增加,致使糖尿病及其并发症已被列为严重威胁人类健康的重大公共健康卫生问题之一。

经调研发现,共计 50 种特殊香气成分在体内研究中被证实对糖尿病具有干预作用,包括 D-柠檬烯、肉豆蔻酸、丁香醛、月桂酸和四甲基吡嗪等。项目组进一步对相关文献进行了全文梳理,结果表明,研究人员考察香气成分对糖尿病的干预作用时主要从 2 个角度开展工作,分别是胰岛 β 细胞和胰岛素抵抗。项目组分别从以上 2 个角度分析了香气成分在糖尿病干预作用研究中的方法学框架,具体结果如下。

4.9.1 胰岛 β 细胞研究角度

胰岛 β 细胞功能受损导致胰岛素分泌不足是糖尿病发病原因之一。大量证据显示,胰岛 β 细胞功能异常与机体氧化应激、炎症反应密切相关。氧化应激时产生的过量活性氧(ROS)不仅通过损伤线粒体、DNA、脂类和蛋白等结构直接造成胰岛 β 细胞结构及功能紊乱[87-88],同时也能进一步诱导激活炎症相关信号通路如 MAPK、SAPK/JNK、ERK1/2、p38 等导致 β 细胞的凋亡[89]。

研究表明,特殊香气可通过抑制氧化应激和炎症反应,保护胰岛 β 细胞,从而发挥抗糖尿病作用。例如,用百里醌连续处理糖尿病大鼠 45 天后可显著降低血糖和上调胰岛素水平,提高抗氧化酶活性和维生素 C、维生素 E 及还原型谷胱甘肽水平,降低脂质过氧化标志物水平[90]。姜酮可以抑制氧化还原敏感转录因子 NF-κB 的水平,并下调其他下游炎性细胞因子,如白介素(IL1-β、IL-2、IL-6)和肿瘤坏死因子-α(TNF-α),改善胰岛素水平[91]。

目前,在香气成分通过保护胰岛 β 细胞干预糖尿病的研究中,通常采用链脲佐菌素诱导的糖尿病大鼠为模型,利用免疫组化法观察胰腺 β 细胞中胰岛素阳性染色区域的百分比;利用酶联免疫试剂盒测定血清中的细胞炎症因子水平;利用相应检测试剂盒分别测定抗氧化物、氧化产物等活性或含量。表 4-23 简要展示了从胰岛 β 细胞角度评估香气成分对糖尿病干预作用研究的方法学框架。

表 4-23 胰岛 β 细胞研究角度方法学框架

研究模型	体内模型:链脲佐菌诱导糖尿病小鼠、高脂饮食加链脲佐菌素诱导糖尿病小鼠
评价指标	胰腺 β 细胞中胰岛素阳性染色区域的百分比——胰腺中可正常分泌胰岛素的 β 细胞; 促炎性细胞因子:白介素(IL-6)、C 反应蛋白(CRP)、肿瘤坏死因子-α(TNF-α)、环氧合酶-2(COX-2); 抗氧化物:超氧化物歧化酶(SOD)、过氧化氢酶(CAT)、谷胱甘肽过氧化物酶(GSH-Px)、谷胱甘肽-S-转移酶(GST)、谷胱甘肽(GSH); 脂质过氧化物:丙二醛(MDA)
检测方法	酶联免疫分析法,SOD、CAT、GSH 等相应检测试剂盒,免疫组化法
设备需求	酶标仪、冰冻切片机、激光扫描共聚焦显微镜、荧光显微镜
文献举例	1. Basic and Clinical Pharmacology and Toxicology,2013,112(3):175-181. 2. Molecules,2021,26(8):2348. 3. Journal of Pharmaceutical Sciences,2013,16(2):352-362.

4.9.2 胰岛素抵抗研究角度

胰岛素抵抗引起的血糖代谢紊乱是 2 型糖尿病发生发展过程中的重要特征,主要表现为胰岛素受体下游信号转导障碍,造成肝糖原合成分解、糖酵解和糖异生等调控途径异常,继而引发高血糖。例如,胰岛素介导的磷脂酰肌醇-3 激酶/蛋白激酶 B/糖原合酶激酶 3(PI3K/Akt/GSK-3β)信号通路受阻,可导致糖原合酶(GS)磷酸化,从而抑制糖原合成[92];PI3K/Akt/GULT4(葡萄糖转运蛋白 4)信号通路受阻可引起 GULT4 转位上膜障碍,进而抑制糖酵解[93];PI3K/Akt/FoxO1(叉头框转录因子 O1)信号通路受阻,则会导致 FoxO1 表达量增加,进而上调糖异生关键酶——磷酸烯醇式丙酮酸激酶(PC)、葡萄糖-6-磷酸酶(G6Pase)等蛋白表达量,提升血糖水平[94]。

研究表明,特殊香气成分可作用于血糖代谢的不同途径及关键酶,形成多途径、多靶点的糖尿病综合调控效应。例如,β-石竹烯、反式-大茴香脑等可显著升高己糖激酶、丙酮酸激酶等糖酵解限速酶活性水平，降低葡萄糖-6-磷酸脱氢酶等糖异生限速酶、糖原磷酸化酶等糖原分解限速酶活性，使糖尿病大鼠血糖水平降低，并使血浆胰岛素水平升高至接近正常水平[95-96]。肉桂醛干预的糖尿病大鼠，肌肉和肝糖原含量显著改善，肌肉组织中葡萄糖转运蛋白-4表达量增加，丙酮酸激酶活性升高至接近正常水平，其mRNA表达水平显著改善，丙酮酸羧化酶活性显著降低[97]。

目前，在特殊香气成分通过改善胰岛素抵抗干预糖尿病的研究中，常以高脂饮食加链脲佐菌素诱导的糖尿病大鼠为模型，采用血糖仪测定血糖水平；采用酶联免疫分析试剂盒测定糖化血红蛋白、糖原等水平；采用实时荧光定量聚合酶链式反应测定胰岛素信号通路关键酶mRNA表达水平；采用比色法或相应试剂盒测定糖原合成分解相关酶、糖异生相关酶和糖酵解相关酶水平；采用蛋白质印迹法测定葡萄糖转运蛋白-4表达水平。表4-24简要展示了从胰岛素抵抗研究角度干预糖尿病的方法学框架。

表4-24 胰岛素抵抗研究角度方法学框架

研究模型	体内模型：链脲佐菌素诱导糖尿病小鼠、高脂饮食加链脲佐菌素诱导糖尿病小鼠
评价指标	宏观指标：葡萄糖、糖化血红蛋白、糖原； 胰岛素信号通路关键酶：磷脂酰肌醇-3激酶(PI3K)、蛋白激酶B(Akt)； 糖原合成分解相关酶：糖原、糖原合成酶激酶(GSK-3β)、糖原合成酶(GS)、糖原磷酸化酶(GP)； 糖异生相关酶：葡萄糖-6-磷酸酶(G6Pase)、果糖-1,6-二磷酸酶(F1,6BPase)、丙酮酸羧化酶(PEPCK)、磷酸烯醇式丙酮酸激酶(PC)； 糖酵解相关蛋白及酶：葡萄糖转运蛋白-4(GLUT4)、己糖激酶、丙酮酸激酶、磷酸果糖激酶
检测方法	酶联免疫试剂盒法，GSK-3β、GS、GP等相应检测试剂盒，蛋白质免疫印迹法，实时荧光定量聚合酶链式反应
设备需求	酶标仪、化学发光成像仪、PCR仪
文献举例	1. Life Sciences,2019,216:183-188. 2. Pharmaceutical Biology,2017,55(1):1442-1449. 3. Biochimie,2015,112:57-65.

4.10 抗肥胖功能

肥胖是环境和遗传等多种因素相互作用引起的体内脂肪堆积过多和(或)分布异常,最终导致体重增加的一种慢性代谢性疾病。近年来,随着暴饮暴食、缺乏运动和作息紊乱等不健康生活方式的出现,肥胖的发生呈现出明显的上升趋势[98]。据世界卫生组织统计,截至 2016 年,全球范围内有超过 19 亿成年人超重,其中 6.5 亿人肥胖,占世界人口总数的 13%[99]。预计到 2030 年,将有近 50% 的成年人超重或肥胖[100]。目前,肥胖已成为全球公共卫生难题,被世界卫生组织认定为影响人类健康的第五大危险因素。

经调研发现,共计 46 种特殊香气成分在体内或体外研究中被证实具有抗肥胖作用,包括百里醌、丁香酚、吉马酮、β-石竹烯和肉桂醛等。项目组进一步对相关文献进行了全文梳理,结果表明,研究人员在考察香气成分抗肥胖作用时主要从 4 个角度开展工作,分别为脂肪细胞分化、白色脂肪细胞棕色化、脂肪合成与分解、肠道菌群。项目组分别从以上 4 个角度分析了香气成分在抗肥胖作用研究中的方法学框架,具体结果如下。

4.10.1 脂肪细胞分化研究角度

肥胖发生的细胞生物学基础是脂肪细胞数目的增多和体积增大,而脂肪细胞的增多主要是由前脂肪细胞(脂肪间充质干细胞)不断分化所致。在哺乳动物细胞中,过氧化物酶体增殖体激活受体 γ(peroxisome proliferator activated receptor γ, PPARγ)和 CCAAT 增强子结合蛋白 α(ccaat enhancer binding protein α, C/EBPα)家族被公认为脂肪细胞分化和生成的关键标志物,共同调节脂肪细胞分化过程[101]。目前,控制前脂肪细胞分化为成熟脂肪细胞是预防肥胖的重要途径之一。

研究表明,特殊香气成分可通过抑制脂肪细胞分化发挥抗肥胖作用。例如,柠檬醛能降低脂肪细胞内 PPARγ 和 C/EBPα 等蛋白的表达量,以剂量依赖的方式显著减弱 3T3-L1 细胞内甘油三酯积累量,抑制前体脂肪细胞向脂肪细胞转化[102]。肉桂醛能通过腺苷酸活化蛋白激酶(AMP-activated protein kinase, AMPK)信号通路调节 PPARγ 水平,抑制 3T3-L1 前体脂肪细胞分化,降低肥胖小鼠体内胆固醇、游离脂肪酸和甘油三酯水平[103]。

目前,在香气成分通过抑制脂肪细胞分化干预肥胖的体内或体外研究中,通常使用的体外模型包括 3T3-L1 前脂肪细胞、HepG2 细胞和 C2C12 小鼠成肌细胞等,其中

3T3-L1细胞具有分化为脂肪细胞的潜能,是目前研究脂肪细胞分化的常用模型。体内模型则常使用高脂饮食、高脂肪和高果糖饮食诱导的肥胖小鼠或大鼠,卵巢摘除诱导的肥胖大鼠,早期营养性肥胖大鼠等。

评价指标检测方面,通常可采用称量法、组织化学染色法、分光光度法等技术,测定体重,食物摄入量,脂肪含量,脂滴大小、形态及数量等宏观指标;采用酶联免疫吸附法监控血清中甘油三酯、总胆固醇和游离脂肪酸等生化指标的含量,进而直接评估机体肥胖程度。在抗肥胖机制研究中,采用蛋白免疫印迹技术监控细胞中脂肪细胞分化关键标志物 PPARγ、C/EBPα 等指标的蛋白表达水平;采用实时荧光定量 PCR 技术测定 *PPARγ*、*C/EBPα* 等基因的 mRNA 转录水平。表 4-25 简要展示了从脂肪细胞分化角度评估香气成分对肥胖干预作用研究的方法学框架。

表 4-25 脂肪细胞分化研究角度方法学框架

研究模型	体内:高脂饮食、高脂肪和高果糖饮食诱导的肥胖小鼠或大鼠,卵巢摘除诱导的肥胖大鼠,早期营养性肥胖大鼠等 体外:3T3-L1 前脂肪细胞、HepG2 细胞、C2C12 小鼠成肌细胞
评价指标	宏观指标:体重、食物摄入量、脂肪组织重量、脂肪含量、脂质含量,以及脂滴大小、形态及数量等; 生化指标:血清中甘油三酯、总胆固醇、低密度脂蛋白胆固醇、高密度脂蛋白胆固醇、游离脂肪酸、脂联素等; 脂肪细胞分化关键标志物:PPARγ、C/EBPα 等
检测方法	组织化学染色法、分光光度法、酶联免疫吸附法、实时荧光定量 PCR 法、蛋白质印迹法
设备需求	冰冻切片机、激光扫描共聚焦显微镜、荧光显微镜、分光光度计、酶标仪、化学发光成像仪
文献举例	1. Indian Journal of Clinical Biochemistry,2018,33(4):414-421. 2. Journal of agricultural and food chemistry,2011,59(8):3666-3673. 3. The FASEB journal,2018,32(3):1388-1402.

4.10.2 白色脂肪细胞棕色化研究角度

脂肪细胞根据其功能和形态可分为白色脂肪细胞和棕色脂肪细胞,其中白色脂肪细胞以甘油三酯形式蓄积能量,棕色脂肪细胞则因特异性表达线粒体解偶联蛋白 1 (uncoupling protein 1,UCP1),具有促进能量消耗和产热作用[104]。大量研究证实,在啮齿类动物和人体中,白色-棕色脂肪细胞表型之间可相互转化。其中,白色脂肪细胞棕色化过程的核心调控因子主要包括过氧化物酶体增殖体激活受体 γ(peroxisome proliferators-activated receptor γ,PPARγ)、PPARγ 共激活因子 1α(peroxisome proliferators-activated receptor γ coactivator 1α,PGC-1α)及 PR 结构域蛋白 16(positive regulatory domain containing 16, PRDM16)[105]。目前,通过调控 PPARγ、PGC-1α、PRDM16 等因子,增强棕色脂肪特异性基因 *UCP1* 表达,促进白色脂肪细胞棕色化已成为缓解肥胖的新策略。

研究表明,特殊香气成分可通过促进白色脂肪细胞棕色化发挥抗肥胖作用。例如,香草酸可显著提高腹股沟白色脂肪组织中 UCP1 蛋白表达,促进白色脂肪棕色化,降低脂肪细胞体积和脂滴大小,最终使高脂肪和高果糖饮食小鼠体重降低[106]。肉桂醛能够增加 UCP1、PPARγ、PGC-1α 和 PRDM16 蛋白在白色脂肪组织中的表达,从而引起白色脂肪出现棕色脂肪样改变,阻止高脂饮食引起的脂肪组织重量的升高[107]。

目前,在香气成分通过调节白色脂肪细胞棕色化干预肥胖的研究中,通常采用组织化学染色法观察脂肪细胞形态学变化;采用蛋白免疫印迹技术监控棕色脂肪细胞特异性标志物 UCP1,以及白色脂肪棕色化关键调控因子 PPARγ、PGC-1α 及 PRDM16 等蛋白表达量;采用实时荧光定量 PCR 技术监控 *UCP1*、*PGC-1α* 等基因的 mRNA 转录水平。表 4-26 简要展示了从白色脂肪细胞棕色化角度评估香气成分干预肥胖研究的方法学框架。

表 4-26 白色脂肪细胞棕色化研究角度方法学框架

研究模型	体内:高脂饮食、高脂肪和高果糖饮食诱导的肥胖小鼠或大鼠,卵巢摘除诱导的肥胖大鼠等 体外:3T3-L1 前脂肪细胞
评价指标	细胞形态学变化:白色脂肪细胞呈现单房脂滴,胞浆成分和线粒体含量较少,棕色细胞内含有多腔室的小脂滴和更多的线粒体; 棕色脂肪细胞特异性标志物:UCP1; 白色脂肪棕色化关键调控因子:PPARγ、PGC-1α 及 PRDM16 等
检测方法	组织化学染色法、蛋白质印迹法、实时荧光定量 PCR 法
设备需求	冰冻切片机、激光扫描共聚焦显微镜、荧光显微镜、化学发光成像仪、荧光定量 PCR 仪
文献举例	1. Food & Function,2018,9(8):4366-4375. 2. Cellular Physiology and Biochemistry,2017,42(4):1514-1525. 3. The Journal of Nutritional Biochemistry,2018,56:116-125.

4.10.3 脂肪合成与分解研究角度

高脂饮食引起的脂肪代谢紊乱是诱发肥胖的重要原因,主要表现为脂肪合成速率远远超过脂肪水解速率,继而引起脂肪细胞体积异常增大。研究表明,肥胖与脂肪合成水解相关基因及其转录水平变化密切相关。例如,有研究表明,在长期高脂饲喂诱导的肥胖大鼠体内,脂肪合成基因的重要转录调节因子固醇调节元件结合蛋白1c(sterol regulatory element binding protein-1c,SREBP-1c)水平为正常组的 2.56 倍,脂肪合成限速酶如乙酰辅酶 A 羧化酶(acetyl-CoA carboxylase,ACC)、脂肪酸合酶(fatty acid synthase,FAS)等表达显著增加[108];临床研究表明,肥胖患者皮下和内脏组织脂肪水解限速酶如甘油三酯脂肪酶(adipose triglyceride lipase,ATGL)、激素敏感性脂肪酶(hormone-sensitive lipase,HSL)等的 mRNA 表达较正常体重者减少,并与体重指数(BMI)呈负相关[109]。

研究表明,特殊香气成分可通过调节脂肪合成与分解发挥抗肥胖作用。例如,D-柠檬烯通过激活 AMPK 信号通路调控脂肪合成相关因子(SREBP-1c、ACC、FAS)和脂肪分解关键酶(HSL、ATGL)的表达,在3T3-L1 细胞和肥胖大鼠中产生抗肥胖效果[110]。覆盆子酮不仅能降低乙酰辅酶 A 羧化酶1(acetyl-CoA carboxylase 1,ACC1)、脂肪酸合成酶和硬脂酰辅酶 A 去饱和酶1(stearoyl-CoA desaturase 1,SCD1)等脂肪合成相关基因的 mRNA 转录水平,也可增加脂肪分解相关基因 ATGL 和 HSL 的表达,并以浓度依赖方式抑制3T3-L1 脂肪细胞的脂肪积累,从而改善肥胖引起的脂质代谢紊乱[111]。

目前,在香气成分通过调节脂肪合成与分解干预肥胖的研究中,通常采用实时荧光定量 PCR 技术、蛋白免疫印迹技术监测脂肪合成相关酶(如 ACC、FAS、SCD1)、脂肪分解相关酶(如 ATGL、HSL)的 mRNA 转录水平和蛋白表达水平。表 4-27 简要展示了从脂肪合成与分解角度评估香气成分对肥胖干预作用研究中的方法学框架。

表 4-27　脂肪合成与分解研究角度方法学框架

研究模型	体内模型:高脂饮食、高脂肪和高果糖饮食诱导的肥胖小鼠或大鼠、卵巢摘除诱导的肥胖大鼠、早期营养性肥胖大鼠等; 体外模型:3T3-L1 前脂肪细胞、HepG2 细胞、C2C12 小鼠成肌细胞
评价指标	脂肪合成相关因子:SREBP-1c、ACC、FAS、SCD1 等; 脂肪分解关键酶:HSL、ATGL 等
检测方法	实时荧光定量 PCR 法、蛋白质印迹法
设备需求	荧光定量 PCR 仪、化学发光成像仪
文献举例	1. Nutrients,2023,15(2):267. 2. Pharmaceutical Biology,2015,53(6):870-875. 3. Planta Medica,2010,76(15):1654-1658.

4.10.4　肠道菌群研究角度

肠道菌群及其代谢物与肥胖的发生发展密切相关。一方面,肥胖的发生常伴随着肠道菌群的改变,如菌群多样性和丰度降低等为特征的稳态失调以及特定菌群比值的变化[112],它们可作为肥胖诊断的生物标记物。另一方面,肠道菌群代谢物如短链脂肪酸、脂多糖、胆汁酸、中链脂肪酸等可作为脂质代谢的重要调节因子,通过不同途径参与脂质合成、运输、储存和消耗等各个环节,进而影响肥胖的发生发展。例如,乙酸可激活 GPR43 介导 G(i/o)βγ-磷脂酶 C-蛋白激酶 C 信号通路,上调抑癌基因的表达并抑制蛋白激酶 B 磷酸化,改善白色脂肪组织内的脂肪堆积及肝的脂质代谢,进而延缓肥胖进程[113]。脂多糖与 Toll 样受体 4 结合,可通过上调脂肪细胞和巨噬细胞中 c-Jun N 末端激酶表达和激活核转录因子 κB 等不同途径诱发炎症反应,诱导肥胖发生[114]。

研究表明,特殊香气成分可通过改善肠道菌群发挥抗肥胖作用。例如,香兰素可通过多种方式缓减与肥胖相关的肠道菌群紊乱,如增加短链脂肪酸(如乙酸、丙酸、丁酸等)浓度、降低厚壁菌门与拟杆菌门的丰度比值、抑制可引起炎症反应的细菌(如嗜胆菌属、脱硫弧菌属等)的扩张[115]。β-石竹烯能降低血清中脂多糖含量,增加肠道中乙酸和丙酸的浓度,从而改善饮食诱导的肥胖[116]。

目前,在香气成分通过改善肠道菌群发挥抗肥胖作用的研究中,通常采用实时荧光定量 PCR 监控动物粪便中微生物的丰度;采用光度测定法监控血清中菌群代谢产物脂多糖含量变化;采用气相色谱串联质谱法监控短链脂肪酸(乙酸、丙酸、丁酸)的含量。表 4-28 简要展示了从肠道菌群角度评估香气成分对肥胖干预作用研究的方法学框架。

表 4-28　肠道菌群研究角度方法学框架

研究模型	高脂饮食诱导的肥胖小鼠
评价指标	微生物丰度:如厚壁菌门、拟杆菌门、嗜胆菌属和脱硫弧菌属等的丰度; 肠道菌群代谢物:脂多糖、短链脂肪酸(如乙酸、丙酸、丁酸等)
检测方法	实时荧光定量 PCR 法、光度测定法、气相色谱串联质谱法
设备需求	荧光定量 PCR 仪、细菌内毒素检测仪、气-质联用仪
文献举例	1. Frontiers in Microbiology,2018,9:2733. 2. Molecules,2022,27(19):6156. 3. Molecular Nutrition & Food Research,2022,66(15):e2101015.

参考文献

[1] LANE C A, HARDY J, SCHOTT J M. Alzheimer's disease[J]. European Journal of Neurology,2018,25(1):59-70.

[2]任汝静,殷鹏,王志会,等.中国阿尔茨海默病报告2021[J].诊断学理论与实践,2021,20(4):317-337.

[3]ZHANG X,LIU S,SONG X,et al. Robust and universal SERS sensing platform for multiplexed detection of Alzheimer's disease core biomarkers using paapt-aunps conjugates[J]. ACS Sensors,2019,4(8):2140-2149.

[4]PENKE B,BOGÁR F,PARAGI G,et al. Key peptides and proteins in Alzheimer's disease[J]. Current Protein and Peptide Science,2019,20(6):577-599.

[5]PARK J C,HAN S H,YI D,et al. Plasma tau/amyloid-β1-42 ratio predicts brain tau deposition and neurodegeneration in Alzheimer's disease[J]. Brain:A Journal of Neurology,2019,42(3):771-786.

[6]LU F,LI X,LI W,et al. Tetramethylpyrazine reverses intracerebroventricular streptozotocin-induced memory deficits by inhibiting GSK-3β[J]. Acta Biochimica et Biophysica Sinica,2017,49(8):1-7.

[7]MOSS D E. Improving anti-neurodegenerative benefits of acetylcholinesterase inhibitors in Alzheimer's disease:are irreversible inhibitors the future[J]. International Journal of Molecular Sciences,2020,21(10):3438.

[8]CUELLO A C,PENTZ R,HALL H. The brain NGF metabolic pathway in health and in Alzheimer's pathology[J]. Frontiers in Neuroscience,2019,13:62.

[9]ZHANG Y,HUANG Q,WANG S,et al. The food additive β-caryophyllene exerts its neuroprotective effects through the JAK2-STAT3-BACE1 pathway[J]. Frontiers in Aging Neuroscience,2022,14:814432.

[10]POSTU P A,SADIKI F Z,IDRISSI M E,et al. Pinus halepensis essential oil attenuates the toxic Alzheimer's amyloid beta (1-42)-induced memory impairment and oxidative stress in the rat hippocampus[J]. Biomedicine & Pharmacotherapy,2019,112:108673.

[11]PENG W,XIE Y,LIAO C,et al. Spatiotemporal patterns of gliosis and neuroinflammation in presenilin 1/2 conditional double knockout mice[J]. Frontiers in Aging Neuroscience,2022,14:966153.

[12]CHENG Y,DONG Z,LIU S. β-Caryophyllene ameliorates the Alzheimer-like phenotype in APP/PS1 Mice through CB2 receptor activation and the PPARγ pathway[J]. Pharmacology,2014,94(1-2):1-12.

[13]CHAVALI V D,AGARWAL M,VYAS V K,et al. Neuroprotective effects of ethyl pyruvate against aluminum chloride-induced Alzheimer's disease in rats via inhibiting toll-like receptor 4[J]. Journal of Molecular Neuroscience,2020,70(6):836-850.

[14]OBESO J A,STAMELOU M,GOETZ C G,et al. Past, present, and future of Parkinson's disease:A special essay on the 200th Anniversary of the Shaking Palsy[J]. Movement Disorders,2017,32(9):1264-1310.

[15]陈宗元,黄春丽,官检发,等.帕金森病的流行病学、发病机制及药物的研究进展

[J]. 海峡药学,2018,30(3):48-50.

[16] STAV A L, AARSLAND D, JOHANSEN K K, et al. Amyloid-β and α-synuclein cerebrospinal fluid biomarkers and cognition in early Parkinson's disease[J]. Parkinsonism Relat Disord,2015,21(7):758-764.

[17] MICHEL H E, TADROS M G, ESMAT A, et al. Tetramethylpyrazine ameliorates rotenone-induced Parkinson's disease in rats: involvement of its anti-inflammatory and anti-apoptotic actions[J]. Molecular Neurobiology,2017,54(7):4866-4878.

[18] REKHA K R, SELVAKUMAR G P. Gene expression regulation of Bcl2, Bax and cytochrome-C by geraniol on chronic MPTP/probenecid induced C57BL/6 mice model of Parkinson's disease[J]. Chemico-Biological Interactions,2014,217:57-66.

[19] CHAO Y, WONG S C, TAN E K. Evidence of inflammatory system involvement in Parkinson's disease[J]. Biomed Research International,2014:308654.

[20] 周琰. α-突触核蛋白诱导的神经炎症在帕金森病发病机制中的作用[D]. 南京:南京医科大学,2014.

[21] DU J, LIU D, ZHANG X, et al. Menthol protects dopaminergic neurons against inflammation-mediated damage in lipopolysaccharide (LPS)-Evoked model of Parkinson's disease[J]. International Immunopharmacology,2020,85:106679.

[22] DING Y, XIN C, ZHANG C W, et al. Natural molecules from Chinese herbsprotecting against Parkinson'sdisease via anti-oxidative stress[J]. Frontiers in Aging Neuroscience,2018,10:246.

[23] TANG F L, ERION J R, TIAN Y, et al. VPS35 in dopamine neurons is required for endosome-to-golgi retrieval of Lamp2a, a receptor of chaperone-mediated autophagy that is critical for α-synuclein degradation and prevention of pathogenesis of Parkinson's Disease[J]. Journal of Neuroscience,2015,35(29):10613-10628.

[24] REKHA K R, RAMU I S. Geraniol protects against the protein and oxidative stress induced by rotenone in an in vitro model of Parkinson's Disease[J]. Neurochemical Research,2018,43(10):1947-1962.

[25] MUROYAMA A, FUJITA A, LV C, et al. Magnolol protects against MPTP/MPP+-induced toxicity via inhibition of oxidative stress in in vivo and in vitro models of Parkinson's disease[J]. Parkinson's Disease,2012,2012(4):985157.

[26] WHO. Depression and other common mental disorders: global health estimates[EB/OL]. (2021-03-31)[2021-10-11]. https://www.who.int/news-room/fact-sheets/detail/depression.

[27] ZHOU M, WANG H, ZENG X, et al. Mortality, morbidity, and risk factors in China and its provinces, 1990-2017: a systematic analysis for the global burden of disease study 2017[J]. The Lancet,2019,394(10204):1145-1158.

[28] ROTENSTEIN L S, RAMOS M A, TORRE M, et al. Prevalence of depression, depressive symptoms, and suicidal ideation among medical students: a systematic review

and meta-analysis[J]. Jama,2016,316(21):2214.

[29] HEALY D. The case for an individual approach to the treatment of depression[J]. The Journal of Clinical Psychiatry,2000,61Suppl 6(1):18-23.

[30] XU J,XU H,LIU Y,et al. Vanillin-induced amelioration of depression-like behaviors in rats by modulating monoamine neurotransmitters in the brain[J]. Psychiatry Research,2015,225(3):509-514.

[31] JIANG B,HUANG C,XIANG-FAN C,et al. Tetramethylpyrazine Produces Antidepressant-like effects in mice through promotion of BDNF signaling pathway[J]. International Journal of Neuropsychopharmacology,2015,18(8):pyv010.

[32] GUZMÁN-GUTIÉRREZ S L,BONILLA-JAIME H,GÓMEZ-CANSINO R,et al. Linalool and β-pinene exert their antidepressant-like activity through the monoaminergic pathway[J]. Life Sciences,2015,128:24-29.

[33] SONG Y,SEO S,LAMICHHANE S,et al. Limonene has anti-anxiety activity via adenosine A2A receptor-mediated regulation of dopaminergic and GABAergic neuronal function in the striatum[J]. Phytomedicine,2021,83:153474.

[34] HUANG Y,WANG Y,WANG H,et al. Prevalence of mental disorders in China:a cross-sectional epidemiological study[J]. Lancet Psychiatry,2019,6(3):211-224.

[35] HANAHAN D. Hallmarks of cancer:new dimensions[J]. Cancer Discovery,2022,12(1):31-46.

[36] 刘宗超,李哲轩,张阳,等.2020全球癌症统计报告解读[J].肿瘤综合治疗电子杂志,2021,7(2):1-13.

[37] STEGH A H. Targeting the p53 signaling pathway in cancer therapy-the promises,challenges and perils[J]. Expert Opinion on Therapeutic Targets,2012,16(1):67-83.

[38] RAJENDRAN J,PACHAIAPPAN P,THANGARASU R. Citronellol,an acyclic monoterpene induces mitochondrial-mediated apoptosis through activation of proapoptotic factors in MCF-7 and MDA-MB-231 human mammary tumor cells[J]. Nutrition and Cancer,2021,73(8):1448-1458.

[39] PANDIT K,KAUR S,KUMAR A,et al. Trans-anethole abrogates cell proliferation and induces apoptosis through the mitochondrial-mediated pathway in human osteosarcoma cells[J]. Nutrition and Cancer,2021,73(9):1727-1745.

[40] LAI K C,HSU S C,YANG J S,et al. Diallyl trisulfide inhibits migration,invasion and angiogenesis of human colon cancer HT-29 cells and umbilical vein endothelial cells,and suppresses murine xenograft tumour growth[J]. Journal of Cellular and Molecular Medicine,2015,19(2):474-484.

[41] XIAO D,ZENG Y,SINGH S V. Diallyl trisulfide-induced apoptosis in human cancer cells is linked to checkpoint kinase 1-mediated mitotic arrest[J]. Molecular Carcinogenesis,2010,48(11):1018-1029.

[42] MALKI A,EL-SAADANI M,SULTAN A S. Garlic constituent diallyl trisulfide in-

duced apoptosis in MCF7 human breast cancer cells[J]. Cancer Biology & Therapy,2009,8(22):2174-2184.

[43] 周云振,SANTOSH K J,孙海明,等.肿瘤小鼠模型建立应用进展[J].中华肿瘤防治杂志,2022,29(2):92-101.

[44] 马大烈,郑青渝,詹镕洲.肿瘤免疫组织化学标记的形态学特征[J].中华病理学杂志,1998,27(6):469-471.

[45] SHARMA B,KANWAR S S. Phosphatidylserine:a cancer cell targeting biomarker[J]. Seminars in Cancer Biology,2018,52(Pt 1):17-25.

[46] MORGAN D O. The Cell Cycle:Principles of Control[C]. Primers in Biology:New Science,2010.

[47] CAO J,MIAO Q,ZHANG J,et al. Inhibitory effect of tetramethylpyrazine on hepatocellular carcinoma:possible role of apoptosis and cell cycle arrest[J]. Journal of Biological Regulators and Homeostatic Agents,2015,29(2):297-306.

[48] XIAO D,ZENG Y,HAHM E R,et al. Diallyl trisulfide selectively causes BAX-and BAK-mediated apoptosis in human lung cancer cells[J]. Environmental and Molecular Mutagenesis,2009,50(3):201-212.

[49] MALKI A,EL-SAADANI M,SULTAN A S. Garlic constituent diallyl trisulfide induced apoptosis in MCF7 human breast cancer cells[J]. Cancer Biology & Therapy,2009,8(22):2174-2184.

[50] HILLEN F,GRIFFIOEN A W. Tumour vascularization:sprouting angiogenesis and beyond[J]. Cancer and Metastasis Reviews,2007,26(3-4):489-502.

[51] CHRISTINE W,CLAUDIA S,JULIA P,et al. Geraniol suppresses angiogenesis by downregulating vascular endothelial growth factor(VEGF)/VEGFR-2 signaling[J]. Plos One,2015,10(7):e0131946.

[52] GONG J,ZHOU S,YANG S. Vanillic acid suppresses HIF-1α expression via inhibition of mTOR/p70S6K/4E-BP1 and Raf/MEK/ERK pathways in human colon cancer HCT116 Cells[J]. International Journal of Molecular Sciences,2019,20(3):465.

[53] 范玉晶,韩明子.基质金属蛋白酶和消化道肿瘤的相关性[J].世界华人消化杂志,2004,12(9):164-166.

[54] LAI K C,HSIAO Y T,YANG J L,et al. Benzyl isothiocyanate and phenethyl isothiocyanate inhibit murine melanoma B16F10 cell migration and invasion in vitro[J]. International Journal of Oncology,2017,51(3):832-840.

[55] ABDULLAH M L,HAFEZ M M,ALI A H,et al. Anti-metastatic and anti-proliferative activity of eugenol against triple negative and HER2 positive breast cancer cells[J]. BMC Complementary and Alternative Medicine,2018,18(1):321.

[56] 唐秋琳,毕锋.Transwell法检测细胞侵袭迁移能力实验中的影响因素[J].实验科学与技术,2018,16(4):18-21.

[57] 马丽媛,王增武,樊静,等.《中国心血管健康与疾病报告2021》要点解读[J].中

国全科医学,2022,25(27):3331-3346.

[58] HUANG C F,HSU C N,CHIEN S J,et al. Aminoguanidine attenuates hypertension, whereas 7-nitroindazole exacerbates kidney damage in spontaneously hypertensive rats: the role of nitric oxide[J]. European Journal of Pharmacology,2013,699(1-3):233-240.

[59] LI G,WANG X,YANG H,et al. α-Linolenic acid but not linolenic acid protects against hypertension:critical role of SIRT3 and autophagic flux[J]. Cell Death & Disease,2020,11(2):83.

[60] KUMAR S,PRAHALATHAN P,RAJA B. Antihypertensive and antioxidant potential of vanillic acid,a phenolic compound in L-NAME-induced hypertensive rats:a dose-dependence study[J]. Redox Report,2011,16(5):208-215.

[61] 张艳荣,张连峰,杨志伟. 高血压实验动物模型[J]. 中华高血压杂志,2008,16(3):205-207.

[62] 罗俊荷,YEUNG P H,TSE W K. 直接测定法和间接测定法测定大鼠血压的比较[J]. 中国比较医学杂志(Z2期):82-85.

[63] 万基伟,樊小农,王舒,等. 氧化应激与高血压发病机制研究[J]. 中医学报,2015,30(1):101-104.

[64] SABINO C K B,FERREIRA-FILHO E S,MENDES M B,et al. Cardiovascular effects induced by α-terpineol in hypertensive rats[J]. Flavour and Fragrance Journal,2013,28(5):333-339.

[65] 李燕,黎凤乾,宁春. 高血压、高血脂、高血糖对自体动静脉内瘘成熟影响的研究进展[J]. 循证护理,2023,9(7):1219-1222.

[66] 中国成人血脂异常防治指南修订联合委员会. 中国成人血脂异常防治指南(2016年修订版)[J]. 中国循环杂志,2016,31(10):937-950.

[67] 黄晓飞,周蕾,彭晓辉,等. 泽泻汤及其乙醇部位对高血症大鼠血脂及血脂代谢相关酶的影响[J]. 湖北中医药大学学报,2013,15(6):3-6.

[68] 迟静,翟成凯,郭延波,等. CYP7A1基因多态性对脂代谢异常人群影响[J]. 中国公共卫生,2013,29(4):491-493.

[69] YUNARTO N,SULISTYOWATI I,FINOLAWATI A,et al. HMG-CoA reductase inhibitory activity of extract and catechin isolate from *Uncaria gambir* as a treatment for hypercholesterolemia[J]. Journal of Southwest Jiaotong University,2021,56(6).

[70] 刘晓丽,赵琦,李云,等. SREBP-2基因多态与胆固醇水平的关联研究[J]. 中国分子心脏病学杂志,2008,8(4):203-207.

[71] LEKSHMI S D,NAZEEM P A,NARAYANANKUTTY A,et al. In silico and wet lab studies reveal the cholesterol lowering efficacy of lauric acid,a medium chain fat of coconut oil[J]. Plant Foods for Human Nutrition,2016,71(4):410-415.

[72] VALLIANOU I,CLADARAS M H. Camphene,a plant derived monoterpene,exerts its hypolipidemic action by affecting SREBP-1 and MTP expression[J]. PloS One,

2016,11(1):e0147117.

[73] 王艳艳. 高脂日粮诱导小鼠氧化应激及对脂代谢相关基因表达的影响[D]. 无锡:江南大学,2008.

[74] 鲁芙蓉. 替米沙坦对高脂餐大鼠血脂异常及氧化应激的影响[D]. 长沙:中南大学,2008.

[75] DHULEY J N,NAIK S R,RELE S,et al. Hypolipidaemic and antioxidant activity of diallyl disulphide in rats[J]. Journal of Pharmacy and Pharmacology,1999,5(12):689-696.

[76] CHEN J,TIAN J,GE H,et al. Effects of tetramethylpyrazine from Chinese black vinegar on antioxidant and hypolipidemia activities in HepG2 cells[J]. Food and Chemical Toxicology,2017,109(Pt 2):930-940.

[77] FURIE B,FURIE B C. Mechanisms of thrombus formation[J]. New England Journal of Medicine,2008,359(9):938-949.

[78] MCFADYEN H. The emerging threat of (Micro) thrombosis in COVID-19 and its therapeutic implications[J]. Circulation Research:A Journal of the American Heart Association,2020,127(4):571-587.

[79] 夏岑峰,崔丽萍,王绍金,等. 血浆蛋白C、蛋白S、抗凝血酶Ⅲ活性变化与急性肺血栓栓塞症相关性研究[J]. 宁夏医科大学学报,2015,37(3):248-251.

[80] CHAN K C,YIN M C,CHAO W J. Effect of diallyl trisulfide-rich garlic oil on blood coagulation and plasma activity of anticoagulation factors in rats[J]. Food and Chemical Toxicology,2007,45(3):502-507.

[81] HUANG J,WANG S,LUO X,et al. Cinnamaldehyde reduction of platelet aggregation and thrombosis in rodents[J]. Thrombosis Research:An International Journal on Vascular Obstruction,Hemorrhage and Hemostasis,2007,119(3):337-342.

[82] 刘瑜,董小黎. 血栓动物模型的建立[J]. 首都医科大学学报,2002,23(3):277-280.

[83] WANG B,WU L,CHEN J,et al. Metabolism pathways of arachidonic acids:mechanisms and potential therapeutic targets[J]. Signal Transduction and Targeted Therapy,2021,6(3):30.

[84] 刘子安,刘维. 血栓烷A_2在临床中的应用进展[J]. 当代医学,2018,24(15):184-186.

[85] LI J,ZHANG Y Y,FAN J F. Acetic acid in aged vinegar affects molecular targets for thrombus disease management[J]. Food & Function,2015,6(8):2845-2853.

[86] International Diabetes Federation. IDF Diabetes Atlas[M]. 10th ed. Brussels:International Diabetes Federation,2021.

[87] HAY R T. SUMO:a history of modification[J]. Molecular Cell,2005,18(1):1-12.

[88] KIM K I,BAEK S H,CHUNG C H. Versatile protein tag,SUMO:its enzymology and biological function[J]. Journal of Cellular Physiology,2002,191:257-268.

［89］TAKAHASHI Y. Identification and function of ubiquitin-like protein SUMO E3 (PIAS family and RanBp2, Pc2) [J]. Seikagaku the Journal of Japanese Biochemical Society, 2004, 76(4): 381-384.

［90］SANKARANARAYANAN C, PARI L. Thymoquinone ameliorates chemical induced oxidative stress and β-cell damage in experimental hyperglycemic rats [J]. Chemico-Biological Interactions, 2011, 190(2-3): 148-154.

［91］BILAL A, REHMAN M U, INSHA A, et al. Zingerone (4-(4-hydroxy-3-methylphenyl) butan-2-one) protects against alloxan-induced diabetes via alleviation of oxidative stress and inflammation: probable role of NF-kB activation [J]. Saudi Pharmaceutical Journal, 2018, 26(8): 1137-1145.

［92］代紫阳, 董玉山, 李继安, 等. 施今墨对药配方对2型糖尿病大鼠肝脏胰岛素抵抗及 PI3K/AKT/GSK-3β 信号通路的影响 [J]. 山东医药, 2020, 60(14): 35-38.

［93］张珊, 徐梦珠, 郝娟, 等. 基于磷脂酰肌醇-3-激酶/蛋白激酶 B/葡萄糖转运蛋白4通路的中药治疗糖尿病新进展 [J]. 基层中医药, 2022, 1(4): 82-88.

［94］季天娇, 王中元, 朱云峰, 等. 黄芪甲苷调节 PI3K/Akt/FoxO1 通路抑制糖尿病大鼠肝糖异生 [J]. 中国实验方剂学杂志, 2020, 26(1): 78-86.

［95］BASHA R H, SANKARANARAYANAN C. β-Caryophyllene, a natural sesquiterpene, modulates carbohydrate metabolism in streptozotocin-induced diabetic rats [J]. Acta Histochemica, 2014, 116(8): 1469-1479.

［96］SHEIKH B A, PARI L, RATHINAM A, et al. Trans-anethole, a terpenoid ameliorates hyperglycemia by regulating key enzymes of carbohydrate metabolism in streptozotocin induced diabetic rats [J]. Biochimie, 2015, 112: 57-65.

［97］ANAND P, MURALI K Y, TANDON V, et al. Insulinotropic effect of cinnamaldehyde on transcriptional regulation of pyruvate kinase, phosphoenolpyruvate carboxykinase, and GLUT4 translocation in experimental diabetic rats [J]. Chemico-Biological Interactions, 2010, 186(1): 72-81.

［98］YUMUK V, TSIGOS C, FRIED M, et al. European guidelines for obesity management in adults [J]. Obesity Facts, 2015, 8(6): 402-424.

［99］LEANDRA A G, ABDEEN Z A, HAMID Z A, et al. Worldwide trends in body-mass index, underweight, overweight, and obesity from 1975 to 2016: a pooled analysis of 2416 population-based measurement studies in 128.9 million children, adolescents, and adults [J]. The Lancet, 2017, 390(10113): 2627-2642.

［100］ZUO J, ZHAO D, YU N, et al. Cinnamaldehyde ameliorates diet-induced obesity in mice by inducing browning of white adipose tissue [J]. Cellular Physiology and Biochemistry, 2017, 42(4): 1514-1525.

［101］AUWERX J, COCK T A, KNOUFF C. PPAR-gamma: a thrifty transcription factor [J]. Nuclear Receptor Signaling, 2002, 24(3): 315-320.

［102］SRI D S, ASHOKKUMAR N. Citral, a monoterpene inhibits adipogenesis through modulation of adipogenic transcription factors in 3T3-L1 Cells[J]. Indian Journal of Clinical Biochemistry,2018,33(4):414-421.

[103] HUANG B,YUAN H D,KIM D Y,et al. Cinnamaldehyde prevents adipocyte differentiation and adipogenesis via regulation of peroxisome proliferator-activated receptor-γ(PPARγ) and AMP-activated protein kinase (AMPK) pathways[J]. Journal of Agricultural and Food Chemistry,2011,59(8):3666-3673.

[104] SPIEGELMAN B M. Banting Lecture 2012:Regulation of adipogenesis:Toward new therapeutics for metabolic disease[J]. Diabetes,2013,62(6):1774-1782.

[105] 倪鸣,王金焱,王璟.白色脂肪组织棕色化调控机制的研究进展[J].医学研究生学报,2015,28(7):771-775.

[106] HAN X,GUO J,YOU Y,et al. Vanillic acid activates thermogenesis in brown and white adipose tissue[J]. Food & Function,2018,9(8):4366-4375.

[107] ZUO J,ZHAO D,YU N,et al. Cinnamaldehyde ameliorates diet-induced obesity in mice by inducing browning of white adipose tissue[J]. Cellular Physiology and Biochemistry,2017,42(4):1514-1525.

[108] 丁婧,王辉,余诗灏,等.肥胖大鼠模型的建立及其脂代谢相关分子机制研究[J].中国实验动物学报,2012,20(5):20-24,94.

[109] 江榕,刘小莺,郑培烝,等.肥胖症脂肪组织 ATGL 和 HSL mRNA 的表达与胰岛素敏感性的关系[J].吉林医学,2010,31(33):5968-5969.

[110] LIAO J T,HUANG Y W,HOU C Y,et al. D-limonene promotes anti-obesity in 3t3-l1 adipocytes and high-calorie diet-induced obese rats by activating the AMPK signaling pathway[J]. Nutrients,2023,15(2):267.

[111] PARK K S. Raspberry ketone,a naturally occurring phenolic compound,inhibits adipogenic and lipogenic gene expression in 3T3-L1 adipocytes[J]. Pharmaceutical Biology,2015,53(6):870-875.

[112] CHATELIER E L,NIELSEN T,QIN J,et al. Richness of human gut microbiome correlates with metabolic markers[J]. Nature,2013,500(7464):541-546.

[113] KIMURA I,OZAWA K,INOUE D,et al. The gut microbiota suppresses insulin-mediated fat accumulation via the short-chain fatty acid receptor GPR43[J]. Nature Communications,2013,4(18):29-42.

[114] ABDALLAH I N,RAGAB S H,ABD E B A,et al. Frequency of firmicutes and bacteroidetes in gut microbiota in obese and normal weight Egyptian children and adults[J]. Archives of Medical Science,2011,7(3):501-507.

[115] GUO J,HAN X,ZHAN J,et al. Vanillin alleviates high fat diet-induced obesity and improves the gut microbiota composition[J]. Frontiers in Microbiology,2018,9:2733.

[116] RODRÍGUEZ-MEJÍA U U,VIVEROS-PAREDES J M,ZEPEDA-MORALES A S M,et al. β-Caryophyllene:a therapeutic alternative for intestinal barrier dysfunction caused by obesity[J]. Molecules,2022,27(19):6156.

附录 1 风味产业意义显著的香气成分信息

附表 1-1 风味产业意义显著的香气成分信息表

序号	CAS	化合物名称	FEMA	JECFA	CoE	EFSA	GB 2760	A	B	C	D	E	F	G	H	I	J	K	L	M	N	O
1	105-57-7	乙缩醛 acetal	2002	941	35	06.001	s0116			√	√			√								
2	75-07-0	乙醛 acetaldehyde	2003	80	89	05.001	s0115	√		√	√	√	√		√	√	√	√	√	√	√	
3	7493-57-4	丙基苯乙缩醛 propyl phenethyl acetal	2004	1000	511	06.016	s1247															
4	100-06-1	苯甲醚 acetanisole	2005	810	570	07.038	s0227															
5	64-19-7	醋酸 acetic acid	2006	81	2	08.002	s0293	√		√	√	√	√		√	√	√	√	√	√	√	√
6	513-86-0	乙酰丙酮 acetoin	2008	405	749	07.051	s0204	√		√	√	√			√	√	√	√	√	√	√	√
7	98-86-2	苯乙酮 acetophenone	2009	806	138	07.004	s0225			√	√	√			√	√	√	√	√		√	
8	7493-63-2	烯丙基邻氨基苯甲酸盐 allyl anthranilate	2020	20	254	09.719	s1401									√	√	√		√		
9	2051-78-7	烯丙基丁酸酯 allyl butyrate	2021	2	280	09.054	s1304															
10	1866-31-5	烯丙基肉桂酸酯 allyl cinnamate	2022	19	334	09.741	s1211															
11	4728-82-9	烯丙基环己基乙酸酯 allyl cyclohexaneacetate	2023	12	2070	09.482	s1186															
12	7493-65-4	烯丙基环己基丁酸酯 allyl cyclohexanebutyrate	2024	14	283	09.411	s1194															
13	7493-66-5	烯丙基环己基己酸酯 allyl cyclohexanehexanoate	2025	16	2180	09.492	s1402															
14	2705-87-5	烯丙基环己基丙酸酯 allyl cyclohexanepropionate	2026	13	2223	09.498	s1190															

续附表 1-1

序号	CAS	化合物名称		FEMA	JECFA	CoE	EFSA	GB 2760	A	B	C	D	E	F	G	H	I	J	K	L	M	N	O
15	7493-68-7	烯丙基环己基戊酸酯	allyl cyclohexanevalerate	2027	15	474	09.469	s1403															
16	2179-57-9	烯丙基二硫醚	allyl disulfide	2028	572	485	12.008	s0749				√	√							√			
17	7493-69-8	烯丙基-2-乙基丁酸酯	allyl 2-ethylbutyrate	2029	11	281	09.410	s1404															
18	4208-49-5	烯丙基-2-呋喃甲酸酯	allyl 2-furoate	2030	21	360																	
19	142-19-8	烯丙基庚酸酯	allylheptanoate	2031	4	369	09.097	s0397															
20	123-68-2	烯丙基己酸酯	allylhexanoate	2032	3	2181	09.244	s0545					√										
21	79-78-7	烯丙基α-紫罗兰酮	allyl alpha-ionone	2033	401	2040	07.061	s1181															
22	57-06-7	烯丙基异硫氰酸酯	allylisothiocyanate	2034	1560	2110	12.025	s0762				√			√								
23	870-23-5	烯丙基硫基	allylmercaptan	2035	521	476	12.004	s0803				√			√					√			
24	7493-72-3	烯丙基壬酸酯	allylnonanoate	2036	6	390	09.109	s1374															
25	4230-97-1	烯丙基辛酸酯	allyloctanoate	2037	5	400	09.119	s1236															
26	7493-74-5	烯丙基苯氧乙酸酯	allylphenoxyacetate	2038	18	228	09.701	s1284															
27	1797-74-6	烯丙基苯乙酸酯	allylphenylacetate	2039	17	2162	09.790	s1205															
28	2408-20-0	烯丙基丙酸酯	allylpropionate	2040	1	2094	09.233	s1189															
29	7493-75-6	烯丙基山道酸酯	allylsorbate	2041	8	2182	09.312																
30	592-88-1	烯丙基硫化物	allylsulfide	2042	458	11846	12.088	s0813	√			√			√	√					√		
31	7493-71-2	烯丙基巴豆酸酯	allyltiglate	2043	10	2183	09.493	s1405															
32	7493-76-7	烯丙基10-十一碳烯酸酯	allyl 10-undecenoate	2044	9	441	09.146	s1406															
33	2835-39-4	烯丙基异戊酸酯	allylisovalerate	2045	7	2098	09.489	s1346			√	√			√	√	√		√			√	√
34	123-92-2	异戊酸异戊酯	isoamylacetate	2055	43	214	09.024	s0372			√	√			√	√	√		√			√	√

附录1　风味产业意义显著的香气成分信息

续附表1-1

序号	CAS	化合物名称	FEMA	JECFA	CoE	EFSA	GB 2760	A	B	C	D	E	F	G	H	I	J	K	L	M	N	O
35	71-41-0	戊醇 amylalcohol	2056	88	514	02.040	s0006	√		√		√			√		√					√
36	123-51-3	异戊醇 isoamylalcohol	2057	52	51	02.003	s0008	√	√	√	√	√			√	√	√	√	√	√		√
37	94-46-2	异戊基苯甲酸酯 isoamylbenzoate	2058	857	562	09.755	s0554			√		√							√			
38	540-18-1	戊酸丁酯 amylbutyrate	2059	152	270	09.044	s0425				√											
39	106-27-4	异戊酸异戊酯 isoamylbutyrate	2060	45	282	09.055	s0426				√											
40	122-40-7	α-戊基肉桂醛 alpha amylcinnamaldehyde	2061	685	128	05.040	s0273															
41	91-87-2	α-戊基肉桂醛二甲基乙缩醛 alpha amylcinnamaldehydedimethylacetal	2062	681	47	06.013	s1407															
42	7779-65-9	异戊基肉桂酸酯 isoamylcinnamate	2063	665	335	09.742	s0621						√									
43	7493-78-9	α-戊基肉桂酸甲酯 alpha amylcinnamylacetate	2064	677	216	09.026	s1408															
44	101-85-9	α-戊基肉桂醇 alpha amylcinnamylalcohol	2065	674	79	02.030	s1361															
45	7493-79-0	α-戊基肉桂酸甲酯 alpha amylcinnamylformate	2066	676	357	09.090	s1409															
46	7493-80-3	α-戊基肉桂酸异戊酯 alpha amylcinnamylisovalerate	2067	678	463	09.468	s1410															
47	638-49-3	戊酸甲酯 amylformate	2068	119	497	09.159	s0355															
48	110-45-2	异戊酸甲酯 isoamylformate	2069	42	500	09.162	s0356															
49	7779-66-0	异戊酸4(2-呋喃)丁酯 isoamyl 4(2-furan)butyrate	2070	1516	2080	13.021	s1411											√	√			
50	7779-67-1	异戊酸3(2-呋喃)丙酯 isoamyl 3(2-furan)propionate	2071	1515	2092	13.023	s1412													√		
51	1334-82-3	戊酸 2-呋喃甲酯 amyl 2-furoate	2072	748	2109	13.025																
52	7493-82-5	戊酸庚酯 amylheptanoate	2073	170	370	09.098	s1214															
53	540-07-8	戊酸己酯 amylhexanoate	2074	163	315	09.065	s0464															

续附表 1-1

序号	CAS	化合物名称	FEMA	JECFA	CoE	EFSA	GB 2760	A	B	C	D	E	F	G	H	I	J	K	L	M	N	O
54	2198-61-0	异戊酸己酯 isoamylhexanoate	2075	46	320	09.070	s0465			√												
55	65504-96-3	2-戊基-5 或 6-酮-1,4-二氧六环 2-amyl-5 or 6-keto-1,4-dioxane	2076	1485	2205	13.027	s1413														√	
56	6309-51-9	异戊酸月桂酯 isoamlaurate	2077	182	379	09.103	s0563															
57	7779-70-6	异戊酸壬酯 isoamylnonanoate	2078	48	391	09.110																
58	638-25-5	戊酸辛酯 amyloctanoate	2079	174	393	09.112	s0613															
59	2035-99-6	异戊酸辛酯 isoamyloctanoate	2080	47	401	09.120	s0476					√										
60	102-19-2	异戊基苯乙酸酯 isoamylphenylacetate	2081	1014	2161	09.789	s0494															
61	105-68-0	异戊酸丙酯 isoamylpropionate	2082	44	417	09.136	s0405					√								√		√
62	7779-72-8	异戊酸丙酮醛 isoamylpyruvate	2083	939	431	09.443	s1414															
63	87-20-7	异戊基水杨酸酯 isoamylsalicylate	2084	903	435	09.751	s0507															√
64	659-70-1	异戊酸异戊酯 isoamylisovalerate	2085	50	458	09.463	s0452			√								√				
65	100-66-3	茴香脑 anisole	2097	1241	2056	04.032	s0086															
66	104-21-2	对茴香酸乙酯 p-anisyl acetate	2098	873	209	09.019	s0384								√							
67	105-13-5	茴香醇 anisyl alcohol	2099	871	66	02.128	s0041								√							
68	6963-56-0	茴香酸丁酯 anisyl butyrate	2100	875	286	09.058	s0574															
69	122-91-8	茴香酸甲酯 anisyl formate	2101	872	354	09.087	s0514															
70	7549-33-9	茴香酸丙酯 anisyl propionate	2102	874	426	09.145	s0947															
71	100-52-7	苯甲醛 benzaldehyde	2127	22	101	05.013	s0165	√	√	√	√	√	√		√	√	√	√	√	√	√	√
72	1125-88-8	苯甲醛二甲缩醛 benzaldehyde dimethyl acetal	2128	837	37	06.003									√	√					√		

附录1 风味产业意义显著的香气成分信息

续附表 1-1

序号	CAS	化合物名称	FEMA	JECFA	CoE	EFSA	GB 2760	A	B	C	D	E	F	G	H	I	J	K	L	M	N	O
73	1319-88-6	苯甲醛甘油缩醛 benzaldehyde glyceryl acetal	2129	838			s0232															
74	2568-25-4	苯甲醛丙二醇缩醛 benzaldehyde propylene glycol acetal	2130	839	2226	06.032	s0106															
75	65-85-0	苯甲酸 benzoic acid	2131	850	21	08.021	s0315	√	√	√	√				√							
76	119-53-9	苯偶姻 benzoin	2132	836	162	07.028	s1399															
77	119-61-9	苯并苯酮 benzophenone	2134	831	166	07.032	s0265															
78	140-11-4	乙酸苄酯 benzyl acetate	2135	23	204	09.014	s0382			√		√			√	√						
79	5396-89-4	乙酰苯乙酸酯 benzyl acetoacetate	2136	848	244	09.406																
80	100-51-6	苄醇 benzyl alcohol	2137	25	58	02.010	s0033	√		√		√			√	√						
81	120-51-4	苄基苯甲酸酯 benzyl benzoate	2138	24	262	09.727	s0489		√						√	√						
82	588-67-0	苄基丁醚 benzyl butyl ether	2139	1253	520	03.010	s1415									√	√	√	√			
83	103-37-7	苄基丁酸酯 benzyl butyrate	2140	843	277	09.051	s0436															
84	103-28-6	苄基异丁酸酯 benzyl isobutyrate	2141	844	301	09.426	s0437															
85	103-41-3	苄基肉桂酸酯 benzyl cinnamate	2142	670	331	09.738	s0502															
86	7492-69-5	苄基 2,3-二甲基巴豆酸酯 benzyl 2,3-dimethylcrotonate	2143	847	11868	09.508															√	√
87	539-30-0	苄基乙醚 benzyl ethyl ether	2144	1252	521	03.003	s0085															
88	104-57-4	苄基甲酸酯 benzyl formate	2145	841	344	09.077	s0358								√							
89	7492-37-7	3-苄基-4-庚酮 3-benzyl-4-heptanone	2146	830	2140	07.070																
90	100-53-8	苄基巯基 benzyl mercaptan	2147	526	477	12.005	s0744	√					√									
91	7492-39-9	苄基甲氧乙基缩醛 benzyl methoxyethyl acetal	2148	840	523	06.019																
92	102-16-9	苄基苯乙酸酯 benzyl phenylacetate	2149	849	232	09.705	s1286															

续附表 1-1

序号	CAS	化合物名称	FEMA	JECFA	CoE	EFSA	GB 2760	A	B	C	D	E	F	G	H	I	J	K	L	M	N	O
93	122-63-4	苯基丙酸酯 benzyl propionate	2150	842		09.132	s0409								√							
94	118-58-1	苯基水杨酸酯 benzyl salicylate	2151	904	436	09.752	s0566														√	√
95	103-38-8	苯基异戊酸酯 benzyl isovalerate	2152	845	453	09.458	s0539															
96	507-70-0	冰片 borneol	2157	1385	64	02.016	s0028			√	√	√	√	√	√							
97	124-76-5	异冰片 isoborneol	2158	1386	2020	02.059	s0864			√	√		√		√						√	√
98	76-49-3	冰片酸乙酯 bornyl acetate	2159	1387	207	09.017	s0385			√	√	√		√								
99	125-12-2	异冰片酸乙酯 isobornyl acetate	2160	1388	2066	09.218	s0622				√				√							
100	7492-41-3	冰片酸甲酯 bornyl formate	2161	1389	349	09.082	s0611															
101	1200-67-5	异冰片酸甲酯 isobornyl formate	2162	1390	565	09.176																
102	2756-56-1	异冰片酸丙酯 isobornyl propionate	2163	1391		09.131																
103	7549-41-9	冰片酸戊酯 bornyl valerate	2164	1392	471	09.153																
104	76-50-6	冰片酸异戊酯 bornyl isovalerate (endo-)	2165	1393	451	09.456	s0575															
105	7779-73-9	异冰片酸异戊酯 isobornyl isovalerate	2166	1394	452	09.457																
106	78-93-3	丁酮 2-butanone	2170	278	753	07.053	s0203											√				
107	123-86-4	乙酸丁酯 butyl acetate	2174	127	194	09.004	s0370	√		√	√	√			√		√	√				
108	110-19-0	乙酸异丁酯 isobutyl acetate	2175	137	195	09.005	s0371			√	√	√			√		√	√		√	√	√
109	591-60-6	丁酸丁酯 butyl acetoacetate	2176	596	241	09.403				√	√	√						√			√	√
110	7779-75-1	异丁酸丁酯 isobutyl acetoacetate	2177	597	242	09.404																
111	71-36-3	丁醇 butyl alcohol	2178	85	52	02.004	s0004	√		√	√				√		√					
112	78-83-1	异丁醇 isobutyl alcohol	2179	251	49	02.001	s0005	√		√	√				√		√	√				

续附表 1-1

序号	CAS	化合物名称	FEMA	JECFA	CoE	EFSA	GB 2760	A	B	C	D	E	F	G	H	I	J	K	L	M	N	O
113	7779-81-9	异丁酸天使酯 isobutyl angelate	2180	1213	247	09.408	s0445															
114	7756-96-9	丁酸邻氨基苯甲酯 butyl anthranilate	2181	1536	252	09.717																
115	7779-77-3	异丁酸邻氨基苯甲酯 isobutyl anthranilate	2182	1537	253	09.718	s1282															
116	25013-16-5	2,6-二叔丁基对甲酚 butylated hydroxyanisole	2183																			
117	120-50-3	丁基苯甲酸酯 isobutyl benzoate	2185	856	567	09.757	s0577															
118	109-21-7	丁酸丁酯 butyl butyrate	2186	151	268	09.042	s0420	√		√		√										
119	539-90-2	异丁酸丁酯 isobutyl butyrate	2187	158	269	09.043	s0421			√								√			√	
120	97-87-0	丁酸异丁酯 butyl isobutyrate	2188	188	291	09.416	s0424												√		√	
121	97-85-8	异丁酸异丁酯 isobutyl isobutyrate	2189	194	292	09.417	s0588			√		√										
122	7492-70-8	丁基丁酰乳酸酯 butyl butyryllactate	2190	935	2107	09.491	s0448															
123	7492-44-6	α-丁基肉桂醛 alpha-butylcinnamaldehyde	2191	684	127	05.039	s1261															
124	538-65-8	丁基肉桂酸酯 butyl cinnamate	2192	663	326	09.733																
125	122-67-8	异丁基肉桂酸酯 isobutyl cinnamate	2193	664	327	09.734	s0567									√						
126	7492-45-7	2-癸烯酸丁酯 butyl 2-decenoate	2194	1348	2100	09.235																
127	17373-84-1	丁基乙基丙二酸二甲酯 butyl ethyl malonate	2195	615	384	09.441																
128	592-84-7	丁酸甲酯 butyl formate	2196	118	501	09.163	s0354					√										
129	542-55-2	异丁酸甲酯 isobutyl formate	2197	124	502	09.164	s1025															
130	105-01-1	丁酸 3-(2-呋喃)丙酯 isobutyl 3-(2-furan) propionate	2198	1514	2093	13.024	s1191															
131	5454-28-4	丁基庚酸酯 butyl heptanoate	2199	169	363	09.091	s0470															
132	7779-80-8	异丁酸庚酯 isobutyl heptanoate	2200	172	364	09.092																

续附表 1-1

序号	CAS	化合物名称	FEMA	JECFA	CoE	EFSA	GB 2760	A	B	C	D	E	F	G	H	I	J	K	L	M	N	O
133	626-82-4	丁酸己酯 butyl hexanoate	2201	162	313	09.063	s0594			√												
134	105-79-3	异丁酸己酯 isobutyl hexanoate	2202	166	314	09.064	s0544			√	√	√							√		√	
135	94-26-8	对羟基苯甲酸丁酯 butyl p-hydroxy benzoate	2203	870																		
136	65504-95-2	2-丁基-5 或 6-酮-1,4-二氧六环 2-butyl-5 or 6-keto-1,4-dioxane	2204	1484		13.028					√											
137	138-22-7	丁酸乳酸 butyl lactate	2205	932	372	09.434	s0499															
138	106-18-3	丁酸月桂酯 butyl laurate	2206	181	376	09.100																
139	2052-15-5	丁酸乙酰丙酸丁酯 butyl levulinate	2207	608	374	09.436																
140	7779-78-4	α-异丁基苯乙基醇 alpha-isobutylphenethyl alcohol	2208	827	2031	02.065	s1232			√												
141	122-43-0	丁基苯乙酸酯 butyl phenylacetate	2209	1012	2159	09.787	s0401															
142	102-13-6	丁基苯乙酸酯 isobutyl phenylacetate	2210	1013	2160	09.788	s0556															
143	590-01-2	丁酸丙酯 butyl propionate	2211	143	405	09.124	s0583			√												
144	540-42-1	异丁酸丙酯 isobutyl propionate	2212	148	406	09.125	s0404														√	
145	87-19-4	异丁基水杨酸酯 isobutyl salicylate	2213	902	434	09.750	s0620															
146	123-95-5	丁酸硬脂酯 butyl stearate	2214	184	2189	09.246	s0960			√												
147	544-40-1	硫醚 butyl sulfide	2215	455	484	12.007	s0696								√							
148	109-42-2	丁酸 10-十一碳烯酯 butyl 10-undecenoate	2216	344	2103	09.238	s1353															
149	591-68-4	丁酸戊酯 butyl valerate	2217	160	466	09.148	s1027			√												
150	109-19-3	丁酸异戊酯 butyl isovalerate	2218	198	444	09.449	s0451			√						√						
151	123-72-8	丁醛 butyraldehyde	2219	86	91	05.003	s0119	√												√		√

附录1 风味产业意义显著的香气成分信息

续附表1-1

序号	CAS	化合物名称	FEMA	JECFA	CoE	EFSA	GB 2760	A	B	C	D	E	F	G	H	I	J	K	L	M	N	O
152	78-84-2	异丁醛 isobutyraldehyde	2220	252	92	05.004	s0184	✓	✓	✓	✓	✓		✓	✓	✓	✓	✓	✓	✓	✓	✓
153	107-92-6	丁酸 butyric acid	2221	87	5	08.005	s0296	✓	✓	✓	✓	✓		✓	✓	✓	✓	✓	✓	✓	✓	✓
154	79-31-2	异丁酸 isobutyric acid	2222	253	6	08.006	s0297	✓	✓	✓	✓	✓		✓	✓	✓	✓	✓	✓	✓	✓	✓
155	60-01-5	三丁酸甘油酯（tri-）butyrin	2223	922	747	09.211	s1373														✓	
156	79-92-5	莰烯 camphene	2229	1323	2227	01.009	s0657	✓		✓	✓	✓		✓								
157	499-75-2	香芹酚 carvacrol	2245	710	2055	04.031	s0111			✓		✓			✓							
158	4732-13-2	香芹醇乙醚 carvacryl ethyl ether	2246	1247	11840	04.038	s1387															
159	99-48-9	香芹醇 carveol	2247	381	2027	02.062	s0867			✓												
160	562-74-3	4-羧基薄荷脑 4-carvomenthenol	2248	439	2229	02.072	s0064	✓		✓	✓	✓		✓				✓		✓		✓
161	6485-40-1	1-薄荷酮 l-carvone	2249			07.147	s0224			✓		✓								✓		
162	2244-16-8	d-薄荷酮 d-carvone	2249			07.146	s1133											✓				
163	99-49-0	薄荷酮 carvone	2249		146	07.012				✓	✓											
164	97-42-7	薄荷酸乙酯 caryl acetate	2250	382	2063	09.215	s0399			✓		✓			✓							
165	97-45-0	薄荷酸丙酯 caryl propionate	2251	383	424	09.143									✓							
166	87-44-5	β-石竹烯 beta-caryophyllene	2252	1324	2118	01.007	s0651			✓	✓			✓				✓			✓	✓
167	14371-10-9	E-肉桂醛 E-cinnamaldehyde	2286							✓						✓						
168	104-55-2	肉桂醛 cinnamaldehyde	2286	656	102	05.014	s0176			✓										✓	✓	✓
169	5660-60-6	肉桂醛乙二醇缩醛 cinnamaldehyde ethylene glycol acetal	2287	648	48	06.014	s0177					✓									✓	
170	621-82-9	肉桂酸 cinnamic acid	2288	657	22	08.022	s0318			✓	✓	✓										
171	103-54-8	肉桂酸乙酯 cinnamyl acetate	2293	650	208	09.018	s0387			✓	✓				✓							✓

续附表 1-1

序号	CAS	化合物名称	FEMA	JECFA	CoE	EFSA	GB 2760	A	B	C	D	E	F	G	H	I	J	K	L	M	N	O
172	104-54-1	肉桂醇 cinnamyl alcohol	2294	647	65	02.017	s0042			√					√							
173	103-61-7	肉桂酸丁酯 cinnamyl butyrate	2296	652	279	09.053	s0535															
174	103-59-3	肉桂酸异丁酯 cinnamyl isobutyrate	2297	653	496	09.470	s0394															
175	122-69-0	肉桂酸肉桂酯 cinnamyl cinnamate	2298	673	332	09.739	s0504								√							
176	104-65-4	肉桂酸甲酯 cinnamyl formate	2299	649	352	09.085	s0780															
177	7492-65-1	肉桂酸苯乙酯 cinnamyl phenylacetate	2300	655	235	09.708																
178	103-56-0	肉桂酸丙酯 cinnamyl propionate	2301	651	414	09.133	s0616															
179	140-27-2	肉桂酸异戊酯 cinnamyl isovalerate	2302	654	454	09.459	s0541															
180	5392-40-5	柠檬醛 citral	2303	1225	109	05.020	s0174			√	√	√		√	√	√						
181	7492-66-2	柠檬醛二乙基缩醛 citral diethyl acetal	2304	948	38	06.004	s1163											√				
182	7549-37-3	柠檬醛二甲基缩醛 citral dimethyl acetal	2305	944	39	06.005	s1259															
183	106-23-0	香茅醛 citronellal	2307	1220	110	05.021	s0173			√	√	√		√	√	√		√				
184	106-22-9	d,l-香茅醇 d,l-citronellol	2309	1219	59	02.011	s0040	√		√	√	√		√	√	√		√	√			
185	7540-51-4	l-香茅醇 l-citronellol	2309			02.229									√							
186	7492-67-3	香茅氧基乙醛 citronelloxyacetaldehyde	2310	592	2012	05.079	s1246															
187	150-84-5	香茅酸乙酯 citronellyl acetate	2311	57	202	09.012	s0388				√	√		√					√			
188	141-16-2	香茅酸丁酯 citronellyl butyrate	2312	65	275	09.049	s0534															
189	97-89-2	香茅酸异丁酯 citronellyl isobutyrate	2313	71	296	09.421	s0589															
190	105-85-1	香茅酸甲酯 citronellyl formate	2314	53	345	09.078	s0360								√							
191	139-70-8	香茅酸苯乙酯 citronellyl phenylacetate	2315	1021	2157	09.785	s1288															

续附表 1-1

序号	CAS	化合物名称	FEMA	JECFA	CoE	EFSA	GB 2760	A	B	C	D	E	F	G	H	I	J	K	L	M	N	O
192	141-14-0	香茅酸丙酯 citronellyl propionate	2316	61	410	09.129	s0408															
193	7540-53-6	香茅酸戊酯 citronellyl valerate	2317	69	469	09.151																
194	106-44-5	对甲酚 p-cresol	2337	693	619	04.028	s0094	√			√	√		√			√	√				√
195	122-03-2	枯茗醛 cuminaldehyde	2341	868	111	05.022	s0171				√				√			√	√			
196	5292-21-7	环己基乙酸 cyclohexaneacetic acid	2347	965	34	08.034																
197	21722-83-8	环己基乙酸酯 cyclohexaneethyl acetate	2348	964	218	09.028	s1274															
198	622-45-7	环己基乙酸酯 cyclohexyl acetate	2349	1093	217	09.027	s0818			√												
199	7779-16-0	环己基邻氨基苯甲酸酯 cyclohexyl anthranilate	2350	1541	257	09.722																
200	1551-44-6	环己基丁酯 cyclohexyl butyrate	2351	1094	2082	09.230																
201	7779-17-1	环己基肉桂酸酯 cyclohexyl cinnamate	2352	667	337	09.744																
202	4351-54-6	环己酸甲酯 cyclohexyl formate	2353	1095	498	09.160																
203	6222-35-1	环己酸丙酯 cyclohexyl propionate	2354	1097	421	09.140																
204	7774-44-9	环己酸异戊酯 cyclohexyl isovalerate	2355	1096	459	09.464	s1439															
205	99-87-6	对甲基甲苯 p-cymene	2356	1325	620	01.002	s0674	√		√	√		√	√	√	√	√	√		√		√
206	706-14-9	γ-癸内酯 gamma-decalactone	2360	231	2230	10.017	s0628	√		√	√	√		√	√		√	√	√		√	
207	705-86-2	δ-癸内酯 delta-decalactone	2361	232	621	10.007	s0634			√		√		√		√	√	√	√		√	√
208	112-31-2	癸醛 decanal	2362	104	98	05.010	s0152	√		√	√	√		√	√	√	√	√	√		√	√
209	7779-41-1	癸醛二甲缩醛 decanal dimethyl acetal	2363	945	43	06.009	s1273				√				√			√	√			
210	334-48-5	癸酸 decanoic acid	2364	105	11	08.011	s0311	√		√	√	√		√	√	√	√	√	√		√	√
211	112-30-1	1-癸醇 1-decanol	2365	103	73	02.024	s0022				√				√			√	√			√

续附表 1-1

序号	CAS	化合物名称	FEMA	JECFA	CoE	EFSA	GB 2760	A	B	C	D	E	F	G	H	I	J	K	L	M	N	O
212	3913-71-1	2-癸烯醛 2-decenal	2366	1349	2009	05.076	s0153			√												√
213	112-17-4	癸酸乙酯 decyl acetate	2367	132	199	09.009	s0381								√	√			√			
214	5454-09-1	癸酸丁酯 decyl butyrate	2368	156	273	09.047													√			
215	5454-19-3	癸酸丙酯 decyl propionate	2369	146	408	09.127	s0525															
216	431-03-8	二乙酰 diacetyl	2370	408	752	07.052	s0207	√	√	√				√	√	√	√	√	√			√
217	103-50-4	二苄基醚 dibenzyl ether	2371	1256	11856	03.004	s1371															√
218	7774-47-2	4,4-二丁基 γ-丁丙酯 4,4-dibutyl-gamma-butyrolactone	2372	227	2231	10.018															√	
219	109-43-3	二丁基癸二酸酯 dibutyl sebacate	2373	625	622	09.474																
220	7554-12-3	乙基苹果酸二乙酯 diethyl malate	2374	620	382	09.439	s0911															
221	105-53-3	乙基丙二酸二乙酯 diethyl malonate	2375	614	2106	09.490	s0403															
222	110-40-7	乙基癸二酸二乙酯 diethyl sebacate	2376	624	623	09.475	s1203															
223	123-25-1	乙基琥珀酸二乙酯 diethyl succinate	2377	617	438	09.444	s0418			√	√											
224	87-91-2	乙基酒石酸二乙酯 diethyl tartrate	2378	622	440	09.446	s0569															
225	619-01-2	二氢薄荷脑异构体 dihydrocarveol (isomer unspecified)	2379	378	2025	02.061	s0063															
226	20777-49-5	二氢薄荷酸乙酯 dihydrocarvyl acetate	2380	379	2064	09.216	s0400															
227	119-84-6	7,8-二氢香豆素 dihydrocoumarin	2381	1171	535	13.009	s0662															
228	151-10-0	间二甲氧基苯 m-dimethoxybenzene	2385	1249	189	04.016	s0673															
229	150-78-7	对二甲氧基苯 p-dimethoxybenzene	2386	1250	2059	04.034	s0103															
230	89-74-7	2,4-二甲苯乙酮 2,4-dimethylacetophenone	2387	809	157	07.023																
231	7774-60-9	α,α-二甲基苄基异丁酸酯 alpha,alpha-dimethylbenzyl isobutyrate	2388	1657	11828	09.509																

续附录 1-1

序号	CAS	化合物名称	FEMA	JECFA	CoE	EFSA	GB 2760	A	B	C	D	E	F	G	H	I	J	K	L	M	N	O
232	106-72-9	2,6-二甲基-5-庚醛 2,6-dimethyl-5-heptenal	2389	349	2006	05.074	s0139	√							√							
233	7779-07-9	2,6-二甲基辛醛 2,6-dimethyloctanal	2390	273	112	05.023																
234	106-21-8	3,7-二甲基-1-辛醇 3,7-dimethyl-1-octanol	2391	272	75	02.026	s0062															
235	151-05-3	α,α-二甲基苯乙醇醋酸酯 alpha,alpha-dimethylphenethyl acetate	2392	1655	2077	09.227	s1185															
236	100-86-7	α,α-二甲基苯乙醇 alpha,alpha-dimethylphenethyl alcohol	2393	1653	84	02.035	s0048															
237	10094-34-5	α,α-二甲基苯乙醇丁酸酯 alpha,alpha-dimethylphenethyl butyrate	2394	1656	2084	09.232	s1193															
238	10058-43-2	α,α-二甲基苯乙醇甲酸酯 alpha,alpha-dimethylphenethyl formate	2395	1654	353	09.086	s1271															
239	106-65-0	丁二酸二甲酯 dimethyl succinate	2396	616	439	09.445	s0607	√														
240	102-04-5	1,3-二苯基-2-丙酮 1,3-diphenyl-2-propanone	2397	832	11839	07.086	s1352															
241	2305-05-7	γ-十二内酯 gamma-dodecalactone	2400	235	2240	10.019	s0629	√				√			√		√	√			√	
242	713-95-1	δ-十二内酯 delta-dodecalactone	2401	236	624	10.008	s0636	√	√	√		√			√	√	√	√			√	
243	4826-62-4	2-十二醛 2-dodecenal	2402	1350	124	05.037	s0159		√	√		√				√	√					
244	140-67-0	艾草脑 estragole	2411	1789			s0061	√														
245	10031-82-0	对乙氧基苯甲醛 p-ethoxybenzaldehyde	2413	879	626	05.056			√	√		√	√		√	√	√	√	√		√	√
246	141-78-6	乙酸乙酯 ethyl acetate	2414	27	191	09.001	s0364								√							
247	141-97-9	乙酰乙酸乙酯 ethyl acetoacetate	2415	595	240	09.402	s0365		√	√		√			√	√	√	√			√	√
248	620-79-1	乙基 2-乙酰基-3-苯基丙酸酯 ethyl 2-acetyl-3-phenylpropionate	2416	835	2241	09.501																

续附表 1-1

序号	CAS	化合物名称		FEMA	JECFA	CoE	EFSA	GB 2760	A	B	C	D	E	F	G	H	I	J	K	L	M	N	O
249	140-88-5	乙基丙烯酸酯	ethyl acrylate	2418	1351	245	09.037	s0523					√										
250	94-30-4	乙酸乙基对茴香酯	ethyl p-anisate	2420	885	249	09.714	s0561		√													
251	87-25-2	乙酸乙基邻氨基苯甲酯	ethyl anthranilate	2421	1535	251	09.716	s0553					√										
252	93-89-0	乙酸乙基苯甲酸酯	ethyl benzoate	2422	852	261	09.726	s0486			√	√				√				√	√		
253	94-02-0	乙酸乙基苯甲酰乙酸酯	ethyl benzoylacetate	2423	834	627	09.476	s1307															
254	10031-86-4	α-乙基丁酸酯	alpha-ethylbenzyl butyrate	2424	823	628	09.189																
255	10031-87-5	2-乙基丁基醋酸酯	2-ethylbutyl acetate	2425	140	215	09.025	s1446															
256	97-96-1	2-乙基丁醛	2-ethylbutyraldehyde	2426	256	95	05.007	s0919															
257	105-54-4	乙酸乙基丁酸酯	ethyl butyrate	2427	29	264	09.039	s0414	√		√	√				√	√	√	√				√
258	97-62-1	乙酸乙基异丁酸酯	ethyl isobutyrate	2428	186	288	09.413	s0415	√		√	√						√	√				√
259	88-09-5	2-乙基丁酸	2-ethylbutyric acid	2429	257	2001	08.045	s0299			√	√											√
260	103-36-6	乙酸乙基桂酯	ethyl cinnamate	2430	659	323	09.730	s0501		√	√					√	√		√	√			
261	10094-36-7	乙酸环己基丙酸酯	ethyl cyclohexanepropionate	2431	966	2095	09.488										√						
262	110-38-3	乙酸癸酯	ethyl decanoate	2432	35	309	09.059	s0481	√		√	√				√	√		√				
263	109-94-4	乙酸乙酯	ethyl formate	2434	26	339	09.072	s0353		√	√	√	√										
264	10031-90-0	乙酸 3-(2-呋喃基)丙酸酯	ethyl 3(2-furyl) propanoate	2435	1513	2091	13.022	s1188	√		√	√		√								√	
265	2785-89-9	4-乙基愈创木酚	4-ethylguaiacol	2436	716	176	04.008	s0105	√		√	√	√		√	√	√	√	√			√	√
266	106-30-9	乙酸庚酯	ethyl heptanoate	2437	32	365	09.093	s0468	√		√	√				√			√	√			√
267	10031-88-6	2-乙基-2-庚烯醛	2-ethyl-2-heptenal	2438	1216	120	05.033																
268	123-66-0	乙酸己酯	ethyl hexanoate	2439	31	310	09.060	s0459	√	√	√	√	√		√	√	√	√	√	√	√	√	√

附录1 风味产业意义显著的香气成分信息

续附录表 1-1

序号	CAS	化合物名称		FEMA	JECFA	CoE	EFSA	GB 2760	A	B	C	D	E	F	G	H	I	J	K	L	M	N	O
269	97-64-3	乙酸乳酸乙酯	ethyl lactate	2440	931	371	09.433	s0498	√		√	√	√					√				
270	106-33-2	乙酸月桂酯	ethyl laurate	2441	37	375	09.099	s0483			√	√	√								√	
271	539-88-8	乙酸乙酰丙酸乙酯	ethyl levulinate	2442	607	373	09.435	s0369			√	√	√								√	√
272	7452-79-1	乙酸 2-甲基丁酯	ethyl 2-methylbutyrate	2443	206	265	09.409	s0416	√	√	√	√	√			√	√	√	√	√		√
273	77-83-8	乙酸甲氧基苯基乙酸酯	ethyl methylphenylglycidate	2444	1577	6002	16.015	s1170					√									
274	124-06-1	乙酸肉豆蔻酯	ethyl myristate	2445	38	385	09.104	s0508				√	√			√					√	
275	123-29-5	乙酸壬酯	ethyl nonanoate	2447	34	388	09.107	s0480				√	√									
276	10031-92-2	乙酸 2-壬炔酯	ethyl 2-nonynoate	2448	1352	480	09.157					√	√									
277	106-32-1	乙酸辛酯	ethyl octanoate	2449	33	392	09.111	s0473	√		√	√	√				√	√		√	√	
278	111-62-6	乙酸油酸乙酯	ethyl oleate	2450	345	633	09.192	s0509			√	√	√								√	
279	628-97-7	乙酸棕榈酸乙酯	ethyl palmitate	2451	39	634	09.193	s0510			√	√	√			√			√		√	
280	101-97-3	乙酸苯乙酯	ethyl phenylacetate	2452	1009	2156	09.784	s0493			√	√	√						√			
281	10031-93-3	乙酸 4-苯基丁酯	ethyl 4-phenylbutyrate	2453	1458	307	09.728	s1210			√	√	√									
282	121-39-1	乙酸 3-苯基乙酸酯	ethyl 3-phenylglycidate	2454	1576	11844	16.018	s1291			√	√	√									
283	2021-28-5	乙酸 3-苯基丙酸酯	ethyl 3-phenylpropionate	2455	644	429	09.747	s0558		√	√	√	√				√	√	√		√	√
284	105-37-3	乙酸丙酯	ethyl propionate	2456	28	402	09.121	s0402	√		√	√	√									√
285	617-35-6	乙酸丙酮酸乙酯	ethyl pyruvate	2457	938	430	09.442	s0585			√	√	√	√								
286	118-61-6	乙酸水杨酸乙酯	ethyl salicylate	2458	900	432	09.748	s0506					√									
287	2396-84-1	乙酸山道酸乙酯	ethyl sorbate	2459	1178	635	09.194	s1029				√	√	√								
288	5837-78-5	乙酸巴豆酸乙酯	ethyl tiglate	2460	1824	2185	09.495	s0496			√		√					√				

续附表 1-1

序号	CAS	化合物名称	FEMA	JECFA	CoE	EFSA	GB 2760	A	B	C	D	E	F	G	H	I	J	K	L	M	N	O
289	692-86-4	乙酸 10-十一碳烯酸乙酯 ethyl 10-undecenoate	2461	343	10634	09.237	s1204															
290	539-82-2	乙酸戊酯 ethyl valerate	2462	30	465	09.147	s0447	√		√	√	√						√	√			√
291	108-64-5	乙酸异戊酯 ethyl isovalerate	2463	196	442	09.447	s0449			√	√	√					√	√	√			√
292	121-32-4	乙酸香草醛乙酯 ethyl vanillin	2464	893	108	05.019	s1171	√														
293	470-82-6	桉叶油醇 eucalyptol	2465	1234	182	03.001	s0660	√		√	√	√		√			√	√	√		√	√
294	97-53-0	丁香酚 eugenol	2467	1529	171	04.003	s0091	√		√	√	√		√			√	√	√	√	√	√
295	97-54-1	异丁香酚 isoeugenol	2468	1260	172	04.004	s0092	√			√	√		√						√		√
296	93-28-7	丁香酚乙酸酯 eugenyl acetate	2469	1531	210	09.020	s0518							√								
297	93-29-8	异丁香酚乙酸酯 isoeugenyl acetate	2470	1262	220	09.030	s1224															
298	531-26-0	丁香酚苯甲酸酯 eugenyl benzoate	2471	1533	636	09.766																
299	7784-67-0	丁香酚乙基醚 isoeugenyl ethyl ether	2472	1267	190	04.017									√							
300	10031-96-6	丁香酚甲酯 eugenyl formate	2473	1530	355	09.088																
301	7774-96-1	异丁香酚甲酯 isoeugenyl formate	2474	1261	356	09.089																
302	93-16-3	异丁香酚甲基醚 isoeugenyl methyl ether	2476	1266	186	04.013	s0081							√								
303	120-24-1	丁香酚苯乙酯 isoeugenyl phenylacetate	2477	1263	237	09.710																
304	4602-84-0	法尼醇 farnesol	2478	1230	78	02.029	s0038			√			√	√								
305	4695-62-9	d-芬什酮 d-fenchone	2479	1396	551	07.159	s0274							√								
306	1632-73-1	葑基醇 fenchyl alcohol	2480	1397	87	02.038	s0026			√				√								
307	64-18-6	甲酸 formic acid	2487	79	1	08.001	s0346															
308	98-01-1	糠醛 furfural	2489	450	2014	13.018	s0180	√	√	√	√	√	√	√		√	√	√	√	√	√	√

附录1　风味产业意义显著的香气成分信息

续附表 1-1

序号	CAS	化合物名称	FEMA	JECFA	CoE	EFSA	GB 2760	A	B	C	D	E	F	G	H	I	J	K	L	M	N	O
309	623-17-6	糠酸乙酯 furfuryl acetate	2490	739	2065	13.128	s0396				✓	✓							✓			
310	98-00-0	糠醇 furfuryl alcohol	2491	451	2023	13.019	s0795	✓		✓	✓	✓			✓	✓	✓	✓	✓			✓
311	770-27-4	2-糠基丁烯醛 2-furfurylidene butyraldehyde	2492	1501	11885														✓	✓		
312	98-02-2	糠基巯基 furfuryl mercaptan	2493	1072	2202	13.026	s0692	✓		✓	✓	✓				✓	✓	✓	✓	✓	✓		✓
313	623-30-3	3-(2-呋喃基)丙烯醛 3-(2-furyl) acrolein	2494	1497			s0118				✓											
314	623-15-4	4-(2-呋喃基)-3-丁烯-2-酮 4-(2-furyl)-3-buten-2-one	2495	1511	11838		s0239															✓
315	6975-60-6	(2-呋喃基)丙酮 (2-furyl)-2-propanone	2496	1508	11837	13.045	s0874	✓			✓	✓		✓	✓	✓	✓	✓				
316	106-24-1	香叶醇 geraniol	2507	1223	60	02.012	s0039				✓	✓		✓	✓	✓	✓	✓	✓	✓		
317	105-87-3	香叶醇醋酸酯 geranyl acetate	2509	58	201	09.011	s0389							✓	✓					✓		
318	10032-00-5	香叶醇乙酰乙酸乙酯 geranyl acetoacetate	2510	599	243	09.405																
319	94-48-4	香叶醇苯甲酸酯 geranyl benzoate	2511	860	639	09.767	s0606								✓							
320	106-29-6	香叶醇丁酸酯 geranyl butyrate	2512	66	274	09.048	s0441															
321	2345-26-8	香叶醇异丁酸酯 geranyl isobutyrate	2513	72	306	09.431	s0442													✓		
322	105-86-2	香叶醇甲酸酯 geranyl formate	2514	54	343	09.076	s0359															
323	10032-02-7	香叶醇己酸酯 geranyl hexanoate	2515	70	317	09.067	s1137															
324	102-22-7	香叶醇苯乙酸酯 geranyl phenylacetate	2516	1020	231	09.704	s1207								✓							
325	105-90-8	香叶醇丙酸酯 geranyl propionate	2517	62	409	09.128	s0407															
326	109-20-6	香叶醇异戊酸酯 geranyl isovalerate	2518	75	448	09.453	s0456															
327	111-03-5	油酸单甘油酯 glyceryl monooleate	2526	919			s1030															

续附表 1-1

序号	CAS	化合物名称	FEMA	JECFA	CoE	EFSA	GB 2760	A	B	C	D	E	F	G	H	I	J	K	L	M	N	O
328	123-94-4	硬脂酸单甘油酯 glyceryl monostearate	2527	918																			
329	90-05-1	愈创木酚 guaiacol	2532	713	173	04.005	s0104			√				√							√	√
330	4112-89-4	愈创木酚苯乙酸酯 guaiacyl phenylacetate	2535	719	238	09.711	s1289	√		√												√
331	105-21-5	γ-庚内酯 gamma-heptalactone	2539	225	2253	10.020	s0625			√									√			
332	111-71-7	庚醛 heptanal	2540	95	117	05.031	s0136	√		√	√	√	√					√	√			√
333	10032-05-0	庚醛二甲基缩醛 heptanal, dimethyl acetal	2541	947	2015	06.028	s1327			√		√										√
334	1708-35-6	庚醛甘油缩醛(混合1,2和1,3缩醛) heptanal glyceryl acetal (mixed 1,2 and 1,3 acetals)	2542	912			s1252															
335	96-04-8	2,3-庚二酮 2,3-heptanedione	2543	415	2044	07.064	s0291				√											
336	110-43-0	2-庚酮 2-heptanone	2544	283	136	07.002	s0216	√		√	√						√		√	√	√	
337	106-35-4	3-庚酮 3-heptanone	2545	285	137	07.003	s0255		√		√										√	
338	123-19-3	4-庚酮 4-heptanone	2546	287	2034	07.058	s1026				√										√	
339	112-06-1	庚酸乙酯 heptyl acetate	2547	129	212	09.022	s0375		√						√						√	
340	111-70-6	庚醇 heptyl alcohol	2548	94	70	02.021	s0013	√		√	√	√		√	√							
341	5870-93-9	庚酸丁酯 heptyl butyrate	2549	154	504	09.166	s0531										√	√	√			
342	2349-13-5	庚酸异丁酯 heptyl isobutyrate	2550	190	295	09.420	s0433															
343	10032-08-3	庚基肉桂酸酯 heptyl cinnamate	2551	666	2104	09.782																
344	112-23-2	庚酸甲酯 heptyl formate	2552	121	341	09.074																
345	4265-97-8	庚酸辛酯 heptyl octanoate	2553	176	399	09.118																
346	36653-82-4	1-十六醇 1-hexadecanol	2554	114	57	02.009	s0025								√	√					√	

附录1　风味产业意义显著的香气成分信息

续附表 1-1

序号	CAS	化合物名称	FEMA	JECFA	CoE	EFSA	GB 2760	A	B	C	D	E	F	G	H	I	J	K	L	M	N	O
347	7779-50-2	ω-6-十六烯酸内酯 omega-6-hexadecenlactone	2555	240	180	10.003	s0648															
348	123-69-3	Z-ω-6-十六烯酸内酯 Z-omega-6-hexadecenlactone	2555			10.059																
349	695-06-7	γ-己内酯 gamma-hexalactone	2556	223	2254	10.021	s0624	✓	✓		✓	✓			✓		✓	✓	✓	✓	✓	
350	66-25-1	己醛 hexanal	2557	92	96	05.008	s0130	✓	✓		✓	✓					✓				✓	✓
351	3848-24-6	2,3-己二酮 2,3-hexanedione	2558	412	152	07.018	s0251	✓	✓	✓	✓	✓		✓	✓	✓	✓	✓	✓		✓	✓
352	142-62-1	己酸 hexanoic acid	2559	93	9	08.009	s0304	✓													✓	
353	505-57-7	2-己烯醛 hexen-2-al	2560	1353		05.189	s0131	✓	✓		✓	✓		✓	✓	✓	✓	✓			✓	✓
354	6728-26-3	E-2-己烯醛 E-hexen-2-al	2560		748	05.073		✓						✓	✓	✓	✓	✓		✓	✓	
355	6789-80-6	顺式-3-己烯醛 cis-3-hexenal	2561	316	2008	05.075	s0132	✓			✓	✓		✓	✓		✓	✓			✓	✓
356	2305-21-7	2-己烯-1-醇 2-hexen-1-ol	2562	1354		02.020	s0011	✓			✓	✓		✓	✓	✓	✓	✓			✓	
357	928-96-1	顺式-3-己烯醇 cis-3-hexenol	2563	315	750	02.056	s0027	✓			✓	✓		✓	✓		✓	✓	✓	✓	✓	✓
358	2497-18-9	(E)-2-己烯基醋酸酯 2-hexen-1-yl acetate (E)	2564	1355	643	09.394	s0374	✓				✓		✓	✓		✓	✓			✓	✓
359	142-92-7	己酸己酯 hexyl acetate	2565	128	196	09.006	s0373	✓				✓					✓	✓	✓		✓	✓
360	10039-39-1	2-己基-4-乙酰氧四氢呋喃（re-gras）hexyl-4-acetoxytetrahydrofuran（re-gras）	2566	1440																		
361	111-27-3	己醇 hexyl alcohol	2567	91	53	02.005	s0010	✓	✓	✓	✓	✓		✓			✓	✓	✓	✓	✓	✓
362	2639-63-6	己酸丁酯 hexyl butyrate	2568	153	271	09.045	s0429	✓	✓			✓	✓				✓	✓			✓	
363	101-86-0	α-己基肉桂醛 alpha-hexylcinnamaldehyde	2569	686	129	05.041	s0194	✓	✓		✓				✓							
364	629-33-4	己酸甲酯 hexyl formate	2570	120	499	09.161	s0357			✓							✓	✓			✓	
365	39251-86-0	己基呋喃甲酯 hexyl 2-furoate	2571	749	361	13.005																

续附表 1-1

序号	CAS	化合物名称	FEMA	JECFA	CoE	EFSA	GB 2760	A	B	C	D	E	F	G	H	I	J	K	L	M	N	O
366	6378-65-0	己酸己酯 hexyl hexanoate	2572	164	316	09.066	s0466			√		√			√							
367	17373-89-6	2-己基-5 或 6-酮-1,4-二氧环戊烷 2-hexyl-5 or 6-keto-1,4-dioxane	2573	1106		07.034	s1265													√		
368	65504-97-4	己酸辛酯 hexyl octanoate	2574	1486																		
369	1117-55-1	己酸丙酯 hexyl propionate	2575	175	394	09.113	s0597								√							
370	2445-76-3	羟基香茅醛 hydroxycitronellal	2576	144	420	09.139	s0584			√												
371	107-75-5	羟基香茅醛二乙基缩醛 hydroxycitronellal diethyl acetal	2583	611	100	05.012	s1173															
372	7779-94-4	羟基香茅醛二甲基缩醛 hydroxycitronellal dimethyl acetal	2584	613	44	06.010	s1258															
373	141-92-4	羟基香茅醇 hydroxycitronellol	2585	612	45	06.011	s1328															
374	107-74-4	5-羟基-4-辛酮 5-hydroxy-4-octanone	2586	610	559	02.047	s0708															
375	496-77-5	对羟基苯乙酮 4-(p-hydroxyphenyl)-2-butanone	2587	416	2045	07.065	s1031			√	√											
376	5471-51-2	吲哚 indole	2588	728	755	07.055	s0229	√	√													
377	120-72-9	α-紫罗兰酮 alpha-ionone	2593	1301	560	14.007	s0705			√					√		√	√	√		√	√
378	127-41-3	E-β-紫罗兰酮 E-beta-ionone	2594	388	141	07.007	s0234			√	√			√	√		√	√			√	√
379	79-77-6	β-紫罗兰酮 beta-ionone	2595					√		√	√		√	√	√	√	√	√			√	
380	14901-07-6	α-艾里酮 alpha-irone	2597	389	142	07.008	s0235									√						
381	79-69-6			403	145	07.011	s0233															
382	143-07-7	月桂醛 lauric aldehyde	2614	111	12	08.012	s0312			√		√		√	√		√	√			√	√
383	112-54-9	月桂酸乙酯 lauryl acetate	2615	110	99	05.011	s0158	√		√	√			√			√	√			√	√
384	112-66-3	月桂醇 lauryl alcohol	2616	133	200	09.010	s0918			√	√				√		√	√			√	

续附表 1-1

序号	CAS	化合物名称	FEMA	JECFA	CoE	EFSA	GB 2760	A	B	C	D	E	F	G	H	I	J	K	L	M	N	O
385	112-53-8	乙酰丙酸 levulinic acid	2617	109	56	02.008	s0024														✓	
386	123-76-2	d-柠檬烯 d-limonene	2627	606	23	08.023	s0328													✓	✓	
387	5989-27-5	芳樟醇 linalool	2633	1326	491	01.045	s0654	✓	✓	✓	✓	✓	✓	✓	✓	✓	✓	✓	✓	✓	✓	✓
388	78-70-6	d-芳樟醇 d-linalool	2635	356	61	02.013	s0029		✓	✓	✓	✓	✓	✓	✓	✓	✓	✓	✓	✓	✓	✓
389	126-90-9	芳樟醇乙酸酯 linalyl acetate	2635							✓					✓							✓
390	115-95-7	芳樟酸邻氨基苯甲酯 linalyl anthranilate	2636	359	203	09.013	s0398				✓	✓		✓	✓	✓	✓	✓	✓	✓		
391	7149-26-0	苯甲酸芳樟酯 linalyl benzoate	2637	1540	256	09.721													✓			
392	126-64-7	芳樟酸丁酯 linalyl butyrate	2638	859	654	09.771	s0600		✓	✓	✓	✓	✓	✓	✓	✓	✓	✓	✓	✓	✓	
393	78-36-4	芳樟酸异丁酯 linalyl isobutyrate	2639	361	276	09.050	s0443			✓									✓	✓		
394	78-35-3	肉桂酸芳樟酯 linalyl cinnamate	2640	362	298	09.423	s0444															
395	78-37-5	芳樟酸甲酯 linalyl formate	2641	668	329	09.736	s1292															
396	115-99-1	芳樟酸己酯 linalyl hexanoate	2642	358	347	09.080	s0362															
397	7779-23-9	芳樟酸辛酯 linalyl octanoate	2643	364	318	09.068	s0546															
398	10024-64-3	芳樟酸丙酯 linalyl propionate	2644	365	397	09.116																
399	144-39-8	芳樟酸异戊酯 linalyl isovalerate	2645	360	411	09.130	s0411							✓								
400	1118-27-0	麦芽酚 maltol	2646	363	449	09.454	s0974						✓									
401	118-71-8	对薄荷-1,8-二烯-7-醇 p-mentha-1,8-dien-7-ol	2656	1480	148	07.014	s0098	✓		✓	✓	✓			✓	✓	✓	✓	✓	✓	✓	✓
402	536-59-4	消旋薄荷醇 menthol racemic	2664	1480		02.060	s0065										✓	✓	✓	✓	✓	✓
403	89-78-1	薄荷醇 menthol	2665	427	63	02.015	s0066								✓	✓						
404	1490-04-6	(-)-薄荷醇 (-)-menthol	2665																			

续附表 1-1

序号	CAS	化合物名称	FEMA	JECFA	CoE	EFSA	GB 2760	A	B	C	D	E	F	G	H	I	J	K	L	M	N	O
405	2216-51-5	(+)-薄荷醇 (+)-menthol	2665													√							
406	15356-60-2	(+)-新异薄荷醇 (+)-neoisomenthol	2665																				
407	20752-34-5	薄荷酮 menthone	2666	428			s1070																
408	10458-14-7	乙酸薄荷酯消旋体 (±)-menthol acetate	2667	429		07.059	s0237	√															
409	89-48-5	(-)-乙酸薄荷酯 (-)-menthyl acetate	2668				s0386																
410	2623-23-6	乙酸薄荷酯 menthyl acetate	2668																				
411	16409-45-3	异戊酸薄荷酯 menthyl isovalerate	2668	431		09.016																	
412	16409-46-4	对甲氧基苯甲醛 p-methoxybenzaldehyde	2669	432	450	09.455	s0542																
413	123-11-5	2-甲氧基-4-甲酚 2-methoxy-4-methylphenol	2670	878	103	05.015	s0163	√			√	√	√	√	√	√	√					
414	93-51-6	对甲氧基乙酚 4-(p-methoxyphenyl)-2-butanone	2671	715	175	04.007	s0100	√	√	√	√	√		√	√	√	√	√	√			√
415	104-20-1	1-(4-甲氧基苯基)-1-戊烯-3-酮 1-(p-methoxyphenyl)-1-penten-3-one	2672	818	163	07.029	s0205										√	√	√			√
416	104-27-8	1-(4-甲氧基苯基)-2-丙酮 1-(p-methoxyphenyl)-2-propanone	2673	826	164		s1264															
417	122-84-9	2-甲氧基-4-乙烯基苯酚 2-methoxy-4-vinylphenol	2674	813	11836	07.087	s0959	√		√	√	√	√	√	√	√	√	√	√	√	√
418	7786-61-0	甲酸甲酯 methyl acetate	2675	725	177	04.009	s0102	√	√	√		√						√	√			
419	79-20-9	4'-甲氧基乙酮 4'-methylacetophenone	2676	125	213	09.023	s0363				√											
420	122-00-9	2-甲基-2-丁烯酸丁酯 2-methylallyl butyrate	2677	807	156	07.022	s0226		√	√	√	√		√	√	√	√					√
421	7149-29-3	甲酸芳樟酯 methyl anisate	2678	1207																		
422	121-98-2	邻甲氧基苯甲醚 o-methylanisole	2679	884	248	09.713	s0560	√										√	√			

续附表 1-1

序号	CAS	化合物名称	FEMA	JECFA	CoE	EFSA	GB 2760	A	B	C	D	E	F	G	H	I	J	K	L	M	N	O
423	578-58-5	对甲氧基苯甲醚 p-methylanisole	2680	1242	187	04.014	s0087								√							
424	104-93-8	甲酸邻氨基苯甲酯 methyl anthranilate	2681	1243	188	04.015	s0080															
425	134-20-3	甲酸苯甲酯 methyl benzoate	2682	1534	250	09.715	s0491			√	√				√							
426	93-58-3	α-甲基苄基醋酸甲酯 alpha-methylbenzyl acetate	2683	851	260	09.725	s0485			√	√	√			√					√		
427	93-92-5	α-甲基苄醇 alpha-methylbenzyl alcohol	2684	801	573	09.178	s0391															
428	98-85-1	α-甲基苄酸丁酯 alpha-methylbenzyl butyrate	2685	799	2030	02.064	s0032															
429	3460-44-4	α-甲基苄酸异丁酯 alpha-methylbenzyl isobutyrate	2686	803	2083	09.231	s1196															
430	7775-39-5	α-甲基苄酸甲酯 alpha-methylbenzyl formate	2687	804	2088	09.486	s0617															
431	7775-38-4	α-甲基苄酸丙酯 alpha-methylbenzyl propionate	2688	800	574	09.179																
432	120-45-6	甲基对叔丁基苯基醋酸酯 methyl p-tert-butylphenylacetate	2689	802	425	09.144	s1277															
433	3549-23-3	2-甲基丁醛 2-methylbutyraldehyde	2690	1025	577	09.758	s1283	√	√	√	√	√	√	√	√	√	√	√		√		√	
434	96-17-3	3-甲基丁醛 3-methylbutyraldehyde	2691	254	575	05.049	s0120	√	√	√	√	√	√	√	√	√	√	√	√	√		√	
435	590-86-3	甲酸丁酯 methyl butyrate	2692	258	94	05.006	s0124		√	√	√	√	√		√		√			√		√	
436	623-42-7	甲酸异丁酯 methyl isobutyrate	2693	149	263	09.038	s0412	√	√	√		√	√							√			
437	547-63-7	2-甲基丁酸 2-methylbutyric acid	2694	185	287	09.412	s0419														√		
438	116-53-0	α-甲基肉桂醛 alpha-methylcinnamaldehyde	2695	255	2002	08.046	s0298	√	√	√	√		√		√		√	√		√		√	
439	101-39-3	甲基肉桂酸酯 methyl cinnamate	2697	683	578	05.050	s0726				√												
440	103-26-4	顺式-3-己烯醇 cis-3-hexenol	2698	658	333	09.740	s0500								√								√
441	92-48-8	6-甲基香豆素 6-methylcoumarin	2699	1172	579	13.012	s1182															

续附表 1-1

序号	CAS	化合物名称	FEMA	JECFA	CoE	EFSA	GB 2760	A	B	C	D	E	F	G	H	I	J	K	L	M	N	O
442	80-71-7	甲基环戊烯醇 methylcyclopentenolone	2700	418	758	07.056	s0212															√
443	55418-52-5	4-(3,4-亚甲二氧基苯基)-2-丁酮 4-(3,4-methylenedioxyphenyl)-2-butanone	2701	2048	165	07.031	s0283													√		√
444	620-02-0	5-甲基糠醛 5-methylfurfural	2702	745	119	13.001	s0181	√	√	√	√	√	√			√	√	√		√		
445	611-13-2	甲基呋喃甲酯 methyl 2-furoate	2703	746	358	13.002	s0757			√						√						
446	874-66-8	2-甲基-3-(2-呋喃基)丙烯醛 2-methyl-3-(2-furyl) acrolein	2704	1498	11878		s0753															
447	106-73-0	甲基庚酸酯 methyl heptanoate	2705	167	368	09.096	s0979			√	√										√	
448	1188-02-9	2-甲基庚酸 2-methylheptanoic acid	2706	1212	2003	08.047	s0331								√							
449	110-93-0	6-甲基-5-庚烯-2-酮 6-methyl-5-hepten-2-one	2707	1120	149	07.015	s0218	√				√	√				√	√			√	√
450	106-70-7	甲基己酸酯 methyl hexanoate	2708	1871	319	09.069	s0457	√	√	√	√	√	√				√			√		√
451	2396-77-2	甲基2-己烯酸酯 methyl 2-hexenoate	2709	1809	583	09.181	s0458			√											√	√
452	7779-30-8	α-甲基紫罗兰酮 methyl-alpha-ionone	2711		143	07.009	s1179															
453	127-42-4	(+)-α-甲基紫罗兰酮 (+)-α-methylionone	2711	398																		
454	127-43-5	β-甲基紫罗兰酮 methyl-beta-ionone	2712	399	144	07.010	s1165	√														
455	7784-98-7	δ-甲基紫罗兰酮 methyl-delta-ionone	2713	400	11852	07.088	s1166															
456	127-51-5	α-异甲基紫罗兰酮 alpha-iso-methylionone	2714	404	169	07.036	s1180	√														
457	111-82-0	甲基月桂酸酯 methyl laurate	2715	180	377	09.101	s0909			√					√							√
458	74-93-1	甲基巯基 methyl mercaptan	2716	508	475	12.003	s0686	√		√	√	√	√	√	√	√	√	√	√	√	√	√
459	606-45-1	甲基邻甲氧基苯甲酸酯 methyl o-methoxybenzoate	2717	880	2192	09.796	s0963			√	√	√	√	√	√	√	√	√		√	√	√

续附表 1-1

序号	CAS	化合物名称	FEMA	JECFA	CoE	EFSA	GB 2760	A	B	C	D	E	F	G	H	I	J	K	L	M	N	O
460	85-91-6	甲基 N-甲基邻氨基苯甲酸酯 methyl N-methylanthranilate	2718	1545, 480	756	09.781	s0552								√							
461	868-57-5	甲基 2-甲基丁酸酯 methyl 2-methylbutyrate	2719	205	2085	09.483	s0413			√	√	√		√	√		√	√	√			√
462	13532-18-8	甲基 3-甲硫基丙酸酯 methyl 3-methylthiopropionate	2720	472	428	12.002	s0703								√							
463	2412-80-8	甲基 4-甲基戊酸酯 methyl 4-methylvalerate	2721	216	322	09.432	s0614															
464	124-10-7	甲基肉豆蔻酸酯 methyl myristate	2722	183	387	09.106	s0484								√							
465	93-08-3	甲基 β-萘酮 methyl beta-naphthyl ketone	2723	811	147	07.013	s1268															
466	1731-84-6	甲基壬酸酯 methyl nonanoate	2724	179	389	09.108	s1032															
467	111-79-5	甲基 2-壬烯酸酯 methyl 2-nonenoate	2725	1813	2099	09.234	s0479															
468	111-80-8	甲基 2-壬炔酸酯 methyl 2-nonynoate	2726	1356	479	09.156	s1202															
469	7786-29-0	2-甲基辛醛 2-methyloctanal	2727	270	113	05.024	s1465															
470	111-11-5	甲基辛酸酯 methyl octanoate	2728	173	398	09.117	s0472		√	√		√			√						√	
471	111-12-6	甲基 2-辛炔酸酯 methyl 2-octynoate	2729	1357	481	09.158	s1201															
472	7493-58-5	4-甲基-2,3-戊二酮 4-methyl-2,3-pentanedione	2730	411	2043	07.063	s0285															
473	108-10-1	4-甲基-2-戊酮 4-methyl-2-pentanone	2731	301	151	07.017	s0977					√										
474	1123-85-9	β-甲基苯乙基醇 beta-methylphenethyl alcohol	2732	1459	2257	02.073	s1238											√				
475	101-41-7	甲基苯乙酸酯 methyl phenylacetate	2733	1008	2155	09.783	s0492		√							√						
476	1901-26-4	3-甲基-4-苯基-3-丁烯-2-酮 3-methyl-4-phenyl-3-butene-2-one	2734	821	161	07.027																
477	103-07-1	2-甲基-4-苯基-2-丁酯乙酸酯 2-methyl-4-phenyl-2-butyl acetate	2735	1460	219	09.029	s1276															

续附表 1-1

序号	CAS	化合物名称	FEMA	JECFA	CoE	EFSA	GB 2760	A	B	C	D	E	F	G	H	I	J	K	L	M	N	O
478	10031-71-7	2-甲基-4-苯基-2-丁酸异丁酯 2-methyl-4-phenyl-2-butyl isobutyrate	2736	1461	2086	09.484	s1279															
479	40654-82-8	2-甲基-4-苯基丁醛 2-methyl-4-phenylbutyraldehyde	2737	1462	134	05.046	s1255															
480	2439-44-3	3-甲基-2-苯基丁醛 3-methyl-2-phenylbutyraldehyde	2738	1463	135	05.097																
481	2046-17-5	4-苯基丁酸甲酯 methyl 4-phenylbutyrate	2739	1464	308	09.729	s1209															
482	5349-62-2	4-甲基-1-苯基-2-戊酮 4-methyl-1-phenyl-2-pentanone	2740	828	159	07.025	s1263															
483	103-25-3	3-苯丙酸甲酯 methyl 3-phenylpropionate	2741	643	427	09.746																
484	554-12-1	甲基丙酸酯 methyl propionate	2742	141	415	09.134	s0522	√			√	√										
485	103-95-7	2-甲基-3-(对异丙基苯基)丙烯醛 2-methyl-3-(p-isopropylphenyl) propionaldehyde	2743	1465	133	05.045	s1172															
486	91-62-3	6-甲基喹啉 6-methylquinoline	2744	1302	2339	14.042	s0772			√	√	√										
487	119-36-8	甲基水杨酸酯 methyl salicylate	2745	899	433	09.749	s0505			√	√	√						√				
488	75-18-3	甲硫醚 methyl sulfide	2746	452	483	12.006	s0693	√		√	√	√	√	√	√	√	√	√		√		
489	3268-49-3	3-甲硫基丙醛 3-(methylthio) propionaldehyde	2747	466	125	12.001	s0700	√		√	√	√	√	√	√	√	√	√		√		
490	41496-43-9	2-甲基-3-甲苯基丙烯醛 2-methyl-3-tolylpropionaldehyde	2748	1466	587	05.052	s1248					√	√	√	√	√	√	√		√		
491	110-41-8	2-甲基十一醛 2-methylundecanal	2749	275	2010	05.077	s0146															
492	5760-50-9	甲基9-十一烯酸酯 methyl 9-undecenoate	2750	342	2101	09.236	s0549															
493	10522-18-6	甲基2-十一炔酸酯 methyl 2-undecynoate	2751	1358	2111	09.239																

续附录 1-1

序号	CAS	化合物名称	FEMA	JECFA	CoE	EFSA	GB 2760	A	B	C	D	E	F	G	H	I	J	K	L	M	N	O
494	624-24-8	甲基戊酸酯 methyl valerate	2752	159	588	09.182	s1011													√		√
495	556-24-1	甲基异戊酸酯 methyl isovalerate	2753	195	457	09.462	s0536			√	√											√	
496	97-61-0	2-甲基戊酸 2-methylvaleric acid	2754	261	31	08.031	s0301				√												
497	123-35-3	萜乙烷 myrcene	2762	1327	2197	01.008	s0653			√	√	√			√				√	√			
498	124-25-4	肉豆蔻醛 myristaldehyde	2763	112	118	05.032	s0161								√						√	√	
499	544-63-8	肉豆蔻酸 myristic acid	2764	113	16	08.016	s0313	√							√		√						
500	63449-68-3	β-萘基邻氨基苯甲酸酯 beta-naphthyl anthranilate	2767	1544	11862	09.801																	
501	93-18-5	β-萘基乙醚 beta-naphthyl ethyl ether	2768	1258	2058	04.033	s1241				√	√			√								
502	106-25-2	芳樟醇 nerol	2770	1224	2018	02.058	s0046			√	√	√			√				√			√	
503	7212-44-4	芳樟醇氧化物 nerolidol（isomer unspecified）	2772	1646	67	02.018	s0047	√	√	√					√							√	
504	141-12-8	乙酸芳樟酯 neryl acetate	2773	59	2061	09.213	s0392			√				√									
505	999-40-6	芳樟酸丁酯 neryl butyrate	2774	67	505	09.167	s0446																
506	2345-24-6	芳樟酸异丁酯 neryl isobutyrate	2775	73	299	09.424	s0578																
507	2142-94-1	芳樟酸甲酯 neryl formate	2776	55	2060	09.212	s1033																
508	105-91-9	芳樟酸丙酯 neryl propionate	2777	63	509	09.169																	
509	3915-83-1	芳樟酸异戊酯 neryl isovalerate	2778	76	508	09.471																	
510	7786-44-9; 28069-72-9; 5820-89-3	2,6-壬二烯-1-醇 2,6-nonadien-1-ol	2780	1184	589		s0021	√		√	√	√		√	√	√							
511	104-61-0	γ-壬内酯 gamma-nonalactone	2781	229	178	10.001	s0627			√	√	√		√	√	√			√	√	√	√	

续附表 1-1

序号	CAS	化合物名称	FEMA	JECFA	CoE	EFSA	GB 2760	A	B	C	D	E	F	G	H	I	J	K	L	M	N	O
512	124-19-6	壬醛 nonanal	2782	101	114	05.025	s0145	√	√	√	√	√	√	√		√	√	√	√	√	√	√
513	112-05-0	壬酸 nonanoic acid	2784	102	29	08.029	s0310	√	√	√	√	√	√	√		√	√	√	√	√	√	√
514	821-55-6	2-壬酮 2-nonanone	2785	292	154	07.020	s0220	√	√	√	√	√	√	√		√	√	√	√	√	√	√
515	2444-46-4	壬酰基4-羟基-3-甲氧基苄胺 nonanoyl 4-hydroxy-3-methoxybenzylamide	2787	1599	590	16.006	s0838															
516	143-13-5	壬醇乙酸酯 nonyl acetate	2788	131	198	09.008	s0379	√							√							
517	143-08-8	壬醇 nonyl alcohol	2789	100	55	02.007	s0018	√	√	√	√		√	√		√	√	√	√		√	
518	7786-48-3	辛酸壬酯 nonyl octanoate	2790	178	396	09.115	s0477	√														√
519	7786-47-2	异戊酸壬酯 nonyl isovalerate	2791	201	447	09.452	s0454	√														√
520	104-50-7	γ-辛内酯 gamma-octalactone	2796	226	2274	10.022	s0626	√			√					√	√	√	√		√	√
521	124-13-0	辛醛 octanal	2797	98	97	05.009	s0141	√	√	√	√	√	√	√		√	√	√	√		√	√
522	10022-28-3	辛醛二甲缩醛 octanal dimethyl acetal	2798	942	42	06.008	s1451	√														
523	124-07-2	辛酸 octanoic acid	2799	99	10	08.010	s0309	√	√	√	√	√	√	√		√	√	√	√		√	√
524	111-87-5	1-辛醇 1-octanol	2800	97	54	02.006	s0014	√	√	√	√	√	√	√		√	√	√	√	√	√	√
525	123-96-6	2-辛醇 2-octanol	2801	289	71	02.022	s0015	√	√	√	√					√	√	√	√	√	√	
526	111-13-7	2-辛酮 2-octanone	2802	288	153	07.019	s0258	√	√	√	√	√	√	√		√	√	√				√
527	106-68-3	3-辛酮 3-octanone	2803	290	2042	07.062	s0259	√	√	√	√					√				√		
528	65405-68-7	3-(羟甲基)-2-庚酮 3-(hydroxymethyl)-2-heptanone	2804	604			s1347	√														
529	3391-86-4	1-辛烯-3-醇 1-octen-3-ol	2805	1152	197	02.023	s0016	√	√	√	√	√	√	√		√	√	√	√		√	√
530	112-14-1	辛酸乙酯 octyl acetate	2806	130	197	09.007	s0376	√	√	√	√		√	√		√	√	√	√		√	

附录1 风味产业意义显著的香气成分信息

续附表 1-1

序号	CAS	化合物名称	FEMA	JECFA	CoE	EFSA	GB 2760	A	B	C	D	E	F	G	H	I	J	K	L	M	N	O
531	110-39-4	辛酸丁酯 octyl butyrate	2807	155	272	09.046	s0586															
532	109-15-9	辛酸异丁酯 octyl isobutyrate	2808	192	593	09.473	s0532															
533	112-32-3	辛酸甲酯 octyl formate	2809	122	342	09.075																
534	5132-75-2	辛酸庚酯 octyl heptanoate	2810	171	366	09.094																
535	2306-88-9	辛酸辛酯 octyl octanoate	2811	177	395	09.114	s0920															
536	122-45-2	辛基苯乙酸酯 octyl phenylacetate	2812	1017	230	09.703	s1285															
537	142-60-9	辛酸丙酯 octyl propionate	2813	145	407	09.126																
538	7786-58-5	辛酸异戊酯 octyl isovalerate	2814	200	446	09.451	s0593															
539	57-10-3	棕榈酸 palmitic acid	2832	115	14	08.014	s0314			√											√	
540	106-02-5	ω-十五内酯 omega-pentadecalactone	2840	239	181	10.004	s0637															
541	600-14-6	2,3-戊二酮 2,3-pentanedione	2841	410	2039	07.060	s0210	√	√			√		√	√			√	√	√	√	
542	107-87-9	2-戊酮 2-pentanone	2842	279	754	07.054	s0208			√		√					√		√			
543	591-80-0	4-戊烯酸 4-pentenoic acid	2843	314	2004	08.048	s1270					√										
544	99-83-2	α-派烯 alpha-phellandrene	2856	1328	2117	01.006	s0668			√					√			√			√	
545	103-45-7	苯乙酸乙酯 phenethyl acetate	2857	989	221	09.031	s0383			√		√			√	√	√	√	√		√	
546	60-12-8	苯乙醇 phenethyl alcohol	2858	987	68	02.019	s0034	√		√		√		√	√		√	√	√		√	
547	133-18-6	苯乙基邻氨基苯甲酸酯 phenylethyl anthranilate	2859	1543	258	09.723	s1421										√		√	√	√	
548	94-47-3	苯乙基苯甲酸酯 phenethyl benzoate	2860		667	09.774	s0555											√				
549	103-52-6	苯乙酸丁酯 phenethyl butyrate	2861	991	506	09.168	s0438				√											
550	103-48-0	苯乙酸异丁酯 phenethyl isobutyrate	2862	992	302	09.427	s0440				√											

续附表 1-1

序号	CAS	化合物名称	FEMA	JECFA	CoE	EFSA	GB 2760	A	B	C	D	E	F	G	H	I	J	K	L	M	N	O
551	103-53-7	苯乙基肉桂酸酯 phenethyl cinnamate	2863	671	336	09.743	s0503															
552	104-62-1	苯乙酸甲酯 phenethyl formate	2864	988	350	09.083	s0361				√										√	
553	7149-32-8	苯乙基呋喃甲酯 phenethyl 2-furoate	2865	1517	362	13.006																
554	102-20-5	苯乙基苯乙酸酯 phenethyl phenylacetate	2866	999	234	09.707	s0495															
555	122-70-3	苯乙酸丙酯 phenethyl propionate	2867	990	418	09.137	s0410				√											
556	87-22-9	苯乙醇水杨酸酯 phenethyl salicylate	2868	905	437	09.753	s0562															
557	42078-65-9	苯乙基千里光酸酯 phenethyl senecioate	2869	998	246	09.407	s1290															
558	55719-85-2	苯乙基巴豆酸酯 phenethyl tiglate	2870	997	2186	09.496	s0571															
559	140-26-1	苯乙酸异戊酯 phenethyl isovalerate	2871	994	461	09.466	s0455									√						
560	122-59-8	苯氧乙酸 phenoxyacetic acid	2872	1026	2005	08.049																
561	103-60-6	2-苯氧乙基异丁酸酯 2-phenoxyethyl isobutyrate	2873	1028	2089	09.487	s1280															
562	122-78-1	苯甲醛 phenylacetaldehyde	2874	1002	116	05.030	s0168	√	√	√	√	√	√	√	√	√	√	√	√			√
563	5468-06-4	苯甲醛 2,3-丁二醇缩醛 phenylacetaldehyde 2,3-butylene glycol acetal	2875	1005	669	06.027																
564	101-48-4	苯甲醛二甲缩醛 phenylacetaldehyde dimethyl acetal	2876	1003	40	06.006	s0169															
565	29895-73-6	苯甲醛甘油缩醛 phenylacetaldehyde glyceryl acetal	2877	1004	41	06.007	s1253															
566	103-82-2	苯乙酸 phenylacetic acid	2878	1007	672	08.038	s0316	√	√	√	√		√	√	√		√	√	√			
567	2344-70-9	4-苯基-2-丁醇 4-phenyl-2-butanol	2879	815	85	02.036	s0996												√		√	√

附录1 风味产业意义显著的香气成分信息

续附录表 1-1

序号	CAS	化合物名称	FEMA	JECFA	CoE	EFSA	GB 2760	A	B	C	D	E	F	G	H	I	J	K	L	M	N	O
568	17488-65-2	4-苯基-3-丁烯-2-醇 4-phenyl-3-buten-2-ol	2880	819		02.066	s1233															
569	122-57-6	4-苯基-3-丁烯-2-酮 4-phenyl-3-buten-2-one	2881	820	158	07.024	s0206															
570	10415-88-0	4-苯基-2-丁酸乙酯 4-phenyl-2-butyl acetate	2882	816	671	09.200																
571	10415-87-9	1-苯基-3-甲基-3-戊醇 1-phenyl-3-methyl-3-pentanol	2883	1649	86	02.037	s1362															
572	93-54-9	1-苯基-1-丙醇 1-phenyl-1-propanol	2884	822	82	02.033	s0995															
573	122-97-4	3-苯基-1-丙醇 3-phenyl-1-propanol	2885	636	80	02.031	s0035				√											√
574	93-53-8	2-苯基丙醛 2-phenylpropionaldehyde	2886	1467	126	05.038	s1256															
575	104-53-0	3-苯基丙醛 3-phenylpropionaldehyde	2887	645	2013	05.080	s0170								√						√	√
576	90-87-9	2-苯基丙醛二甲缩醛 2-phenylpropionaldehyde dimethyl acetal	2888	1468	2017	06.030	s1257															
577	501-52-0	3-苯基丙酸 3-phenylpropionic acid	2889	646	32	08.032	s0337				√	√	√			√	√					
578	122-72-5	3-苯基丙酸乙酯 3-phenylpropyl acetate	2890	638	222	09.032	s0517						√							√		
579	80866-83-7	3-苯基丙酸丁酯 2-phenylpropyl butyrate	2891	1469	285	09.057																
580	65813-53-8	3-苯基丙酸异丁酯 2-phenylpropyl isobutyrate	2892	1470	2087	09.485																
581	103-58-2	3-苯基丙酸丁酯 3-phenylpropyl isobutyrate	2893	640	303	09.428	s0533															
582	122-68-9	3-苯基丙酸肉桂酸酯 3-phenylpropyl cinnamate	2894	672	338	09.745	s0568															
583	104-64-3	3-苯基丙酸甲酯 3-phenylpropyl formate	2895	637	351	09.084																
584	6281-40-9	3-苯基丙酸己酯 3-phenylpropyl hexanoate	2896	642	321	09.071																
585	122-74-7	3-苯基丙酸丙酯 3-phenylpropyl propionate	2897	639	419	09.138	s1376															
586	3208-40-0	2-(3-苯基丙基)四氢呋喃 2-(3-phenylpropyl) tetrahydrofuran	2898	1441	489	13.007	s1269															

续附表 1-1

序号	CAS	化合物名称	FEMA	JECFA	CoE	EFSA	GB 2760	A	B	C	D	E	F	G	H	I	J	K	L	M	N	O
587	5452-07-3	3-苯基丙酸异戊酯 3-phenylpropyl isovalerate	2899	641	462	09.467	s1395															
588	80-56-8; 7785-26-4; 7785-70-8	α-蒎烯 alpha-pinene	2902	1329	2113		s0658															√
589	127-91-3	β-蒎烯 beta-pinene	2903	1330	2114	01.003	s0659			√	√			√	√				√	√	√	√
590	110-89-4	哌啶 piperidine	2908	1607	675	14.010	s0774															
591	6091-50-5	d-薄荷酮 d-piperitone	2910				s0846															
592	89-81-6	(±)-薄荷酮 (±)-piperitone	2910		2052	07.175					√					√		√				
593	120-57-0	薄荷醛 piperonal	2911	896	104	05.016	s0175				√									√		
594	326-61-4	薄荷酸乙酯 piperonyl acetate	2912	894	2068	09.220	s0615															
595	5461-08-5	薄荷酸异丁酯 piperonyl isobutyrate	2913	895	305	09.430																
596	94-86-0	丙酮基葵醇 propenylguaethol	2922	1264	170	04.002	s1164															
597	123-38-6	丙醛 propionaldehyde	2923	83	90	05.002	s0117	√	√		√			√	√	√		√	√			
598	79-09-4	丙酸 propionic acid	2924	84	3	08.003	s0294	√	√		√	√		√	√	√		√	√		√	
599	109-60-4	丙酸乙酯 propyl acetate	2925	126	192	09.002	s0366	√	√			√							√			
600	108-21-4	异丙酸乙酯 isopropyl acetate	2926	305	193	09.003	s0367															√
601	645-13-6	对异丙基苯乙酮 p-isopropylacetophenone	2927	808	651	07.042																
602	104-45-0	对丙氧基苯甲醚 p-propylanisole	2930	1244	11835	04.039	s1329															
603	2315-68-6	丙酸苯酯 propyl benzoate	2931	853	677	09.776	s0487															
604	939-48-0	异丙酸苯酯 isopropyl benzoate	2932	855	652	09.770																

续附表 1-1

序号	CAS	化合物名称	FEMA	JECFA	CoE	EFSA	GB 2760	A	B	C	D	E	F	G	H	I	J	K	L	M	N	O
605	536-60-7	对异丙基苄醇 p-isopropylbenzyl alcohol	2933	864	88	02.039	s0058															
606	105-66-8	丙酸丁酯 propyl butyrate	2934	150	266	09.040	s0527					√					√	√				
607	638-11-9	异丙酸丁酯 isopropyl butyrate	2935	307	267	09.041	s1012			√												
608	644-49-5	丙酸异丁酯 propyl isobutyrate	2936	187	289	09.414	s0587															
609	617-50-5	异丙酸异丁酯 isopropyl isobutyrate	2937	309	290	09.415	s0528															
610	7778-83-8	丙基肉桂酸酯 propyl cinnamate	2938	660	324	09.731	s1034															
611	7780-06-5	异丙基肉桂酸酯 isopropyl cinnamate	2939	661	325	09.732	s1377															
612	142-75-6	丙二醇硬脂酸酯 propylene glycol stearate	2942	926																		
613	110-74-7	丙酸甲酯 propyl formate	2943	117	340	09.073	s0906															
614	625-55-8	异丙酸甲酯 isopropyl formate	2944	304	503	09.165	s0914															
615	623-22-3	丙基 2-呋喃基丙烯酸酯 propyl 2-furanacrylate	2945	1518	11842	13.047	s1278															
616	615-10-1	丙基呋喃甲酯 propyl 2-furoate	2946	747	359	13.003																
617	7778-87-2	丙酸庚酯 propyl heptanoate	2948	168	367	09.095	s0469					√										
618	626-77-7	丙酸己酯 propyl hexanoate	2949	161	311	09.061	s0463				√		√									
619	2311-46-8	异丙酸己酯 isopropyl hexanoate	2950	308	312	09.062	s1062															
620	17369-59-4	3-丙基二苯甲酮 3-propylidenephthalide	2952	1168	494	10.005	s0639															
621	705-73-7	α-甲基苯乙醇 alpha-propylphenethyl alcohol	2953	825	83	02.034	s1237															
622	4395-92-0	对异丙基苯乙醛 p-isopropyl phenylacetaldehyde	2954	1024	132	05.044	s1254															
623	4606-15-9	丙酸苯乙酯 propyl phenylacetate	2955	1010	229	09.702																
624	4861-85-2	异丙基苯乙酸酯 isopropyl phenylacetate	2956	1011	2158	09.786																

续附表 1-1

序号	CAS	化合物名称	FEMA	JECFA	CoE	EFSA	GB 2760	A	B	C	D	E	F	G	H	I	J	K	L	M	N	O
625	7775-00-0	3-(4-异丙基苯基)丙醛 3-(p-isopropylphenyl) propionaldehyde	2957	680	2261	05.094																
626	106-36-5	丙酸丙酯 propyl propionate	2958	142	403	09.122	s0582			√											√	
627	637-78-5	异丙酸丙酯 isopropyl propionate	2959	306	404	09.123	s0922				√												
628	557-00-6	丙丙酸异戊酯 propyl isovalerate	2960	197	443	09.448				√													
629	32665-23-9	异丙酸异戊酯 isopropyl isovalerate	2961	310	445	09.450	s1454																
630	89-79-2	异薄荷脑 isopulegol	2962	755	2033	02.067	s0031				√				√								
631	89-82-7	薄荷酮 pulegone	2963	753			s0994								√								
632	29606-79-9	异薄荷酮 isopulegone	2964	754	2051	07.067		√															
633	89-49-6	薄荷酮乙酸酯 isopulegyl acetate	2965	756	2067	09.219	s0520																
634	57576-09-7	(−)-薄荷酮乙酸酯(−)-isopulegyl acetate																					
635	110-86-1	吡啶 pyridine	2966				s0740	√	√		√											√	
636	78-98-8	吡咯醛 pyruvaldehyde	2969	937	105	07.001	s0964															√	
637	127-17-3	吡咯酸 pyruvic acid	2970	936	19	08.019	s0295															√	
638	119-65-3	异喹啉 isoquinoline	2978	1303	487	14.001	s0949													√	√		
639	6812-78-8	玫瑰醇 rhodinol	2980	1222	76	02.027	s0036																
640	141-11-7	玫瑰醇乙酸酯 rhodinyl acetate	2981	60	223	09.033	s1187																
641	141-15-1	玫瑰醇丁酸酯 rhodinyl butyrate	2982	68		09.927	s1035																
642	138-23-8	玫瑰醇异丁酸酯 rhodinyl isobutyrate	2983	74	592	09.940	s1036																
643	141-09-3	玫瑰醇甲酸酯 rhodinyl formate	2984	56	346	09.079																	

续附表 1-1

序号	CAS	化合物名称	FEMA	JECFA	CoE	EFSA	GB 2760	A	B	C	D	E	F	G	H	I	J	K	L	M	N	O
644	10486-14-3	玫瑰醇苯乙酸酯 rhodinyl phenylacetate	2985	1018	2163	09.791																
645	105-89-5	玫瑰醇丙酸酯 rhodinyl propionate	2986	64	422	09.141																
646	7778-96-3	玫瑰醇异戊酸酯 rhodinyl isovalerate	2987	77	460	09.465																
647	90-02-8	水杨醛 salicylaldehyde	3004	897	605	05.055	s0164	√							√					√		
648	1323-00-8	檀香醇乙酸酯 santalyl acetate	3007	985	224	09.034	s1354															
649	1323-75-7	檀香醇苯乙酸酯 santalyl phenylacetate	3008	1022	239	09.712																
650	83-34-1	土的宁碱 skatole	3019	1304	493	14.004	s0775	√			√		√		√	√	√		√			√
651	57-11-4	硬脂酸 stearic acid	3035	116	15	08.015	s0352			√												
652	98-55-5	α-萜品醇 alpha-terpineol	3045	366	62	02.014	s0037	√		√	√	√	√	√	√	√	√	√	√	√		√
653	586-62-9	萜品烯 terpinolene	3046	1331	2115	01.005	s0655			√	√	√	√	√	√	√	√			√		√
654	8007-35-0; 80-26-2	萜品酸酯(异构体混合物) terpinyl acetate (isomer mixture)	3047	368	205		s0393	√														√
655	14481-52-8	β-萜品基邻氨基苯甲酸酯 beta-terpinyl anthranilate	3048	1542	259	09.724																
656	2153-28-8	萜品酸丁酯 terpinyl butyrate	3049	370	278	09.052	s0952															
657	7774-65-4	萜品酸异丁酯 terpinyl isobutyrate	3050	371	300	09.425	s0619															
658	10024-56-3	萜品基肉桂酸酯 terpinyl cinnamate	3051	669	330	09.737																
659	2153-26-6	萜品酸甲酯 terpinyl formate	3052	367	348	09.081	s1135															
660	80-27-3	萜品酸丙酯 terpinyl propionate	3053	369	423	09.142	s1037															
661	1142-85-4	萜品酸异戊酯 terpinyl isovalerate	3054	372	456	09.461																
662	637-64-9	四氢糠醇四氢呋喃基乙酸酯 tetrahydrofurfuryl acetate	3055	1442	2069	13.166	s1200															

续附表 1-1

序号	CAS	化合物名称		FEMA	JECFA	CoE	EFSA	GB 2760	A	B	C	D	E	F	G	H	I	J	K	L	M	N	O
663	97-99-4	四氢糠醇	tetrahydrofurfuryl alcohol	3056	1443	2029	13.020	s0796															
664	2217-33-6	四氢糠醇丁酸酯	tetrahydrofurfuryl butyrate	3057	1444	11841	13.048																
665	637-65-0	四氢糠醇丙酸酯	tetrahydrofurfuryl propionate	3058	1445	11843	13.049	s1345															
666	4433-36-7	3,4,5,6-四氢假紫罗兰酮	tetrahydropseudoionone	3059	1121	2053	07.069																
667	78-69-3	四氢芳樟醇	tetrahydrolinalool	3060	357	77	02.028	s1239	√														
668	17369-60-7	四甲基乙环己酮(异构体混合物) tetramethyl ethylcyclohexenone (mixture of isomers)		3061	1111	168	07.035	s1266															√
669	7774-74-5	2-噻吩基甲硫醇	2-thienyl mercaptan	3062	1052	478	15.001	s1334															
670	89-83-8	麝香草酚	thymol	3066	709	174	04.006	s0097	√		√		√			√							
671	104-09-6	对甲酚乙醛	p-tolylacetaldehyde	3071	1023	130	05.042	s0714								√							
672	533-18-6	邻甲酚乙酯	o-tolyl acetate	3072	698	2078	09.228																
673	140-39-6	对甲酚乙酯	p-tolyl acetate	3073	699	226	09.036	s0390															
674	7774-79-0	4-(对甲苯基)-2-丁酮	4-(p-tolyl)-2-butanone	3074	817	160	07.026																
675	103-93-5	对甲酚异丁酯	p-tolyl isobutyrate	3075	701	304	09.429	s1330															
676	10024-57-4	对甲苯基月桂酸酯	p-tolyl laurate	3076	704	378	09.102																
677	101-94-0	对甲酚苯乙酸酯	p-tolyl phenylacetate	3077	705	236	09.709	s1208															
678	99-72-9	2-(对甲苯基)丙醛	2-(p-tolyl) propionaldehyde	3078	1471	131	05.043																
679	77-90-7	三丁基乙酰柠檬酸酯	tributyl acetylcitrate	3080	630		09.511																
680	7774-82-5	2-十三醛	2-tridecenal	3082	1359	2011	05.078	s0189															
681	77-93-0	三乙基柠檬酸酯	triethyl citrate	3083	629	11762	09.512	s0513	.														

续附录表 1-1

序号	CAS	化合物名称	FEMA	JECFA	CoE	EFSA	GB 2760	A	B	C	D	E	F	G	H	I	J	K	L	M	N	O
682	7493-59-6	2,3-十一碳二酮 2,3-undecadione	3090	417	155	07.021	s1300															
683	104-67-6	γ-十一内酯 gamma-undecalactone	3091	233	179	10.002	s0162		√			√		√	√		√				
684	112-44-7	十一醛 undecanal	3092	107	121	05.034	s0155	√						√	√	√					√
685	112-12-9	2-十一酮 2-undecanone	3093	296	150	07.016	s0221			√		√		√	√	√	√				√
686	143-14-6	9-十一烯醛 9-undecenal	3094	329	123	05.036	s1168														
687	112-45-8	10-十一醛 10-undecenal	3095	330	122	05.035	s1169														
688	112-19-6	10-十一碳烯-1-醇乙酸酯 10-undecen-1-yl acetate	3096	136	2062	09.214															
689	112-42-5	十一醇 undecyl alcohol	3097	106	751	02.057	s0023														
690	110-62-3	戊醛 valeraldehyde	3098	89	93	05.005	s0123	√		√	√	√		√	√	√	√	√			√
691	109-52-4	戊酸 valeric acid	3101	90	7	08.007	s0300		√	√	√	√	√	√	√	√	√	√			√
692	503-74-2	异戊酸 isovaleric acid	3102	259	8	08.008	s0303	√	√	√	√	√	√	√	√	√	√	√			√
693	108-29-2	γ-戊内酯 gamma-valerolactone	3103	220	757	10.013	s0623		√					√							
694	121-33-5	香草醛 vanillin	3107	889	107	05.018	s0172	√	√	√	√	√	√	√	√	√	√	√			√
695	881-68-5	香草醛醋酸酯 vanillin acetate	3108	890	225	09.035	s0985		√	√	√		√	√	√	√	√	√			
696	120-14-9	香草醛乙酯 veratraldehyde	3109	877	106	05.017	s0167		√												
697	122-48-5	姜黄酮 zingerone	3124	730	139	07.005	s0270			√											
698	64577-91-9	乙醛丁基苯乙基缩醛 acetaldehyde butyl phenethyl acetal	3125	1001	10007	06.036		√				√	√			√	√				√
699	22047-25-2	乙酰吡嗪 acetylpyrazine	3126	784	2286	14.032	s0720									√	√		√		
700	2179-58-0	烯丙基甲硫基二硫化物 allyl methyl disulfide	3127	568	11866	12.037	s1013								√		√				
701	4265-16-1	2-苯并呋喃甲醛 2-benzofurancarboxaldehyde	3128	751	2247	13.031															

续附表 1-1

序号	CAS	化合物名称	FEMA	JECFA	CoE	EFSA	GB 2760	A	B	C	D	E	F	G	H	I	J	K	L	M	N	O
702	92-52-4	联苯 biphenyl	3129	1332			s1002				√											
703	109-73-9	丁胺 butylamine	3130	1582	524	11.003	s1111															
704	2679-87-0	仲丁基乙醚 sec-butyl ethyl ether	3131	1231	10911	03.005	s0084															√
705	24683-00-9	2-异丁基-3-甲氧基吡嗪 2-isobutyl-3-methoxypyrazine	3132	792	11338	14.043	s0768	√	√	√	√			√	√	√	√	√	√			
706	13925-06-9	2-异丁基-3-甲基吡嗪 2-isobutyl-3-methylpyrazine	3133	773		14.044	s0716			√	√											
707	18640-74-9	2-异丁基噻唑 2-isobutylthiazole	3134	1034	11618	15.013	s0733			√												
708	25152-84-5	2,4-顺式-癸二烯醛 2-trans,4-trans-decadienal	3135	1190	2120	05.140	s0154	√		√	√	√		√	√	√	√	√	√			√
709	15707-24-1	2,3-二乙基吡嗪 2,3-diethylpyrazine	3136	771	534	14.005	s0718			√	√				√							√
710	91-10-1	2,6-二甲氧基苯酚 2,6-dimethoxyphenol	3137	721	2233	04.036	s0109			√	√				√	√						√
711	6380-23-0	3,4-二甲氧基-1-乙烯基苯 3,4-dimethoxy-1-vinylbenzene	3138	1251	11228	04.040																
712	536-50-5	对二甲氧基苄醇 p-alpha-dimethylbenzyl alcohol	3139	805	10197	02.080	s0057															
713	108-82-7	2,6-二甲基-4-庚醇 2,6-dimethyl-4-heptanol	3140	303	11719	02.081	s0576															
714	60066-88-8	2,6-二甲基-10-甲基-2,6,11-十二碳三烯醛 2,6-dimethyl-10-methylene-2,6,11-dodecatrienal	3141	1227			s0199			√					√							
715	502-47-6	3,7-二甲基-6-辛烯酸 3,7-dimethyl-6-octenoic acid	3142	1221	616	08.036	s0333															
716	66634-97-7	2,4-二甲基-2-戊烯酸 2,4-dimethyl-2-pentenoic acid	3143	1211																		
717	1195-32-0	对二甲基苯乙烯 p-alpha-dimethylstyrene	3144	1333	2260	01.010	s0667			√		√		√								
718	65505-18-2	2,4-二甲基-5-乙基噻唑 2,4-dimethyl-5-vinylthiazole	3145	1039	2237	15.005									√	√				√		

续附表 1-1

序号	CAS	化合物名称	FEMA	JECFA	CoE	EFSA	GB 2760	A	B	C	D	E	F	G	H	I	J	K	L	M	N	O
719	4437-20-1	二呋喃-2,2'-(二硫二甲基) 二呋喃 2,2'-(dithiodimethylene)-difuran	3146	1081	11480	13.050	s0698															√
720	39741-41-8	1-乙基-2-乙酰基吡咯 1-ethyl-2-acetylpyrrole	3147	1305	11371	14.045	s0770									√						
721	3025-30-7	反式-2-顺式-4-癸二烯酸乙酯 ethyl trans-2, cis-4-decadienoate	3148	1192	10574	09.260	s0482			√										√		
722	13360-65-1; 27043-05-6	2-乙基-3,(5或6)-二甲基吡嗪 2-ethyl-3, (5 or 6)-dimethylpyrazine	3149	775			s0767															
723	13925-07-0	3-乙基-2,6-二甲基吡嗪 3-ethyl-2,6-dimethylpyrazine	3150	776	2245	14.024	s0719	√	√		√	√		√	√	√	√	√			√	√
724	104-76-7	2-乙基-1-己醇 2-ethyl-1-hexanol	3151	267	11763	02.082	s0052	√	√	√	√			√	√							√
725	21835-01-8	3-乙基-2-羟基-2-环戊烯-1-酮 3-ethyl-2-hydroxy-2-cyclopenten-1-one	3152	419	759	07.057	s0211			√	√	√		√	√				√			√
726	698-10-2	5-乙基-3-羟基-4-甲基-2(5H)-呋喃酮 5-ethyl-3-hydroxy-4-methyl-2(5H)-furanone	3153	222	2300	10.023	s0242	√			√				√							√
727	13360-64-0	2-乙基-5-甲基吡嗪 2-ethyl-5-methylpyrazine	3154	770	728	14.017	s0861				√	√		√	√		√	√		√	√	√
728	15707-23-0	2-乙基-3-甲基吡嗪 2-ethyl-3-methylpyrazine	3155	768	548	14.006	s0798				√	√					√	√		√	√	√
729	123-07-9	对乙基苯酚 p-ethylphenol	3156	694	550	04.022	s0101	√		√	√	√		√	√		√			√	√	√
730	67028-40-4	乙酸对甲氧基苯乙酯 ethyl (p-tolyloxy) acetate	3157	1027	2243	09.797	s1275										√	√	√	√	√	√
731	59020-90-5	呋喃甲硫醇甲酯 2-furanmethanethiol formate	3158	1073	11770	13.051	s1267											√		√	√	√
732	13679-46-4	呋喃甲基醚 furfuryl methyl ether	3159	1520	10944		s1083													√	√	√

续附表 1-1

序号	CAS	化合物名称		FEMA	JECFA	CoE	EFSA	GB 2760	A	B	C	D	E	F	G	H	I	J	K	L	M	N	O
733	1438-91-1	呋喃甲基硫醚	furfuryl methyl sulfide	3160	1076	11482	13.053	s0751				√											
734	1883-78-9	呋喃异丙基硫醚	furfuryl isopropyl sulfide	3161	1077	2248	13.032	s1315															
735	13678-68-7	呋喃硫代乙酸酯	furfuryl thioacetate	3162	1074	2250	13.033	s0702				√											
736	1192-62-7	2-吞基丙酮 2-furyl methyl ketone		3163	1503		13.054	s0245	√			√							√			√
737	4313-03-5	(2E,4E)-庚二烯醛 (2E,4E)-heptadienal		3164	1179	729	05.084	s0140	√		√	√			√		√		√	√		√
738	18829-55-5	反式-2-庚烯醛 trans-2-heptenal		3165	1360	730	05.150	s0138	√		√	√			√		√		√	√		√
739	4674-50-4	香叶醇 nootkatone		3166	1398	11164	07.089	s0223			√				√							
740	823-22-3	δ-己内酯 delta-hexalactone		3167	224	641	10.010	s0631														
741	4437-51-8	3,4-己二酮 3,4-hexanedione		3168	413	2255	07.077	s0215			√											√
742	13419-69-7	反式-2-己烯酸 trans-2-hexenoic acid		3169	1361	11777	08.054	s0306			√				√		√					
743	4219-24-3	3-己烯酸 3-hexenoic acid		3170	317	2256	08.050	s0307														
744	3681-71-8	顺式-3-己烯-1-醋酸酯 cis-3-hexen-1-yl acetate		3171	134	644	09.197	s0395			√		√		√		√		√			
745	2349-07-7	己酸异丁酯 hexyl isobutyrate		3172	189	646	09.478	s0530			√											
746	5077-67-8	1-羟基-2-丁酮 1-hydroxy-2-butanone		3173	1717	11102	07.090					√										
747	3658-77-3	4-羟基-2,5-二甲基-3(2H)-呋喃酮 4-hydroxy-2,5-dimethyl-3(2H)-furanone		3174	1446	536	13.010	s0276		√	√	√			√		√	√	√	√	√	√
748	79-76-5	γ-紫罗兰酮 gamma-ionone		3175	390			s0844														
749	499-70-7	薄荷-2-酮 p-menthan-2-one		3176	375	11128	07.091	s0868														
750	38462-22-5	薄荷-8-硫醇-3-酮 p-mentha-8-thiol-3-one		3177	561	11789	07.092	s0701														
751	29548-14-9	薄荷-1-烯-9-醛 p-menth-1-ene-9-al		3178	971	10347	12.038	s0179														

续附表 1-1

序号	CAS	化合物名称	FEMA	JECFA	CoE	EFSA	GB 2760	A	B	C	D	E	F	G	H	I	J	K	L	M	N	O
752	491-04-3	薄荷-1-烯-3-醇 p-menth-1-en-3-ol	3179	434	10248	02.083	s0999				√											
753	79-42-5	2-巯基丙酸 2-mercaptopropionic acid	3180	551	11790	12.039	s1183															√
754	1504-74-1	邻甲氧基肉桂醛 o-methoxycinnamaldehyde	3181	688	571	05.048	s0192								√							
755	65405-67-6	对甲氧基-α-甲基肉桂醛 p-methoxy-alpha-methylcinnamaldehyde	3182	689	584	05.051																
756	2882-21-5	2-甲氧基-6-甲基吡嗪 2-methoxy-6-methylpyrazine	3183		11329, 2266	s0830															√	
757	2847-30-5	2-甲氧基-3-甲基吡嗪 2-methoxy-3-methylpyrazine	3183		11329, 2266	14.126																
758	63450-30-6	甲氧基甲基吡嗪 methoxymethylpyrazine	3183																			
759	68378-13-2	2-甲氧基-3(或5)-甲基吡嗪 2-methoxy-3(or 5)-methylpyrazine	3183																				
760	932-16-1	1-甲基-2-乙酰基吡咯 1-methyl-2-acetylpyrrole	3184	1306	11373	14.046	s0769															
761	644-08-6	4-甲基联苯 4-methylbiphenyl	3186	1334			s1360															
762	541-47-9	3-甲基巴豆酸 3-methylcrotonic acid	3187	1204	10138	08.070	s0345															
763	28588-74-1	2-甲基-3-呋喃硫醇 2-methyl-3-furanthiol	3188	1060	11678	13.055	s0471	√	√	√	√				√							√
764	13706-86-0	5-甲基-2,3-己二酮 5-methyl-2,3-hexanedione	3190	414	11148	07.093	s0875	√	√	√	√							√	√	√	√	√
765	4536-23-6	2-甲基己酸 2-methylhexanoic acid	3191	265	582	08.035	s0330				√				√						√	
766	38205-64-0	2-甲基-5-甲氧基噻唑 2-methyl-5-methoxythiazole	3192	1057	736	15.002		√														
767	90-12-0	1-甲基萘 1-methylnaphthalene	3193	1335	11009		s0676										√		√	√	√

续附表 1-1

序号	CAS	化合物名称	FEMA	JECFA	CoE	EFSA	GB 2760	A	B	C	D	E	F	G	H	I	J	K	L	M	N	O
768	623-36-9	2-甲基-2-戊烯醛 2-methyl-2-pentenal	3194	1209	2129	05.090	s0127			√					√							
769	3142-72-1	2-甲基-2-戊烯酸 2-methyl-2-pentenoic acid	3195	1210	11680	08.055	s0302															
770	488-10-8	顺式茉莉酮 cis-jasmone	3196	1114	11786	07.094	s0228								√	√						
771	6261-18-3	反式茉莉酮 trans-jasmone	3196			07.219																
772	68922-11-2	α-甲基苯乙基丁酸酯 alpha-methylphenethyl butyrate	3197	814	2276	09.249																	
773	3558-60-9	甲基苯乙基醚 methyl phenethyl ether	3198	1254	11812	03.006	s0082															
774	21834-92-4	5-甲基-2-苯基-2-己烯醛 5-methyl-2-phenyl-2-hexenal	3199	1472	10365	05.099	s0133				√											
775	26643-91-4	4-甲基-2-苯基-2-戊烯醛 4-methyl-2-phenyl-2-pentenal	3200	1473	10366	05.100	s0128															
776	2179-60-4	甲基丙基二硫醚 methyl propyl disulfide	3201	565	585	12.019	s0746	√														
777	1072-83-9	甲基 2-吡咯基酮 methyl 2-pyrrolyl ketone	3202	1307	11721	14.047	s0736	√			√				√	√		√				
778	13708-12-8	5-甲基喹喔啉 5-methylquinoxaline	3203	798	2271	14.028	s0773											√			√	
779	137-00-8	4-甲基-5-噻唑乙醇 4-methyl-5-thiazoleethanol	3204	1031	11621	15.014	s0727	√			√											
780	656-53-1	4-甲基-5-噻唑乙醇乙酸酯 4-methyl-5-thiazoleethanol acetate	3205	1054	11620	15.015	s1260													√		
781	23328-62-3	2-甲硫基乙醛 2-methylthioacetaldehyde	3206	465	11686	12.040							√									
782	13678-58-5	1-(甲硫基)-2-丁酮 1-(methylthio)-2-butanone	3207	496	11543	12.041																
783	2884-13-1	2-甲基-6-(甲硫基)吡嗪 2-methyl-6-(methylthio)pyrazine	3208				s1245															

续附表 1-1

序号	CAS	化合物名称	FEMA	JECFA	CoE	EFSA	GB 2760	A	B	C	D	E	F	G	H	I	J	K	L	M	N	O
784	2884-14-2	2-甲基-5-(甲硫基)吡嗪 2-methyl-5-(methylthio)pyrazine	3208																			
785	67952-65-2	甲硫基甲基吡嗪 methyl(methylthio)pyrazine	3208		2290	14.035																
786	2882-20-4	2-甲基-3-(甲硫基)吡嗪 2-methyl-3-(methylthio)pyrazine	3208			14.128																
787	13679-70-4	5-甲基-2-噻吩甲醛 5-methyl-2-thiophenecarboxaldehyde	3209	1050	2203	15.004	s1065								√						√	
788	1073-29-6	邻(甲硫基)苯酚 o-(methylthio)-phenol	3210	503	11553	12.042	s0699															
789	13925-08-1	2-甲基-5-乙烯基吡嗪(re-gras) 2-methyl-5-vinylpyrazine (re-gras)	3211	2127																			
790	5910-87-2	(2E,4E)-2,4-壬二烯醛(E,E)-2,4-nonadienal	3212			05.194	s0149	√	√	√	√	√	√	√	√	√	√	√	√			√
791	6750-03-4	2,4-壬二烯醛 2,4-nonadienal	3212		732	05.071		√						√		√	√	√				√
792	2463-53-8	2-壬烯醛 2-nonenal	3213		733	05.171	s0147		√	√	√	√	√	√	√	√	√	√	√	√		√
793	18829-56-6	(E)-2-壬烯醛(E)-2-nonenal	3213		733	05.072		√	√	√	√	√	√	√	√	√	√	√	√			√
794	60784-31-8	(Z)-2-壬烯醛(Z)-2-nonenal	3213						√	√	√	√	√	√	√	√	√	√	√			√
795	698-76-0	δ-辛内酯 delta-octalactone	3214	228	2195	10.015	s0632	√						√	√	√	√	√	√			√
796	2363-89-5	2-辛烯醛 2-octenal	3215		663	05.060	s0142		√	√	√	√	√	√	√	√	√	√	√			√
797	2548-87-0	(E)-2-辛烯醛(E)-2-octenal	3215			05.190		√	√	√	√	√	√	√	√	√	√	√	√			√
798	764-40-9	2,4-戊二烯醛 2,4-pentadienal	3217	1173	11695	05.101	s0129		√	√	√	√	√	√	√	√	√	√	√	√		
799	764-39-6	2-戊烯醛 2-pentenal	3218	1364	10375	05.102	s0126		√												√	

续附表 1-1

序号	CAS	化合物名称	FEMA	JECFA	CoE	EFSA	GB 2760	A	B	C	D	E	F	G	H	I	J	K	L	M	N	O
800	107-85-7	异戊胺 isopentylamine	3219	1587	512	11.001	s0781															
801	64-04-0	苯乙胺 phenethylamine	3220	1589	708	11.006	s0782															
802	6290-37-5	苯乙酸己酯 phenethyl hexanoate	3221	995	10882	09.261	s0595				√											
803	5457-70-5	苯乙酸辛酯 phenethyl octanoate	3222	996	10884	09.262	s0478				√											
804	108-95-2	苯酚 phenol	3223	690	11811	04.041	s0099	√	√	√	√				√	√	√		√		√
805	4411-89-6	2-苯基-2-丁烯醛 2-phenyl-2-butenal	3224	1474	670	05.062	s0122	√			√							√	√			√
806	882-33-7	苯二硫醚 phenyl disulfide	3225	578	11757	12.043	s1386															
807	579-07-7	1-苯基-1,2-丙二酮 1-phenyl-1,2-propanedione	3226	833	2275	07.079	s0248			√												
808	5905-46-4	丙烯基丙基二硫醚 propenyl propyl disulfide	3227	570	11699	12.044	s0812															
809	629-19-6	丙基二硫醚 propyl disulfide	3228	566	540	12.014	s0741			√								√				
810	1733-25-1	异丙基巴豆酸酯 isopropyl tiglate	3229	312	10733	09.513																
811	35250-53-4	吡嗪乙硫醇 pyrazine ethanethiol	3230	795	2285	14.031	s1325															
812	21948-70-9	吡嗪基甲基甲硫醚 pyrazinyl methyl sulfide	3231	796	2288	14.034	s1320															
813	2044-73-7	2-吡啶甲基硫甲醇 2-pyridinemethanethiol	3232	1308	2279	14.030																
814	494-90-6	四氢-3,6-二甲基苯并呋喃 4,5,6,7-tetrahydro-3,6-dimethylbenzofuran	3235	758			s0279								√							
815	16409-43-1	四氢-4-甲基-2-(2-甲基丙烯基)吡喃 tetrahydro-4-methyl-2-(2-methylpropen-1-yl)pyran	3236	1237	2269	13.037	s0707			√		√										
816	1124-11-4	2,3,5,6-四甲基吡嗪 2,3,5,6-tetramethylpyrazine	3237	780	734	14.018	s0765				√	√							√		√	

续附表 1-1

序号	CAS	化合物名称	FEMA	JECFA	CoE	EFSA	GB 2760	A	B	C	D	E	F	G	H	I	J	K	L	M	N	O
817	13678-67-6	2,2'-(二硫二甲基)二呋喃 2,2'-(thiodimethylene)-difuran	3238	1080	11438		s0697															
818	546-79-2	4-松香醇 4-thujanol	3239	441	10309	02.085	s1000								√							
819	137-06-4	邻甲苯硫醇 o-toluenethiol	3240	528	2272	12.027	s0743															
820	75-50-3	三甲胺 trimethylamine	3241	1610	10497	11.009	s0706					√									√	
821	1197-01-9	对 α,α-三甲基苄醇 p-alpha,alpha-trimethylbenzyl alcohol	3242	1650	530	02.042	s0059				√											
822	35044-68-9	4-(2,6,6-三甲基-1-环己烯基)-2-丁烯-4-酮 4-(2,6,6-trimethyl-1-cyclohexen-1-yl)-2-buten-4-one	3243				s0271																
823	23726-91-2	(E)-β-大马酮 (E)-β-damascone	3243			07.224		√				√					√					
824	23726-92-3	(Z)-β-大马酮 (Z)-β-damascone	3243		2340	07.083																
825	14667-55-1	2,3,5-三甲基吡嗪 2,3,5-trimethylpyrazine	3244	774	735	14.019	s0713	√		√	√	√	√	√	√	√			√		√	√
826	112-37-8	十一酸 undecanoic acid	3245	108	696	08.042	s0335					√					√		√			
827	1653-30-1	2-十一烯醇 2-undecanol	3246	297	11826	02.086	s0056						√		√							
828	112-38-9	10-十一烯酸 10-undecenoic acid	3247	331	689	08.039	s0336															
829	576-26-1	2,6-二甲酚 2,6-xylenol	3249	707	11261	04.042	s0108									√						√
830	32974-92-8	2-乙酰基-3-乙基吡嗪 2-acetyl-3-ethylpyrazine	3250	785	11293	14.049	s0721	√	√											√		
831	1122-62-9	2-乙酰基吡啶 2-acetylpyridine	3251	1309	2315	14.038	s0778	√						√	√		√				√	√
832	34135-85-8	烯丙基甲基三硫醚 allyl methyl trisulfide	3253	586	11867	12.045	s0894								√			√			√	√
833	95-16-9	苯并噻唑 benzothiazole	3256	1040	11594	15.016	s0734				√				√		√		√	√	√	√

续附表 1-1

序号	CAS	化合物名称	FEMA	JECFA	CoE	EFSA	GB 2760	A	B	C	D	E	F	G	H	I	J	K	L	M	N	O
834	28588-75-2	双(2-甲基-3-呋喃基)二硫醚 bis(2-methyl-3-furyl) disulfide	3259	1066	723	13.016	s0750	√				√										√
835	28588-76-3	双(2-甲基-3-呋喃基)四硫醚 bis(2-methyl-3-furyl) tetrasulfide	3260	1068	724	13.017	s1441										√		√	√		
836	14765-30-1	2-仲丁基环己酮 2-sec-butylcyclohexanone	3261	1109	11044	07.095	s1299															
837	1679-07-8	环戊硫醇 cyclopentanethiol	3262	516	2321	12.029	s1468															
838	30390-50-2	4-癸烯醛 4-decenal	3264	326	2297	05.096	s0187															
839	2050-87-5	二烯丙基三硫醚 diallyl trisulfide	3265	587	486	12.009	s0814							√	√							√
840	1003-04-9	4,5-二氢-3(2h)噻吩酮 4,5-dihydro-3(2h)thiophenone	3266	498	2337	15.012	s0243									√		√				
841	38205-60-6	2,4-二甲基-5-乙酰噻唑 2,4-dimethyl-5-acetylthiazole	3267	1055	2336	15.011	s1223											√				
842	13494-06-9	3,4-二甲基-1,2-环戊二酮 3,4-dimethyl-1,2-cyclopentadione	3268	420	2234	07.075	s0249				√											
843	13494-07-0	3,5-二甲基-1,2-环戊二酮 3,5-dimethyl-1,2-cyclopentadione	3269	421	2235	07.076	s0250															
844	38325-25-6	螺[2,4-二硫-1-甲基-8-氧杂双环[3.3.0]辛烷-3,3'-(1'-氧-2'-甲基)-环戊烷] spiro(2,4-dithia-1-methyl-8-oxabicyclo(3.3.0)octane-3,3'-(1'-oxa-2'-methyl)-cyclopentane)	3270	1296	2325	15.007	s1337															
845	5910-89-4	2,3-二甲基吡嗪 2,3-dimethylpyrazine	3271	765	11323	14.050	s0711	√	√	√	√	√	√	√	√		√	√	√	√	√	√
846	123-32-0	2,5-二甲基吡嗪 2,5-dimethylpyrazine	3272	766	2210	14.020	s0712	√	√	√	√	√	√	√	√		√	√	√	√	√	√

续附表 1-1

序号	CAS	化合物名称	FEMA	JECFA	CoE	EFSA	GB 2760	A	B	C	D	E	F	G	H	I	J	K	L	M	N	O
847	108-50-9	2,6-二甲基吡嗪 2,6-dimethylpyrazine	3273	767	2211	14.021	s0788	✓		✓	✓	✓	✓		✓			✓	✓	✓	✓	✓
848	3581-91-7	4,5-二甲基噻唑 4,5-dimethylthiazole	3274	1035	11606	15.017	s0785														✓	
849	3658-80-8	二甲基三硫醚 dimethyl trisulfide	3275	582	539	12.013	s0695	✓			✓	✓	✓		✓	✓	✓	✓		✓	✓	✓
850	6028-61-1	双丙基三硫醚 dipropyl trisulfide	3276	585	726	12.023	s0811		✓													
851	13246-52-1	乙基2,4-二氧己酸酯 ethyl 2,4-dioxohexanoate	3278	603	11903	09.514																✓
852	19788-49-9	乙基2-巯基丙酸酯 ethyl 2-mercaptopropionate	3279	552	11469	12.046	s0837															
853	239089-23-7	乙基甲氧基吡嗪 ethylmethoxy-pyrazine	3280				s1219															
854	68039-50-9	2-乙基-5-甲氧基吡嗪 2-ethyl-5-methoxypyrazine	3280	789							✓	✓	✓		✓			✓	✓	✓	✓	
855	25680-58-4	2-乙基-3-甲氧基吡嗪 2-ethyl-3-methoxypyrazine	3280			14.112															
856	67845-38-9	2-乙基-6-甲氧基吡嗪 2-ethyl-6-methoxypyrazine	3280	789																		
857	13925-00-3	2-乙基吡嗪 2-ethylpyrazine	3281	762	2213	14.022	s0766	✓		✓	✓					✓						✓
858	625-60-5	乙基硫代乙酸酯 ethyl thioacetate	3282	483	11665	12.018	s0758							✓				✓				
859	13678-60-9	呋喃-3-甲基丁酸酯 furfuryl 3-methylbutanoate	3283	743	10642	13.057	s0973															
860	1438-94-4	呋喃基吡咯 n-furfurylpyrrole	3284	1310	2317	13.134	s0735							✓		✓		✓				
861	543-49-7	2-庚醇 2-heptanol	3288	284	554	02.045	s0053			✓	✓	✓					✓	✓	✓			
862	62238-34-0	4-庚烯醛 4-heptenal	3289				s0137													✓	✓	
863	929-22-6	(E)-4-庚烯醛 (E)-4-heptenal	3289					✓														
864	6728-31-0	(Z)-4-庚烯醛 (Z)-4-heptenal	3289	320		05.085								✓	✓	✓	✓		✓	✓	✓	✓
865	589-38-8	3-己酮 3-hexanone	3290	281	11097	07.096	s1084			✓										✓	✓	

续附表 1-1

序号	CAS	化合物名称		FEMA	JECFA	CoE	EFSA	GB 2760	A	B	C	D	E	F	G	H	I	J	K	L	M	N	O
866	96-48-0	4-羟基丁酸内酯	4-hydroxybutanoic acid lactone	3291	219	615	10.006	s0630			√	√	√		√		√		√	√			
867	59191-78-5	3-(羟甲基)-2-辛酮	3-(hydroxymethyl)-2-octanone	3292	1839	11113	07.097	s1356															√
868	591-12-8	4-羟基-3-戊烯酸内酯	4-hydroxy-3-pentenoic acid lactone	3293	221	731	10.012	s0649				√											
869	710-04-3	5-羟基十一酸内酯	5-hydroxyundecanoic acid lactone	3294	234	688	10.011	s0635			√					√		√					√
870	38713-41-6	异丙烯基吡嗪	isopropenylpyrazine	3296	2125																		
871	40789-98-8	2-巯基-2-丁酮	3-mercapto-2-butanone	3298	558	11497	12.047	s0282			√	√							√				√
872	59021-02-2	2-巯甲基吡嗪	2-mercaptomethylpyrazine	3299	794	11502	14.053																
873	67633-97-0	3-巯基-2-戊酮	3-mercapto-2-pentanone	3300	560	2327	12.031	s1177	√		√	√				√							√
874	3149-28-8	甲氧基吡嗪	methoxypyrazine	3302	787	11347	14.054	s0829					√										
875	1878-18-8	2-甲基-1-丁硫醇	2-methyl-1-butanethiol	3303	515	11509	12.048	s0689													√		
876	2084-18-6	3-甲基-2-丁硫醇	3-methyl-2-butanethiol	3304	517	11510	12.049	s0799															
877	3008-43-3	1-甲基-2,3-环己二酮	1-methyl-2,3-cyclohexadione	3305	425	2311	07.080	s0252										√					
878	23747-48-0	5H-5-甲基-6,7-二氢环戊(b)吡嗪	5H-5-methyl-6,7-dihydrocyclopenta(b)pyrazine	3306	781	2314	14.037	s0828												√			
879	31704-80-0	3-(5-甲基-2-呋喃基)-丁醛	3-(5-methyl-2-furyl)-butanal	3307	1500	10355	13.058																
880	17619-36-2	甲基丙基三硫醚	methyl propyl trisulfide	3308	584	586	12.020	s0902							√	√	√						
881	109-08-0	2-甲基吡嗪	2-methylpyrazine	3309	761	2270	14.027	s0710	√	√	√	√	√		√	√	√		√	√	√		
882	2432-51-1	甲基硫丁酸酯	methyl thiobutyrate	3310	484	2328	12.032	s0761	√							√							√

续附表 1-1

序号	CAS	化合物名称	FEMA	JECFA	CoE	EFSA	GB 2760	A	B	C	D	E	F	G	H	I	J	K	L	M	N	O
883	13679-61-3	甲基2-吞酸盐 methyl 2-thiofuroate	3311	1083	11547	13.142	s0763															
884	505-79-3	3-甲硫基丙基异硫氰酸酯 3-methylthiopropyl isothiocyanate	3312	1564	2326	12.030	s0899						√					√				
885	1759-28-0	4-甲基-5-乙烯基噻唑 4-methyl-5-vinylthiazole	3313	1038	11633	15.018	s0730							√								
886	91-60-1	2-萘硫醇 2-naphthalenthiol	3314	531	2330	12.033																
887	628-99-9	2-壬醇 2-nonanol	3315	293	11803	02.087	s0865			√		√									√	
888	6032-29-7	2-戊醇 2-pentanol	3316	280	11696	02.088	s0007			√		√										
889	3777-69-3	2-戊基呋喃 2-pentylfuran	3317	1491	10966	13.059	s0278	√		√	√		√	√	√	√	√	√		√	√	
890	939-21-9	3-苯基-4-戊烯醛 3-phenyl-4-pentenal	3318	679	10378	05.103				√			√	√	√	√	√	√			√	
891	65505-25-1	四氢呋喃基肉桂酸酯 tetrahydrofurfuryl cinnamate	3320	1447	11821	13.060																
892	34413-35-9	5,6,7,8-四氢喹喔啉 5,6,7,8-tetrahydroquinoxaline	3321	952	721	14.015	s0737															
893	6911-51-9	2-噻吩基二硫醚 2-thienyl disulfide	3323	1053	2333	15.008	s1440															
894	3452-97-9	3,5,5-三甲基-1-己醇 3,5,5-trimethyl-1-hexanol	3324	268	702	02.055	s0573															
895	13623-11-5	2,4,5-三甲基噻唑 2,4,5-trimethylthiazole	3325	1036	11650	15.019	s0728								√				√			√
896	72797-17-2	2-乙酰基-3,5(和6)-二甲基吡嗪 2-acetyl-3,5 (and 6)-dimethylpyrazine	3327				s0831															
897	54300-09-3	2-乙酰基-3,6-二甲基吡嗪 2-acetyl-3,6-dimethylpyrazine	3327																			
898	54300-08-2	2-乙酰基-3,5-二甲基吡嗪 2-acetyl-3,5-dimethylpyrazine	3327		11294	14.055																
899	24295-03-2	2-乙酰基噻唑 2-acetylthiazole	3328	1041	11726	15.020	s0731	√	√		√	√	√	√	√	√	√		√	√	√	√

续附表 1-1

序号	CAS	化合物名称	FEMA	JECFA	CoE	EFSA	GB 2760	A	B	C	D	E	F	G	H	I	J	K	L	M	N	O
900	41820-22-8	烯丙基硫丙酸酯 allyl thiopropionate	3329	490	11436	12.101																
901	37526-88-8	苄基顺式-2-甲基-2-丁烯酸盐 benzyl cis-2-methyl-2-butenoate	3330	846	2184	09.494	s0497															
902	495-62-5	双莎烯 bisabolene	3331	1336	10979	01.016	s0669															
903	84642-61-5	丁酸-3-酮-2-基丁酸酯 butan-3-one-2-yl butanoate	3332	407	10525	09.264	s0948															
904	551-08-6	3-丁烯基邻苯二甲酸酐 3-butylidenephthalide	3333	1170	10083	10.024	s0640															
905	6066-49-5	3-丁基邻苯二甲酸酐 3-n-butylphthalide	3334	1169	10084	10.025	s0953															
906	40790-04-3	双(丁酸-3-酮-1-基)硫化物 di(butan-3-one-1-yl) sulfide	3335	502	11441	12.052																
907	18138-04-0	2,3-二乙基-5-甲基吡嗪 2,3-diethyl-5-methylpyrazine	3336	777	11303	14.056	s0722	√		√	√		√	√	√	√	√	√	√			
908	4437-22-3	呋喃基二甲基醚 difurfuryl ether	3337	1522	10930							√										
909	36267-71-7	5,7-二氢-2-甲基噻吩[3,4-d]嘧啶 5,7-dihydro-2-methylthieno(3,4-d)pyrimidine	3338	1566	720	14.014	s1221															
910	73019-14-4	3,7-二甲基-2,6-辛二烯酸 2-乙基丁酸酯 3,7-dimethylocta-2,6-dienyl 2-ethylbutanoate	3339	78	11667	09.515	s1355							√	√	√	√	√	√	√			√
911	15679-19-3	2-乙氧基噻唑 2-ethoxythiazole	3340	1056	11611	15.021	s1222															
912	2983-36-0	乙基2-乙基-3-苯基丙酸酯 ethyl 2-ethyl-3-phenylpropanoate	3341	1475	10587	09.802																
913	2396-83-0	乙基3-己烯酸酯 ethyl 3-hexenoate	3342	335		09.191	s0460			√	√											
914	13327-56-5	乙基3-甲硫基丙酸酯 ethyl 3-methylthiopropionate	3343	476	11476	12.053	s0704													√		

续附表 1-1

序号	CAS	化合物名称	FEMA	JECFA	CoE	EFSA	GB 2760	A	B	C	D	E	F	G	H	I	J	K	L	M	N	O
915	34495-71-1	乙基顺式-4-辛烯酸酯 ethyl cis-4-octenoate	3344	338	10619	09.265	s0474															√
916	4500-58-7	2-乙基硫酚 2-ethylthiophenol	3345	529	11666	12.054	s1316														√	
917	623-19-8	呋喃丙酸酯 furfuryl propionate	3346	740	10646	13.062	s1038				√								√			
918	59020-85-8	呋喃基硫代丙酸酯 furfuryl thiopropionate	3347	1075	11484	13.063	s1192															√
919	111-14-8	庚酸 heptanoic acid	3348	96	28	08.028	s0308	√			√	√			√	√	√	√	√			
920	1192738-48-9	4-庚烯醛二乙基缩醛 4-heptenal diethyl acetal	3349		10011	06.037																
921	18492-65-4	(Z)-4-庚烯醛二乙基缩醛 (Z)-4-heptenal diethyl acetal	3349	949																		
922	40923-64-6	3-庚基二氢-5-甲基-2(3H)-呋喃酮 3-heptyldihydro-5-methyl-2(3H)-furanone	3350	244	10953	10.026				√												
923	623-37-0	3-己醇 3-hexanol	3351	282	11775	02.089	s0050								√			√				
924	2497-21-4	4-己烯-3-酮 4-hexene-3-one	3352	1125	718	07.048	s0213															
925	33467-73-1	顺式-3-己烯基甲酸酯 cis-3-hexenyl formate	3353	123, 1272	2153	09.240	s0515															
926	19089-92-0	正己基 2-丁酸酯 n-hexyl 2-butenoate	3354	1807		09.266	s0380															
927	499-54-7	6-羟基-3,7-二甲基辛酸内酯 6-hydroxy-3,7-dimethyloctanoic acid lactone	3355	237	11833	10.027																
928	3301-94-8	9-羟基壬酸δ-丙酯 hydroxynonanoic acid, delta-lactone	3356	230	2194	10.014	s0633	√		√		√			√		√					
929	34619-12-0	2-酮-4-丁硫醇 2-keto-4-butanethiol	3357	559	11498	12.055	s1378							√					√			
930	25773-40-4	2-甲氧基-3-异丙基吡嗪 2-methoxy-3-isopropylpyrazine	3358			14.057	s1217	√		√		√		√	√	√	√	√	√	√	√	√
931	56891-99-7	2-甲氧基-5-异丙基吡嗪 2-methoxy-5-isopropylpyrazine	3358																			

续附表 1-1

序号	CAS	化合物名称	FEMA	JECFA	CoE	EFSA	GB 2760	A	B	C	D	E	F	G	H	I	J	K	L	M	N	O
932	68039-46-3	2-甲氧基-6-异丙基吡嗪 2-methoxy-6-isopropylpyrazine	3358																			
933	2445-78-5	2-甲基丁基 2-甲基丁酸酯 2-methylbutyl 2-methylbutyrate	3359	212	10773	09.516	s0423				√											
934	1193-18-6	3-甲基-2-环己烯-1-酮 3-methyl-2-cyclohexen-1-one	3360	1107	11134	07.098																
935	2270-60-2	甲基 3,7-二甲基-6-辛酸酯 methyl 3,7-dimethyl-6-octenoate	3361	354	10781	09.517	s0547															
936	57500-00-2	甲基呋喃基二硫醚 methyl furfuryl disulfide	3362	1078	11513	13.064	s0748				√											
937	1604-28-0	6-甲基-3,5-庚二烯-2-酮 6-methyl-3,5-heptadien-2-one	3363	1134	11143	07.099	s0257								√						√	√
938	2396-78-3	甲基 3-己烯酸酯 methyl 3-hexenoate	3364	334	10801	09.267	s0543															
939	3240-09-3	5-甲基-5-己烯-2-酮 5-methyl-5-hexen-2-one	3365	1119	11150	07.100																
940	13678-59-6	2-甲基-5-(甲硫基)呋喃 2-methyl-5-(methylthio)furan	3366	1062	11550	13.065	s0755				√											
941	21063-71-8	甲基顺式-4-辛烯酸酯 methyl cis-4-octenoate	3367	337	10834	09.268																
942	141-79-7	4-甲基-3-戊烯-2-酮 4-methyl-3-penten-2-one	3368	1131	11853	07.101	s0869								√			√				
943	589-59-3	2-甲基丙基 3-甲基丁酸酯 2-methylpropyl 3-methylbutyrate	3369	203	568	09.472	s0537															
944	6304-24-1	2-(2-甲基丙基)吡啶 2-(2-methylpropyl)pyridine	3370	1311	11395	14.058	s0834													√		
945	14159-61-6	3-(2-甲基丙基)吡啶 3-(2-methylpropyl)pyridine	3371	1312	11396	14.059	s1227															
946	18277-27-5	2-(1-甲基丙基)噻唑 2-(1-methylpropyl)thiazole	3372	1033	11598	15.022													√			
947	3188-00-9	2-甲基四氢呋喃-3-酮 2-methyltetrahydrofuran-3-one	3373	1448	2338	13.042	s0275				√											

附录1 风味产业意义显著的香气成分信息

续附表 1-1

序号	CAS	化合物名称	FEMA	JECFA	CoE	EFSA	GB 2760	A	B	C	D	E	F	G	H	I	J	K	L	M	N	O
948	16630-52-7	3-(甲硫基)丁醛 3-(methylthio)butanal	3374	467	11687	12.056	s0272	✓														
949	34047-39-7	4-(甲硫基)-2-丁酮 4-(methylthio)-2-butanone	3375	497	11688	12.057	s0989													✓		
950	23550-40-5	4-(甲硫基)-4-甲基-2-戊酮 4-(methylthio)-4-methyl-2-pentanone	3376	500	11551	12.058	s1176															
951	557-48-2	壬-2-反-6-顺-二烯醛 nona-2-trans-6-cis-dienal	3377	1186	659	05.058	s0150	✓			✓	✓		✓	✓	✓		✓	✓	✓	✓	✓
952	67674-36-6	2,6-壬二烯醛二乙基缩醛 2,6-nonadienal diethyl acetal	3378	946	660	06.025	s1167											✓				
953	31502-14-4	反-2-壬烯-1-醇 trans-2-nonen-1-ol	3379	1365	10292	02.090	s0020				✓	✓		✓	✓	✓		✓	✓		✓	✓
954	60-33-3	9,12-十八碳二烯酸（48%）和9,12,15-十八碳三烯酸（52%） 9,12-octadecadienoic acid (48%) and 9,12,15-octadecatrienoic acid (52%)	3380	332	694	08.041	s0880			✓												
955	5436-21-5	3-氧丁醛二甲缩醛 3-oxobutanal dimethyl acetal	3381	593	10029	06.038															
956	1629-58-9	1-戊烯-3-酮 1-penten-3-one	3382	1147	11179	07.102	s0209	✓			✓		✓	✓	✓	✓		✓				
957	2294-76-0	2-戊基吡啶 2-pentylpyridine	3383	1313	11412	14.060	s0540	✓				✓									✓	✓
958	68345-22-2	苯乙醛二异丁基缩醛 phenylacetaldehyde diisobutyl acetal	3384	1006	595	06.024	s1351															
959	2307-10-0	丙基硫代乙酸酯 propyl thioacetate	3385	485	11576	12.059	s0759			✓												
960	109-97-7	吡咯 pyrrole	3386	1314		14.041	s1156															
961	55066-56-3	对甲苯基3-甲基丁酸酯 p-tolyl 3-methylbutyrate	3387	702	10545	09.518	s1225								✓		✓					
962	593-08-8	2-十三酮 2-tridecanone	3388	298	11194	07.103	s0222				✓				✓							

续附表 1-1

序号	CAS	化合物名称	FEMA	JECFA	CoE	EFSA	GB 2760	A	B	C	D	E	F	G	H	I	J	K	L	M	N	O
963	116-26-7	2,6,6-三甲基环己-1,3-二烯基甲醇 2,6,6-trimethylcyclohexa-1,3-dienyl methanal	3389	977	10383	05.104	s0183	√								√	√					
964	13851-11-1	1,3,3-三甲基-2-降冰烷基醋酸酯 1,3,3-trimethyl-2-norbornanyl acetate	3390	1399	11769	09.269	s0521					√										
965	10599-70-9	3-乙酰基-2,5-二甲基呋喃 3-acetyl-2,5-dimethylfuran	3391	1506	10921	05.105	s1215															
966	25409-08-9	2-丁基-2-丁烯醛 2-butyl-2-butenal	3392	1214	10324	09.519	s0422			√												
967	15706-73-7	n-丁基 2-甲基丁酸酯 n-butyl 2-methylbutyrate	3393	207	10534	14.061	s0777					√										
968	536-78-7	3-乙基吡啶 3-ethylpyridine	3394	1315	11386	05.106	s0664					√										
969	564-94-3	2-甲醛-6,6-二甲基双环[3.1.1]庚-2-烯 2-formyl-6,6-dimethylbicyclo(3.1.1)hept-2-ene	3395	980	10379	13.067	s1349															
970	39252-03-4	α-呋喃基辛酸酯 alpha-furfuryl octanoate	3396	742	10645	13.068	s1039		√													
971	36701-01-6	α-呋喃基戊酸酯 alpha-furfuryl pentanoate	3397	741	10647	07.104			√													
972	4643-25-8	2-庚烯-4-酮 2-hepten-4-one	3399	1126	11093	07.105	s0217															
973	1119-44-4	3-庚烯-2-酮 3-hepten-2-one	3400	1127	11094	13.069																
974	3777-71-7	2-庚基呋喃 2-heptylfuran	3401	1492	10952															√		
975	16491-36-4	顺式-3-己烯基丁酸酯 cis-3-hexenyl butyrate	3402	157	11859	09.270	s0431		√						√	√						
976	31501-11-8	顺式-3-己烯基己酸酯 cis-3-hexenyl hexanoate	3403	165	11779	09.271	s0467		√						√	√						
977	72928-52-0	2-羟甲基-6,6-二甲基双环[3.1.1]庚-2-烯基甲酸酯 2-hydroxymethyl-6,6-dimethylbicyclo(3.1.1)hept-2-enyl formate	3405	983	10858		s0151															

续附录 1-1

序号	CAS	化合物名称	FEMA	JECFA	CoE	EFSA	GB 2760	A	B	C	D	E	F	G	H	I	J	K	L	M	N	O
978	35158-25-9	2-异丙基-5-甲基-2-己烯醛 2-isopropyl-5-methyl-2-hexenal	3406	1215	10361	05.107	s0134															
979	1115-11-3; 497-03-0	2-甲基-2-丁烯醛 2-methyl-2-butenal	3407	1201	2281		s0121															
980	24851-98-7	甲基二氢茉莉酸酯 methyl dihydrojasmonate	3408	1898	10785	09.520	s0511															
981	5166-53-0	5-甲基-3-己烯-2-酮 5-methyl-3-hexen-2-one	3409	1132	11149	07.106	s0214									√						
982	1211-29-6	甲基茉莉酸酯 methyl jasmonate	3410	1400			s0565															
983	112-63-0	甲基亚油酸酯 methyl linoleate	3411				s0564															
984	301-00-8	甲基亚麻酸甲酯 methyl linolenate	3412	474	11526	12.060				√		√										
985	53053-51-3	甲基4-(甲硫基)丁酸酯 methyl 4-(methylthio) butyrate	3413	260	706	05.069	s0125															
986	123-15-9	2-甲基戊醛 2-methylpentanal	3414	468	11542	12.061																
987	42919-64-2	4-(甲硫基)丁醛 4-(methylthio) butanal	3415	461	11554	12.062							√									
988	505-10-2	3-(甲硫基)丙醇 3-(methylthio) propanol	3416	1128	11170	07.107	s0687	√	√	√	√					√						
989	1669-44-9	3-辛烯-2-酮 3-octen-2-one	3417	1124	666	07.044	s0260			√	√									√	√	
990	625-33-2	3-戊烯-2-酮 3-penten-2-one	3418	1512	11180	13.070	s0908															√
991	14360-50-0	戊基2-呋喃酮 pentyl 2-furyl ketone	3419	862	10890	09.803													√			
992	19224-26-1	丙二醇二苯甲酸酯 propylene glycol dibenzoate	3420	387	11197	07.108	s0231			√		√										
993	23696-85-7	1-(2,6,6-三甲基环己-1,3-二烯基)-2-丁烯-1-酮 1-(2,6,6-trimethylcyclohexa-1,3-dienyl)-2-buten-1-one																				

续附表 1-1

序号	CAS	化合物名称		FEMA	JECFA	CoE	EFSA	GB 2760	A	B	C	D	E	F	G	H	I	J	K	L	M	N	O
994	1125-21-9	2,6,6-三甲基环己-2-烯-1,4-二酮 2,6,6-trimethylcyclohex-2-ene-1,4-dione		3421	1857	11200	07.109	s0254								√	√						
995	13162-46-4	2,4-十一碳二烯醛 2,4-undecadienal		3422	1195	10385	05.108	s0157												√			
996	2463-77-6	2-十一烯醛 2-undecenal		3423	1366	11827	05.109	s0156	√		√												
997	350-03-8	3-乙酰基吡啶 3-acetylpyridine		3424	1316	2316	14.039	s0779								√	√						
998	542-46-1	环十七碳-9-烯-1-酮 cycloheptadeca-9-en-1-one		3425	1401			s0264															
999	534-15-6	1,1-二甲氧基乙烷 1,1-dimethoxyethane		3426	940	510	06.015	s0182				√											
1000	15764-16-6	2,4-二甲基苯甲醛 2,4-dimethylbenzaldehyde		3427	869		05.110																
1001	5405-41-4	乙基 3-羟基丁酸酯 ethyl 3-hydroxybutyrate		3428	594	10596	09.522	s0417		√	√		√			√					√		
1002	142-83-6	顺式,顺式-2,4-己二烯醛 cis,cis-2,4-hexadienal		3429	1175	640	05.057	s0135		√						√			√	√			√
1003	6126-50-7	4-己烯-1-醇 4-hexen-1-ol		3430	318	2295	02.074	s0012			√									√			
1004	589-66-2	异丁基 2-丁酸酯 isobutyl 2-butenoate		3432	1206	10706	09.273	s0602															
1005	24168-70-5	2-甲氧基-3-(1-甲基丙基)吡嗪 2-methoxy-3-(1-methylpropyl) pyrazine		3433	791	11300	14.062	s0717	√				√	√		√	√						√
1006	541-91-3	3-甲基-1-环戊烷基酮 3-methyl-1-cyclopentadecanone		3434	1402			s0263															
1007	2758-18-1	1-甲基-1-环戊烯-3-酮 1-methyl-1-cyclopenten-3-one		3435	1105	11137	07.112				√									√			
1008	1076-56-8	1-甲基-3-甲氧基-4-异丙基苯 1-methyl-3-methoxy-4-isopropylbenzene		3436	1246	11245	04.043	s0672								√				√	√		
1009	105-43-1	3-甲基戊酸 3-methylpentanoic acid		3437	262	10149	08.056	s0320		√			√								√		
1010	51755-66-9	3-(甲硫基)-1-己醇 3-(methylthio)-1-hexanol		3438	463	11548	12.063	s0690															

附录1 风味产业意义显著的香气成分信息

续附表 1-1

序号	CAS	化合物名称	FEMA	JECFA	CoE	EFSA	GB 2760	A	B	C	D	E	F	G	H	I	J	K	L	M	N	O
1011	515-00-4	莰醇 myrtenol	3439	981	10285	02.091	s0840			√												
1012	925-78-0	3-壬酮 3-nonanone	3440	294	11160	07.113	s1014	√	√												√	
1013	1193-11-9	2,2,4-三甲基-1,3-氧杂环戊烷 2,2,4-trimethyl-1,3-oxacyclopentane	3441	929	11423	06.098						√										
1014	762-29-8	2,6,10-三甲基-2,6,10-十五碳三烯-14-酮 2,6,10-trimethyl-2,6,10-pentadecatrien-14-one	3442	1123	11206	07.114	s1458															
1015	68773-84-2; 4630-07-3	瓦伦烯 valencene	3443	1337	11030		s0652															
1016	57069-86-0	脱水二氢香叶醇 dehydrodihydroionol	3446	397	10195	02.092	s1365															
1017	20483-36-7	脱水二氢香叶酮 dehydrodihydroionone	3447	396	11057	07.115																	
1018	2550-40-5	环己基二硫醚 dicyclohexyl disulfide	3448	575	2320	12.028	s1314															
1019	43219-68-7	1,4-二甲基-4-乙酰基-1-环己烯 1,4-dimethyl-4-acetyl-1-cyclohexene	3449	402			s0663															
1020	55704-78-4	2,5-二甲基-2,5-二氢噻吩-1,4-二硫醚 2,5-dimethyl-2,5-dihydroxy-1,4-dithiane	3450	562	2322	15.006	s1220															
1021	55764-23-3	2,5-二甲基-3-呋喃硫醇 2,5-dimethyl-3-furanthiol	3451	1063	11457	13.071	s1310															
1022	6624-71-1	十二碳异丁酸酯 dodecyl isobutyrate	3452	193	10563	09.523	s0618															
1023	42348-12-9	3-乙基-2-羟基-4-甲基环戊-2-烯-1-酮 3-ethyl-2-hydroxy-4-methylcyclopent-2-en-1-one	3453	422	11077	07.117	s0289															
1024	53263-58-4	5-乙基-2-羟基-3-甲基环戊-2-烯-1-酮 5-ethyl-2-hydroxy-3-methylcyclopent-2-en-1-one	3454	423	11078	07.118																	

续附表 1-1

序号	CAS	化合物名称	FEMA	JECFA	CoE	EFSA	GB 2760	A	B	C	D	E	F	G	H	I	J	K	L	M	N	O
1025	39711-79-0	n-乙基-2-异丙基-5-甲基环己烷甲酰胺 n-ethyl-2-isopropyl-5-methylcyclohexane carboxamide	3455	1601	2298	16.013	s1295															
1026	1617-23-8	乙基 2-甲基-3-戊烯酸酯 ethyl 2-methyl-3-pentenoate	3456	350	10612	09.524	s1212															
1027	5421-17-0	己基苯乙酸酯 hexyl phenylacetate	3457	1015	10694	09.804	s0557															
1028	10316-66-2	2-羟基-2-环己烯-1-酮 2-hydroxy-2-cyclohexen-1-one	3458	424	11046	07.119	s1357															
1029	4883-60-7	2-羟基-3,5,5-三甲基-2-环己烯酮 2-hydroxy-3,5,5-trimethyl-2-cyclohexenone	3459	426	11198	07.120	s0756															
1030	491-07-6	消旋薄荷脑 d,l-isomenthone	3460	430	2259	07.078	s0238															
1031	88-69-7	2-异丙基苯酚 2-isopropylphenol	3461	697	11234	04.044	s0107															
1032	65416-14-0	麦芽基异丁酸酯 maltyl isobutyrate	3462	1482	10739	09.525	s1198															
1033	646-07-1	4-甲基戊酸 4-methylpentanoic acid	3463	264	10150	08.057	s0348				√	√										
1034	37674-63-8	2-甲基-3-戊烯酸 2-methyl-3-pentenoic acid	3464	347	10147	08.058	s0876									√						
1035	35854-86-5	顺式-6-壬烯-1-醇 cis-6-nonen-1-ol	3465	324	10294	02.093	s0019			√												
1036	56767-18-1	2-反-6-反-辛二烯醛 2-trans-6-trans-octadienal	3466	1182	10371	05.111	s0144								√	√						
1037	20125-84-2	顺式-3-辛烯-1-醇 cis-3-octen-1-ol	3467	321	10296	02.094	s0055															
1038	50626-02-3	2-苯基-3-羧乙基呋喃 2-phenyl-3-carbethoxy furan	3468	752	2309	13.038					√											
1039	93-55-0	丙酰苯丙酮 propiophenone	3469	824	599	07.040																
1040	3738-00-9	1,5,5,9-四甲基-13-氧杂三环[8.3.0.0(4,9)]十三烷 1,5,5,9-tetramethyl-13-oxatricyclo(8.3.0.0(4,9))tridecane	3471	1240	10514	13.072	s0280															

续附表 1-1

序号	CAS	化合物名称	FEMA	JECFA	CoE	EFSA	GB 2760	A	B	C	D	E	F	G	H	I	J	K	L	M	N	O
1041	39067-80-6	硫基香叶醇 thiogeraniol	3472	524	11583	12.064	s1159															
1042	2408-37-9	2,2,6-三甲基环己酮 2,2,6-trimethylcyclohexanone	3473	1108	686	07.045	s0253															
1043	472-66-2	2,6,6-三甲基-1-环己烯-1-乙醛 2,6,6-trimethyl-1-cyclohexen-1-acetaldehyde	3474	978	10338	05.112	s1174															
1044	828-26-2	1,1,3-三硫代丙酮 trithioacetone	3475	543	2334	15.009	s0787															
1045	28588-73-0	双(2,5-二甲基-3-呋喃基)二硫醚 bis(2,5-dimethyl-3-furyl) disulfide	3476	1067	722	13.015	s1312															
1046	4532-64-3	2,3-丁二硫醇 2,3-butanedithiol	3477	539	725	12.022	s1240															
1047	109-79-5	1-丁硫醇 1-butanethiol	3478	511	526	12.010	s0688															
1048	95-48-7	邻甲酚 o-cresol	3480	691	618	04.027	s0095					√										√
1049	55764-31-3	S-(2,5-二甲基-3-呋喃基)硫代-2-呋喃甲酸 S-(2,5-dimethyl-3-furyl) thio-2-furoate	3481	1071																			
1050	55764-28-8	2,5-二甲基-3-硫代异戊酰基呋喃 2,5-dimethyl-3-thioisovaleryIfuran	3482	1070	2324	13.041												√	√			
1051	59902-01-1	2,8-二噻吩-4-烯-4-羧醛 2,8-dithianon-4-en-4-carboxaldehyde	3483	471	11904	12.065	s1101															√
1052	540-63-6	1,2-乙二硫醇 1,2-ethanedithiol	3484	532	11467	12.066	s0887															
1053	20920-83-6	邻乙氧甲基苯酚 o-(ethoxymethyl) phenol	3485	714	11905	04.045																
1054	623-70-1	乙烯基乙酸乙酯 ethyl trans-2-butenoate	3486		2244	09.248	s0526		√													
1055	10544-63-5	乙基 2-丁烯酸酯 ethyl 2-butenoate	3486						√		√											

续附表 1-1

序号	CAS	化合物名称		FEMA	JECFA	CoE	EFSA	GB 2760	A	B	C	D	E	F	G	H	I	J	K	L	M	N	O
1056	4940-11-8	乙基麦芽酚	ethyl maltol	3487	1481	692	07.047	s1162	√												√		
1057	39255-32-8	乙基 2-甲基戊酸酯	ethyl 2-methylpentanoate	3488	214	10616	09.526	s0988				√										√	
1058	53399-81-8	乙基 2-甲基-4-戊烯酸酯	ethyl 2-methyl-4-pentenoate	3489	351	10613	09.527	s1199															
1059	111-61-5	乙基硬脂酸酯	ethyl octadecanoate	3490	40	745	09.210	s0608			√	√											
1060	18368-91-7	2-乙基-1,3,3-三甲基-2-降冰烷醇 2-ethyl-1,3,3-trimethyl-2-norbornanol		3491	440	10208	02.095	s1366														√	
1061	627-90-7	乙基十一酸酯	ethyl undecanoate	3492	36	10633	09.274	s0550				√											
1062	1576-77-8	反式-3-庚烯基醋酸酯	trans-3-heptenyl acetate	3493	135	10662	09.275																
1063	67801-45-0	反式-3-庚烯基异丁酸酯 trans-3-heptenyl 2-methylpropanoate		3494	191																		
1064	1191-43-1	1,6-己二硫醇	1,6-hexanedithiol	3495	540	11486	12.067	s0691															
1065	4634-89-3	顺式-4-己烯醛	cis-4-hexenal	3496	319	10337	05.113	s0185															
1066	10094-41-4	3-己烯基丁酸酯	3-hexenyl 2-methylbutanoate	3497	211	2345	09.506	s0432															
1067	10032-11-8	3-己烯基异丁酸酯	3-hexenyl 3-methylbutanoate	3498	202	2344	09.505	s0453															
1068	10032-15-2	己基丁酸酯 hexyl 2-methylbutanoate		3499	208	4132	09.507	s0430		√													
1069	10032-13-0	己基异戊酸酯	hexyl isovalerate	3500	199	10692	09.529	s0603		√													
1070	7143-69-3	芳樟基苯乙酸酯	linalyl phenylacetate	3501	1019	655	09.772	s1287															
1071	37887-04-0	2-巯基-3-丁醇	2-mercapto-3-butanol	3502	546	760	12.024	s1158															
1072	23832-18-0	2-巯基莰烷	2-mercaptopinane	3503	520			s1160															
1073	6588-78-9	10-巯基莰烷	10-mercaptopinane	3503																				

续附表 1-1

序号	CAS	化合物名称		FEMA	JECFA	CoE	EFSA	GB 2760	A	B	C	D	E	F	G	H	I	J	K	L	M	N	O
1074	72361-41-2	3-巯基莰烷	3-mercaptopinane	3503																			
1075	699-10-5	甲基苯基二硫醚	methyl benzyl disulfide	3504	577	11508	12.068	s0747															
1076	27625-35-0	3-甲基丁基酯 3-methylbutyl 2-methylbutanoate		3505	51	10721	09.530	s0427															
1077	2445-77-4	2-甲基丁基酯 2-methylbutyl 3-methylbutanoate		3506	204	10772	09.531	s0538															
1078	2050-01-3	3-甲基丁基异丁酸酯 3-methylbutyl 2-methylpropanoate		3507	49	294	09.419	s0428			✓		✓										
1079	21188-58-9	甲基 3-羟基己酸酯 methyl 3-hydroxyhexanoate		3508	600	10812	09.532	s0605			✓												
1080	54957-02-7	α-甲基-β-羟基丙基 alpha-methyl-beta-hydroxypropyl α-甲基-β-巯基丙基硫醚 alpha-methyl-beta-mercaptopropyl sulfide		3509	547	2353	12.036	s1161															
1081	5362-56-1	4-甲基-2-戊烯醛 4-methyl-2-pentenal		3510	1208	10364	05.114	s0915															
1082	1575-74-2	2-甲基-4-戊烯酸 2-methyl-4-pentenoic acid		3511	355	10148	08.059	s1184															
1083	13679-85-1	2-甲基四氢噻吩-3-酮 2-methyltetrahydrothiophen-3-one		3512	499	11601	15.023	s0754						✓		✓				✓			✓
1084	3489-28-9	1,9-壬二硫醇 1,9-nonanedithiol		3513	542	11558	12.069																
1085	1191-62-4	1,8-辛二硫醇 1,8-octanedithiol		3514	541	2331	12.034	s1336															
1086	4312-99-6	1-辛烯-3-酮 1-octen-3-one		3515	1148	2312	07.081	s0219	✓	✓	✓	✓	✓	✓	✓	✓	✓	✓	✓				✓
1087	3913-80-2	反式-2-辛烯-1-基醋酸酯 trans-2-octen-1-yl acetate		3516		11906	09.276	s0958			✓			✓	✓	✓		✓	✓	✓	✓		
1088	2371-13-3	2-辛烯-1-基醋酸酯 2-octen-1-yl acetate		3516																			
1089	84642-60-4	反式-2-辛烯-1-基丁酸酯 trans-2-octen-1-yl butanoate		3517	1368	11907	09.277	s1350	✓		✓			✓	✓	✓	✓	✓	✓		✓		✓

续附表 1-1

序号	CAS	化合物名称	FEMA	JECFA	CoE	EFSA	GB 2760	A	B	C	D	E	F	G	H	I	J	K	L	M	N	O
1090	39251-88-2	辛基呋喃甲酯 octyl 2-furoate	3518	750	10864	13.073																
1091	24401-36-3	2-苯基-4-戊烯醛 2-phenyl-4-pentenal	3519	1476	10377	05.115																
1092	814-67-5	1,2-丙二醇 1,2-propanedithiol	3520	536	11564	12.070																
1093	107-03-9	丙硫醇 propanethiol	3521	509	11816	12.071	s0801	√	√													
1094	644-35-9	对丙基苯酚 o-propylphenol	3522	695	11908	04.046	s1243													√		√
1095	123-75-1	吡咯烷 pyrrolidine	3523	1609	10491	14.064	s0833														√	
1096	5435-64-3	3,5,5-三甲基己醛 3,5,5-trimethylhexanal	3524	269	10384	05.116	s1250															
1097	22694-96-8	2,4,5-三甲基-δ-3-氧氮杂环己烷 2,4,5-trimethyl-delta-3-oxazoline	3525	1559	2319	13.039	s0738															
1098	4906-24-5	2-乙酰氧-3-丁酮 2-acetoxy-3-butanone	3526	406	608	09.186					√											
1099	16128-68-0	1,2-丁二醇 1,2-butanedithiol	3528	537	11909	12.072	s1311															
1100	24330-52-7	1,3-丁二醇 1,3-butanedithiol	3529	538	11910	12.073																
1101	108-39-4	间甲酚 m-cresol	3530	692	617	04.026	s0096	√		√	√	√			√		√	√	√		√	
1102	98-89-5	环己基羧酸 cyclohexanecarboxylic acid	3531	961	11911	08.060	s1301								√		√					
1103	10519-33-2	3-癸烯-2-酮 3-decen-2-one	3532	1130	11751	07.121	s0872								√		√					
1104	72869-75-1	二烯丙基多硫化物 diallyl polysulfides	3533	588	11912	12.074	s0815								√		√					
1105	67715-79-1	1,2-双[(1'-乙氧基)乙氧基]丙烷 1,2-di((1'-ethoxy)ethoxy)propane	3534	927		06.039	s1293								√		√					
1106	3782-00-1	2,3-二甲基苯并呋喃 2,3-dimethylbenzofuran	3535	1495	11913	13.074	s0842								√		√		√			
1107	624-92-0	二甲二硫醚 dimethyl disulfide	3536	564	2175	12.026	s0694	√	√	√	√	√	√	√	√	√	√	√	√	√	√	√

续附表 1-1

序号	CAS	化合物名称	FEMA	JECFA	CoE	EFSA	GB 2760	A	B	C	D	E	F	G	H	I	J	K	L	M	N	O
1108	108-83-8	2,6-二甲基-4-庚酮 2,6-dimethyl-4-heptanone	3537	302	11914	07.122	s1132	√														
1109	61295-51-0	2,6-二甲基-3-((2-甲基-3-呋喃基)硫代)-4-庚酮 2,6-dimethyl-3-((2-methyl-3-furyl)thio)-4-heptanone	3538	1086	11915	13.075																
1110	13877-91-3	3,7-二甲基-1,3,6-辛三烯 3,7-dimethyl-1,3,6-octatriene	3539	1338	11015	01.018	s0656			√					√							
1111	108-48-5	2,6-二甲基吡啶 2,6-dimethylpyridine	3540	1317	11381	14.065	s0724													√		
1112	23654-92-4	3,5-二甲基-1,2,4-三硫杂环己烷 3,5-dimethyl-1,2,4-trithiolane	3541	573	11883	15.025	s0709								√							
1113	689-67-8	6,10-二甲基-5,9-十一碳二烯-2-酮 6,10-dimethyl-5,9-undecadien-2-one	3542				s0261															
1114	3796-70-1	(E)-6,10-二甲基-5,9-十一碳二烯-2-酮 (E)-6,10-dimethyl-5,9-undecadien-2-one	3543		11088	07.123		√	√			√			√						√	√
1115	105-95-3	乙烯基香叶酸乙酯 ethylene brassylate	3543	626	10571	09.533	s1281															
1116	3289-28-9	环己基乙酸乙酯 ethyl cyclohexanecarboxylate	3544	963	11916	09.534						√					√					
1117	2305-25-1	乙基3-羟基己酸酯 ethyl 3-hydroxyhexanoate	3545	601	11764	09.535	s0461			√												
1118	104-90-5	5-乙基-2-甲基吡啶 5-ethyl-2-methylpyridine	3546	1318	11385	14.066	s0776												√			
1119	589-82-2	3-庚醇 3-heptanol	3547	286	544	02.044	s0997															
1120	118-93-4	2-羟基苯乙酮 2-hydroxyacetophenone	3548	727	11784	07.124	s0266														√	
1121	57967-68-7	6-羟基二氢苯螺酮 6-hydroxydihydrotheaspirane	3549		11917		s0671															
1122	65620-50-0	3-羟基-2-戊酮 3-hydroxy-2-pentanone	3549	1648		13.076																

续附表 1-1

序号	CAS	化合物名称		FEMA	JECFA	CoE	EFSA	GB 2760	A	B	C	D	E	F	G	H	I	J	K	L	M	N	O
1123	3142-66-3	异戊基乙酰丙酮	isoamyl acetoacetate	3550	409	11115	07.125						$\checkmark$										
1124	2308-18-1	异茉莉酮	isojasmone	3551	598	227	09.401																
1125	11050-62-7	异佛尔酮	isophorone	3552	1115	167	07.033	s1040															$\checkmark$
1126	78-59-1	5-异丙基-2-甲基吡嗪	5-isopropyl-2-methylpyrazine	3553	1112	11918	07.126	s0267				$\checkmark$				$\checkmark$							
1127	13925-05-8	2-异丙基-4-甲基噻唑	2-isopropyl-4-methylthiazole	3554	772	2268	14.026	s0723				$\checkmark$											
1128	15679-13-7	异丙基肉豆蔻酸酯	isopropyl myristate	3555	1037		15.026	s0732															
1129	110-27-0	辛基呋喃甲酯	octyl 2-furoate	3556	311	386	09.105	s0551															
1130	2111-75-3	对薄荷-1,8-二烯-7-醛	p-mentha-1,8-dien-7-al	3557	973	11788		s0178			$\checkmark$					$\checkmark$							$\checkmark$
1131	99-86-5	对薄荷-1,3-二烯	p-mentha-1,3-diene	3558	1339	11023	01.019	s0680	$\checkmark$		$\checkmark$	$\checkmark$				$\checkmark$							
1132	99-85-4	对薄荷-1,4-二烯	p-mentha-1,4-diene	3559	1340	11025	01.020	s0670	$\checkmark$		$\checkmark$			$\checkmark$		$\checkmark$	$\checkmark$	$\checkmark$	$\checkmark$				
1133	491-09-8	对薄荷-1,4(8)-二烯-3-酮	p-mentha-1,4(8)-dien-3-one	3560	757	11189		s0847								$\checkmark$							
1134	15111-96-3	对薄荷-1,8-二烯-7-基乙酸酯	p-mentha-1,8-dien-7-yl acetate	3561	975	10742	09.278	s0910			$\checkmark$					$\checkmark$							
1135	499-69-4	薄荷-2-醇	p-menthan-2-ol	3562	376	2228	02.071	s1364															
1136	586-82-3	薄荷-3-烯-1-醇	p-menth-3-en-1-ol	3563	373	10252	02.096	s0072				$\checkmark$											
1137	138-87-4	薄荷-8-烯-1-醇	p-menth-8-en-1-ol	3564	374	10254	02.097				$\checkmark$					$\checkmark$							
1138	5524-05-0	对-薄荷-8-烯-2-酮	p-menth-8-en-2-one	3565				s0281															
1139	5948-04-9	对-薄荷-8-烯-2-酮	p-menth-8-en-2-one	3565																	$\checkmark$		
1140	7764-50-3	对-薄荷-2-烯-2-酮	p-menth-2-en-2-one	3565	377	11703	07.128									$\checkmark$					$\checkmark$		

续附表 1-1

序号	CAS	化合物名称	FEMA	JECFA	CoE	EFSA	GB 2760	A	B	C	D	E	F	G	H	I	J	K	L	M	N	O
1141	28839-13-6	1-对-薄荷-9-基乙酸酯 1-p-menthen-9-yl acetate	3566	972	10748	09.615	s0957								√						
1142	17916-91-5	1-对-薄荷-9-基乙酸酯 1-p-menthen-9-yl acetate	3566																		
1143	1963-36-6	对-甲氧基肉桂醛 p-methoxycinnamaldehyde	3567	687	11919	05.118	s1067														
1144	4630-82-4	甲基环己烷羧酸酯 methyl cyclohexanecarboxylate	3568	962	11920	09.536	s0559														
1145	65504-94-1	2-甲基-3,5 或 6-乙氧基吡嗪 2-methyl-3,5 or 6-ethoxypyrazine	3569				s1251															
1146	32737-14-7	2-甲基-3,5 或 6-乙氧基吡嗪 2-methyl-3,5 or 6-ethoxypyrazine	3569			14.109																
1147	67845-34-5	2-甲基-3,5 或 6-乙氧基吡嗪 2-methyl-3,5 or 6-ethoxypyrazine	3569																			
1148	53163-97-6	2-甲基-3,5 或 6-乙氧基吡嗪 2-methyl-3,5 or 6-ethoxypyrazine	3569																			
1149	61295-41-8	3-((2-甲基-3-呋喃基)硫代)-4-庚酮 3-((2-methyl-3-furyl)thio)-4-heptanone	3570	1085	11922	13.077																
1150	61295-50-9	4-((2-甲基-3-呋喃基)硫代)-5-壬酮 4-((2-methyl-3-furyl)thio)-5-nonanone	3571	1087	11923	13.078																
1151	628-46-6	5-甲基己酸 5-methylhexanoic acid	3572	266	10142	08.061							√	√								
1152	65505-17-1	甲基 2-甲基-3-呋喃基二硫醚 methyl 2-methyl-3-furyl disulfide	3573	1064	11924	13.079	s0807	√									√		√		
1153	45019-28-1	4-甲基壬酸 4-methylnonanoic acid	3574	274	11925	08.062	s0347												√		√

续附表 1-1

序号	CAS	化合物名称	FEMA	JECFA	CoE	EFSA	GB 2760	A	B	C	D	E	F	G	H	I	J	K	L	M	N	O
1154	54947-74-9	4-甲基辛酸 4-methyloctanoic acid	3575	271	11926	08.063	s0332										√				
1155	5905-47-5	甲基1-丙烯基二硫醚 methyl 1-propenyl disulfide	3576	569		12.075	s0905												√		
1156	3720-16-9	3-甲基-5-丙基-2-环己烯-1-酮 3-methyl-5-propyl-2-cyclohexen-1-one	3577	1113		07.129	s1466														
1157	67715-80-4	2-甲基-4-丙基-1,3-噁硫烷 2-methyl-4-propyl-1,3-oxathiane	3578	464	11540	16.030	s0739														
1158	67715-81-5	1,4-壬二醇二醋酸酯 1,4-nonanediol diacetate	3579	609	11927	09.280															
1159	2277-19-2	顺式-6-壬烯醛 cis-6-nonenal	3580	325	661	05.059	s0148												√		
1160	589-98-0	3-辛醇 3-octanol	3581	291	11715	02.098	s0054	√	√										√		√
1161	2442-10-6	1-辛烯-3-基醋酸酯 1-octen-3-yl acetate	3582	1836	11716	09.281	s0378					√			√						
1162	4864-61-3	3-辛基醋酸酯 3-octyl acetate	3583	313	2347	09.254	s0377														
1163	616-25-1	1-戊烯-3-醇 1-penten-3-ol	3584	1150	11717	02.099	s0009	√			√	√			√	√					
1164	57568-60-2; 65545-81-5	2-苯基-3-(2-呋喃基)丙-2-烯醛 2-phenyl-3-(2-furyl) prop-2-enal	3586	1502	11928		s1249														
1165	5947-36-4	2(10)-蒎烯-3-醇 2(10)-pinen-3-ol	3587	1403	10303	02.100															
1166	109-80-8	1,3-丙二醇 1,3-propanedithiol	3588	535	11929	12.076	s0802														
1167	108-46-3	间苯二酚 resorcinol	3589	712	11250	04.047	s0110										√			√ √	
1168	2721-22-4	δ-十四内酯 delta-tetradecalactone	3590	238	2196	10.016	s0643														
1169	4501-58-0	(2,2,3-三甲基环戊-3-烯-1-基)乙醛 (2,2,3-trimethylcyclopent-3-en-1-yl) acetaldehyde	3592	967	10325	05.119	s0193														

续附表 1-1

序号	CAS	化合物名称	FEMA	JECFA	CoE	EFSA	GB 2760	A	B	C	D	E	F	G	H	I	J	K	L	M	N	O
1170	67715-82-6	1,2,3-三[(1'-乙氧基)乙氧基]丙烷 1,2,3-tris((1'-ethoxy)ethoxy)propane	3593	913	11930	06.040																
1171	473-67-6	香草醇 verbenol	3594	1404	10304	02.101																
1172	95-87-4	2,5-二甲酚 2,5-xylenol	3595	706	537	04.019	s0113	√											√	√		√
1173	95-65-8	3,4-二甲酚 3,4-xylenol	3596	708	11262	04.048	s0675									√					√		√
1174	766-92-7	苄基甲基硫醚 benzyl methyl sulfide	3597	460		12.077	s1041																
1175	2785-87-7	2-甲氧基-4-丙基苯酚 2-methoxy-4-propylphenol	3598	717		04.049	s0112			√		√									√		√
1176	80-59-1	2-甲基-顺式-2-丁烯酸 2-methyl-trans-2-butenoic acid	3599	1205	10168	08.064	s0350																
1177	20582-85-8	4-(甲硫基)丁醇 4-(methylthio)butanol	3600	462		12.078																	
1178	40878-72-6	2-(甲硫基)甲基-2-丁烯醛 2-(methylthio)methyl-2-butenal	3601	470	11549	12.079	s0816																
1179	76649-14-4	3-辛烯-2-醇 3-octen-2-ol	3602	1140		02.102																	
1180	4643-27-0	2-辛烯-4-酮 2-octen-4-one	3603	1129	2313	07.082	s0873			√													
1181	29811-50-5	辛基2-甲基丁酸酯 octyl 2-methylbutyrate	3604	209	10866	09.537	s0434				√	√											
1182	1565-81-7	3-癸醇 3-decanol	3605	295	10194	02.103																	
1183	61197-09-9	丙基2-甲基-3-呋喃基二硫醚 propyl 2-methyl-3-furyl disulfide	3607	1065		13.082	s1313																
1184	4798-44-1	1-己烯-3-醇 1-hexen-3-ol	3608	1151	10220	02.104	s0051													√			
1185	1193-79-9	2-乙酰基-5-甲基呋喃 2-acetyl-5-methylfuran	3609	1504	11038	13.083	s0246														√		√
1186	16429-21-3	ε-十二内酯 epsilon-dodecalactone	3610	242		10.028	s1308												√				

续附表 1-1

序号	CAS	化合物名称	FEMA	JECFA	CoE	EFSA	GB 2760	A	B	C	D	E	F	G	H	I	J	K	L	M	N	O
1187	43039-98-1	2-丙酰基噻唑 2-propionylthiazole	3611	1042		15.027	s0950															√
1188	16491-54-6	1-辛烯-3-基丁酸酯 1-octen-3-yl butyrate	3612	1837		09.282	s0435															
1189	5579-78-2	ε-癸内酯 epsilon-decalactone	3613	241		10.029																
1190	1073-26-3	2-丙酰基吡咯 2-propionylpyrrole	3614	1319	11942	14.068																
1191	288-47-1	噻唑 thiazole	3615	1032			s0903													√		
1192	108-98-5	苯硫酚 benzenethiol	3616	525	11585	12.080	s0892															
1193	150-60-7	苄基二硫醚 benzyl disulfide	3617	579		12.081	s1015															
1194	10521-91-2	5-苯基戊醇 5-phenylpentanol	3618	675	674	02.051	s1363															
1195	65894-82-8	2-(2-丁基)-4,5-二甲基-3-噻唑啉 2-(2-butyl)-4,5-dimethyl-3-thiazoline	3619	1059, 1509	15.029	s1324																
1196	76788-46-0	4,5-二甲基-2-乙基-3-噻唑啉 4,5-dimethyl-2-ethyl-3-thiazoline	3620	1058		15.030	s1323															
1197	65894-83-9	4,5-二甲基-2-异丁基-3-噻唑啉 4,5-dimethyl-2-isobutyl-3-thiazoline	3621	1045		15.032	s0519															
1198	57378-68-4	δ-1-(2,6,6-三甲基环己烯-1-基)-2-丁烯-1-酮 delta-1-(2,6,6-trimethyl-3-cyclohexen-1-yl)-2-buten-1-one	3622	386			s0987																
1199	27538-09-6	2-乙基-4-羟基-5-甲基-3(2h)-呋喃酮 2-ethyl-4-hydroxy-5-methyl-3(2h)-furanone	3623	1449		13.084	s0240				√	√											
1200	25312-34-9	α-紫罗兰酮 alpha-ionol	3624	391		02.105	s0043			√													

附录1 风味产业意义显著的香气成分信息

续附表 1-1

序号	CAS	化合物名称		FEMA	JECFA	CoE	EFSA	GB 2760	A	B	C	D	E	F	G	H	I	J	K	L	M	N	O
1201	22029-76-1	β-紫罗兰醇	beta-ionol	3625	392		02.106	s0044															
1202	17283-81-7	二氢β-紫罗兰酮	dihydro-beta-ionone	3626	394	11060	07.131	s0284	√	√						√							
1203	3293-47-8	二氢β-紫罗兰醇	dihydro-beta-ionol	3627	395	11059	02.107	s0045															
1204	31499-72-6	二氢α-紫罗兰酮	dihydro-alpha-ionone	3628	393	11281	07.132	s0845															
1205	103-05-9	2-甲基-4-苯基-2-丁醇	2-methyl-4-phenyl-2-butanol	3629	1477	10281	02.108	s1234															
1206	26563-74-6	4-甲基-2-戊基-1,3-二氧环戊烷	4-methyl-2-pentyl-1,3-dioxolan	3630				s1074															
1207	1599-49-1	4-甲基-2-戊基-1,3-二氧环戊烷	4-methyl-2-pentyl-1,3-dioxolan	3631	928		06.094																
1208	28217-92-7	环己基甲基吡嗪	cyclohexylmethyl pyrazine	3632	783		14.069																
1209	24817-51-4	苯乙基2-甲基丁酸酯	phenylethyl 2-methylbutyrate	3633	993	10883	09.538	s0439															
1210	42436-07-7	3-已烯基苯乙酸酯	3-hexenyl phenylacetate	3634	1016	10682	09.805	s1016															
1211	28664-35-9	4,5-二甲基-3-羟基-2,5-二氢呋喃-2-酮	4,5-dimethyl-3-hydroxy-2,5-dihydrofuran-2-one	3635	243	11834	10.030	s0241	√	√	√	√	√		√	√	√	√	√				
1212	19322-27-1	4-羟基-5-甲基-3(2H)-呋喃酮	4-hydroxy-5-methyl-3(2H)-furanone	3636	1450	11785	13.085	s0843			√	√								√		√	
1213	26486-14-6	2-甲基-3-硫代乙酰氧基-4,5-二氢呋喃	2-methyl-3-thioacetoxy-4,5-dihydrofuran		1089		13.086	s0890														√	
1214	21662-13-5	2-反-6-顺-十二碳二烯醛	2-trans-6-cis-dodecadienal	3637	1197		05.120	s0160								√							
1215	13552-96-0	2-反-4-顺-7-顺-十三碳三烯醛	2-trans-4-cis-7-cis-tridecatrienal	3638	1198	685	05.064	s1115								√				√		√	

续附表 1-1

序号	CAS	化合物名称	FEMA	JECFA	CoE	EFSA	GB 2760	A	B	C	D	E	F	G	H	I	J	K	L	M	N	O
1216	432-25-7	2,6,6-三甲基-1,2-环己烯-1-羧醛 2,6,6-trimethyl-1&2-cyclohexen-1-carboxaldehyde	3639	979	2133		s0715			√					√	√						
1217	1504-75-2	对甲基肉桂醛 p-methylcinnamaldehyde	3640	682	10352	05.122																
1218	7367-88-6	乙基顺式-2-癸烯酸酯 ethyl cis-2-decenoate	3641	1814	10577	09.283	s0981				√											
1219	76649-16-6	乙基顺式-4-癸烯酸酯 ethyl cis-4-decenoate	3642	341	10578	09.284	s1072															
1220	7367-82-0	乙基顺式-2-辛烯酸酯 ethyl cis-2-octenoate	3643	1812	10617	09.285	s0598			√		√										
1221	624-41-9	2-甲基丁基醋酸酯 2-methylbutyl acetate	3644	138	10762	09.286	s0516											√				√
1222	55253-28-6	顺式-5-异丙烯基-顺式-2-甲基环戊烷-1-羧醛 cis-5-isopropenyl-cis-2-methylcyclopentan-1-carboxaldehyde	3645	968		05.123																
1223	107-86-8	3-甲基-2-丁烯醛 3-methyl-2-butenal	3646	1202	10354	05.124	s1042			√		√										
1224	556-82-1	3-甲基-2-丁烯-1-醇 3-methyl-2-buten-1-ol	3647	1200	11795	02.109	s0956			√					√	√						
1225	84788-08-9	丙酸 2,4-癸二烯酯 propyl 2,4-decadienoate	3648	1194	10889	09.840	s1043															
1226	645-56-7	对丙基苯酚 p-propylphenol	3649	696		04.050	s1145															
1227	2052-14-4	丁基水杨酸酯 butyl salicylate	3650	901	614	09.763	s0450											√				
1228	72541-09-4	6-乙酰氧二氢茶螺酮 6-acetoxydihydrotheaspirane	3651				s0784															
1229	57893-27-3	6-乙酰氧二氢茶螺酮 6-acetoxydihydrotheaspirane	3651			13.087																
1230	3572-06-3	4-(乙酰氧苯基)-2-丁酮 4-(p-acetoxyphenyl)-2-butanone	3652	731		09.288																
1231	13171-00-1	4-乙酰基-6-叔丁基-1,1-二甲基吲哚 4-acetyl-6-t-butyl-1,1-dimethylindan	3653	812			s1272															

附录1 风味产业意义显著的香气成分信息

续附表1-1

序号	CAS	化合物名称	FEMA	JECFA	CoE	EFSA	GB 2760	A	B	C	D	E	F	G	H	I	J	K	L	M	N	O
1232	67860-38-2	4-乙酰基-2-甲基嘧啶 4-acetyl-2-methylpyrimidine	3654	1565		14.070																√
1233	6627-88-9	4-丙烯基-2,6-二甲氧基苯酚 4-allyl-2,6-dimethoxyphenol	3655	726	11214	04.051	s1045			√	√											
1234	36789-59-0	莰醇乙酸酯 campholene acetate	3657	969		09.289	s0581					√										
1235	470-67-7	1,4-桉叶油醇 1,4-cineole	3658	1233	11225	03.007	s0661															
1236	43052-87-5	α-1-(2,6,6-三甲基-2-环己烯-1-基)-2-丁烯-1-酮 alpha-1-(2,6,6-trimethyl-2-cyclohexen-1-yl)-2-buten-1-one	3659	385	11053		s0230					√										
1237	14436-32-9	9-癸烯酸 9-decenoic acid	3660	328	10090	08.065	s0334					√										
1238	1786-08-9	芳樟醇氧化物 nerol oxide	3661	1235		13.088	s0088					√			√							
1239	28631-86-9	二羟基苯乙酮 dihydroxyacetophenone	3662	729	11884	07.135																
1240	36806-46-9	2,6-二甲基-6-庚烯-1-醇 2,6-dimethyl-6-hepten-1-ol	3663	348		02.110																
1241	4077-47-8	2,5-二甲基-4-甲氧基-3(2H)-呋喃酮 2,5-dimethyl-4-methoxy-3(2H)-furanone	3664	1451		13.089	s0277	√		√	√											
1242	7416-35-5	2,2-二甲基-5-(1-甲基丙烯基)四氢呋喃 2,2-dimethyl-5-(1-methylpropen-1-yl)tetrahydrofuran	3665	1452	10937	13.090	s0954															
1243	118-72-9	2,6-二甲基噻吩酚 2,6-dimethylthiophenol	3666	530		12.082	s0752															
1244	101-84-8	二苯醚 diphenyl ether	3667	1255	2201	04.035	s0079															
1245	21662-16-8	顺式,顺式-2,4-十二碳二烯醛 cis,cis-2,4-dodecadienal	3670	1196	11758	05.125	s0188								√							

续附表 1-1

序号	CAS	化合物名称	FEMA	JECFA	CoE	EFSA	GB 2760	A	B	C	D	E	F	G	H	I	J	K	L	M	N	O
1246	14059-92-8	4-乙基-2,6-二甲氧基苯酚 4-ethyl-2,6-dimethoxyphenol	3671	723	11231	04.052																
1247	53833-30-0	2-乙基-4,5-二甲基氧化噁唑 2-ethyl-4,5-dimethyloxazole	3672	1555		13.091	s0835				√											
1248	3208-16-0	2-乙基呋喃 2-ethylfuran	3673	1489			s0244			√	√			√			√				√	√	
1249	94278-27-0	乙基 3-(呋喃基硫代)丙酸酯 ethyl 3-(furfurylthio) propionate	3674	1088		13.093	s1319			√												√	√
1250	27829-72-7	乙基顺式-2-己烯酸酯 ethyl trans-2-hexenoate	3675	1808	631	09.850	s0462			√													
1251	94133-92-3	1-乙基巴豆酸酯 ethyl-1-ethylhexyl tiglate	3676	448		09.539																	
1252	5466-06-8	乙基 3-巯基丙酸酯 ethyl 3-mercaptopropionate	3677	553		12.083	s0760																
1253	60523-21-9	乙基 2-甲基-3,4-戊二烯酸酯 ethyl 2-methyl-3,4-pentadienoate	3678	353		09.540																	
1254	5870-68-8	乙基 3-甲基戊酸酯 ethyl 3-methylpentanoate	3679	215		09.541						√											
1255	15679-12-6	2-乙基-4-甲基噻唑 2-ethyl-4-methylthiazole	3680	1044	11612	15.033	s0729									√							
1256	22014-48-8	乙基 4-(甲硫基)丁酸酯 ethyl 4-(methylthio) butyrate	3681	477		12.084																	
1257	69925-33-3	乙基顺式-4,7-辛二烯酸酯 ethyl cis-4,7-octadienoate	3682	339		09.290	s0475													√			
1258	3249-68-1	乙基 3-酮己酸酯 ethyl 3-oxohexanoate	3683	602		09.542																	
1259	613-70-7	香草基醋酸酯 guaiacyl acetate	3687	718	552	09.174																	
1260	25152-85-6	顺式-3-己烯基苯甲酸酯 cis-3-hexenyl benzoate	3688	858	11778	09.806	s0490								√	√							
1261	61444-38-0	顺式-3-己烯基顺式-3-己烯酸酯 cis-3-hexenyl cis-3-hexenoate	3689	336		09.291	s0604									√							

续附表 1-1

序号	CAS	化合物名称	FEMA	JECFA	CoE	EFSA	GB 2760	A	B	C	D	E	F	G	H	I	J	K	L	M	N	O
1262	61931-81-5	顺式-3-己烯基乳酸 cis-3-hexenyl lactate	3690	934	10681	09.545	s0524															
1263	6789-88-4	己基苯甲酸酯 hexyl benzoate	3691	854	645	09.768	s0488															
1264	33855-57-1	己基顺式-2-己烯酸酯 hexyl cis-2-hexenoate	3692	1810		09.292	s1044															
1265	58031-03-1	己基 2-甲基-4-戊烯酸酯 hexyl 2-methyl-4-pentenoate	3693																				
1266	58625-95-9	己基 2-甲基-3-戊烯酸酯 hexyl 2-methyl-3-pentenoate	3693	352		09.546																	
1267	622-62-8	氢醌单乙基醚 hydroquinone monoethyl ether	3695	720	2258	04.037																	
1268	27593-23-3	5-羟基-2,4-癸二烯酸 δ-内酯 5-hydroxy-2,4-decadienoic acid delta-lactone	3696	245	10967	10.031	s0644			✓					✓								
1269	698-27-1	2-羟基-4-甲基苯甲醛 2-hydroxy-4-methylbenzaldehyde	3697	898	2130	05.091	s0191															
1270	120-11-6	异丁香酚苄醚 isoeugenyl benzyl ether	3698	1268	522	04.018	s1244															
1271	66576-71-4	异丙基 2-甲基丁酸酯 isopropyl 2-methylbutyrate	3699	210		09.547	s0529															
1272	71159-90-5	1-p-薄烯-8-硫醇 1-p-menthene-8-thiol	3700	523		12.085	s0745			✓		✓										
1273	52789-73-8	甲基 1-乙酰氧基环己基酮 methyl 1-acetoxycyclohexyl ketone	3701	442																			
1274	30676-70-1	甲基苯甲基乙酸酯（混合邻、间、对位） methylbenzyl acetate (mixed o,m,p)	3702	863			s0579															
1275	2216-45-7	甲基苯甲基乙酸酯（混合邻、间、对位） methylbenzyl acetate (mixed o,m,p)	3702																				
1276	29759-11-3	甲基苯甲基乙酸酯（混合邻、间、对位） methylbenzyl acetate (mixed o,m,p)	3702	863																			

续附表 1-1

序号	CAS	化合物名称	FEMA	JECFA	CoE	EFSA	GB 2760	A	B	C	D	E	F	G	H	I	J	K	L	M	N	O
1277	598-75-4	3-甲基-2-丁醇 3-methyl-2-butanol	3703	300		02.111	s0975			√	√								√			
1278	6638-05-7	4-甲基-2,6-二甲氧基苯酚 4-methyl-2,6-dimethoxyphenol	3704	722		04.053	s1066															√
1279	5616-51-3	2-甲基-1,3-二噻烷 2-methyl-1,3-dithiolane	3705	534		15.034	s0783															
1280	40348-72-9	甲基 2-羟基-4-甲基戊酸酯 methyl 2-hydroxy-4-methylpentanoate	3706	590		09.548	s1046															
1281	2177-77-7	甲基 2-甲基戊酸酯 methyl 2-methylpentanoate	3707	213		09.549																
1282	42075-45-6	甲基 2-甲基硫代丁酸酯 methyl 2-methylthiobutyrate	3708	486		12.086	s0825															
1283	93-60-7	甲基烟酸酯 methyl nicotinate	3709	1320		14.071	s0570															
1284	13481-87-3	甲基 3-壬烯酸酯 methyl 3-nonenoate	3710	340		09.298	s0548															
1285	49567-57-0	2-甲基-2-辛烯醛 2-methyl-2-octenal	3711	1217																		
1286	73757-27-4	2-甲基-2-辛烯醛 2-methyl-2-octenal	3711																			
1287	7367-81-9	甲基顺式-2-辛烯酸酯 methyl cis-2-octenoate	3712	1811	11800	09.299	s1047															
1288	3682-42-6	甲基 2-酮-3-甲基戊酸酯 methyl 2-oxo-3-methylpentanoate	3713	591		09.550																
1289	689-89-4	甲基山道酸酯 methyl sorbate	3714	1177		09.300	s1150															
1290	34545-88-5	7-甲基-4,4a,5,6-四氢-2(3H)-萘酮 7-methyl-4,4a,5,6-tetrahydro-2(3H)-naphthalenone	3715	1405		07.136								√									
1291	693-95-8	4-甲基噻唑 4-methylthiazole	3716	1043	11627	15.035	s0725	√											√			
1292	65887-08-3	2-(甲硫基甲基)-3-苯基丙烯醛 2-(methylthiomethyl)-3-phenylpropenal	3717	505		12.087															√	

续附表 1-1

序号	CAS	化合物名称	FEMA	JECFA	CoE	EFSA	GB 2760	A	B	C	D	E	F	G	H	I	J	K	L	M	N	O
1293	43040-01-3	3-甲基-1,2,4-三噻烷 3-methyl-1,2,4-trithiane	3718	574		15.036	s0764															
1294	2173-57-1	β-萘基异丁基醚 beta-naphthyl isobutyl ether	3719	1259	11886	04.054	s1242															
1295	41453-56-9	顺式-2-壬烯-1-醇 cis-2-nonen-1-ol	3720	1369	10292	02.112	s0069															
1296	30361-28-5	反式,反式-2,4-辛二烯醛 trans,trans-2,4-octadienal	3721	1181	11805	05.127	s0143												✓		✓	
1297	64275-73-6	顺式-5-辛烯-1-醇 cis-5-octen-1-ol	3722	322		02.113	s0017								✓							
1298	600-18-0	2-酮丁酸 2-oxobutyric acid	3723	589		08.066	s0329															
1299	2345-28-0	2-十五酮 2-pentadecanone	3724	299	11808	07.137	s0262											✓			✓	
1300	63759-55-7	2-戊烯-1-丁烯-3-酮 2-pentyl-1-buten-3-one	3725	1149																			
1301	65504-93-0	1-苯基-3 或 5-丙基吡唑 1-phenyl-3 or 5-propylpyrazole	3727	1568	2277	14.029																	
1302	20675-95-0	4-丙烯基-2,6-二甲氧基苯酚 4-propenyl-2,6-dimethoxyphenol	3728	1265		04.055																	
1303	6766-82-1	4-丙基-2,6-二甲氧基苯酚 4-propyl-2,6-dimethoxyphenol	3729	724		04.056																	
1304	71298-42-5	1,2,5,6-四氢香豆酸 1,2,5,6-tetrahydrocuminic acid	3731	976		08.067																	
1305	59558-23-5	对甲苯基辛酸酯 p-tolyl octanoate	3733	703		09.301	s1442															
1306	617-01-6	邻甲苯基水杨酸酯 o-tolyl salicylate	3734	907		09.807																	
1307	7392-19-0	2,2,6-三甲基-6-乙烯基四氢吡喃 2,2,6-trimethyl-6-vinyltetrahydropyran	3735	1236	10976	13.094	s1048															
1308	498-00-0	香豆素醇 vanillyl alcohol	3737	886	690	02.213																	
1309	1080-12-2	香草基亚甲基丙酮 vanillylidene acetone	3738	732	691																		

续附表 1-1

序号	CAS	化合物名称	FEMA	JECFA	CoE	EFSA	GB 2760	A	B	C	D	E	F	G	H	I	J	K	L	M	N	O
1310	2628-17-3	对乙烯基苯酚 p-vinylphenol	3739	711	11257	04.057	s0114	√											√			√
1311	102-17-0	茴香脑基乙酸酯 anisyl phenylacetate	3740	876	233	09.706				√												
1312	1901-38-8	α-莰烯醇 alpha-campholenic alcohol	3741	970		02.114						√										
1313	72881-27-7	5-癸烯酸和 6-癸烯酸 5- and 6-decenoic acid	3742	327		08.068	s1302															
1314	41239-48-9	2,5-二乙基四氢呋喃 2,5-diethyltetrahydrofuran	3743	1453	11882	13.095	s1151				√											
1315	54814-64-1	5-羟基-2-癸烯酸 δ-内酯 5-hydroxy-2-decenoic acid delta-lactone	3744			10.037	s0638															
1316	51154-96-2	5-羟基-2-癸烯酸 δ-内酯 5-hydroxy-2-decenoic acid delta-lactone	3744	246																√			
1317	61248-45-1	5-羟基-2-癸烯酸 δ-内酯 5-hydroxy-2-decenoic acid delta-lactone	3744																				
1318	25524-95-2	5-羟基-7-癸烯酸 δ-内酯 5-hydroxy-7-decenoic acid delta-lactone	3745	247			s0645			√					√							
1319	60047-17-8	芳樟油氧化物 linalool oxide	3746							√	√	√		√	√	√						
1320	34995-77-2	芳樟油氧化物 linalool oxide	3746				s0030			√	√	√		√	√	√	√	√	√			
1321	5989-33-3	芳樟油氧化物 linalool oxide	3746							√	√	√			√		√					
1322	61597-98-6	l-薄荷基乳酸酯 l-menthyl lactate	3748	433			s0990															
1323	59259-38-0	l-薄荷基乳酸酯 l-menthyl lactate	3748	433		09.551																
1324	41547-22-2	顺式-5-辛醛 cis-5-octenal	3749	323		05.128	s0186															
1325	2110-18-1	2-(3-苯丙基)吡啶 2-(3-phenylpropyl) pyridine	3751	1321		14.072	s1322															

续附录1-1

序号	CAS	化合物名称	FEMA	JECFA	CoE	EFSA	GB 2760	A	B	C	D	E	F	G	H	I	J	K	L	M	N	O
1326	36438-54-7	邻甲苯基异丁酸酯 o-tolyl isobutyrate	3753	700	681	09.480	s1331															
1327	20665-85-4	香草醛异丁酸酯 vanillin isobutyrate	3754	891		09.811	s1305															
1328	75640-26-5	脱水薄荷呋喃醇内酯 dehydromenthofurolactone	3755				s1152								√							
1329	80417-97-6	脱水薄荷呋喃醇内酯 dehydromenthofurolactone	3755																			
1330	4748-78-1	4-乙基苯甲醛 4-ethylbenzaldehyde	3756	865	705	05.068	s0190													√	√	
1331	74367-97-8	乙基甲基对甲苯基乙酸酯 ethyl methyl-p-tolylglycidate	3757	1578	11707	16.040	s1379															
1332	68959-28-4	5-羟基-8-十一烯酸 δ-内酯 5-hydroxy-8-undecenoic acid delta-lactone	3758	248		10.035	s1380															
1333	13679-86-2	5-异丙烯基-2-甲基-2-乙烯基四氢呋喃 5-isopropenyl-2-methyl-2-vinyltetrahydrofuran	3759	1455	11944	13.097	s0972															
1334	103-13-9	1-(4-甲氧基苯基)-4-甲基-1-戊烯-3-酮 1-(4-methoxyphenyl)-4-methyl-1-penten-3-one	3760	829	719		s1430															
1335	81925-81-7	5-甲基-2-庚烯-4-酮 5-methyl-2-hepten-4-one	3761	1133		07.139	s0256					√										
1336	589-35-5	3-甲基-1-戊醇 3-methyl-1-pentanol	3762	263	10275	02.115	s0976															
1337	1128-08-1	3-甲基-2-(正基)-2-环戊烯-1-酮 3-methyl-2-(N-pentanyl)-2-cyclopenten-1-one	3763	1406		07.140	s0268															
1338	13341-72-5	薄荷内酯 mintlactone	3764	1162			s0641															
1339	1079-01-2	玫醇醋酸酯 myrtenyl acetate	3765	982	10887		s1153															
1340	17587-33-6	2-反-6-反-壬二烯醛 2-trans-6-trans-nonadienal	3766	1187		05.172	s0197		√		√				√						√	√
1341	36431-72-8	茶螺烷 theaspirane	3774	1238	10515	13.098	s0665		√		√				√	√						√

续附表 1-1

序号	CAS	化合物名称	FEMA	JECFA	CoE	EFSA	GB 2760	A	B	C	D	E	F	G	H	I	J	K	L	M	N	O
1342	28069-74-1	乙醛基顺式-3-己烯基缩醛 acetaldehyde ethyl cis-3-hexenyl acetal	3775	943	10034	06.081	s0196															
1343	20489-53-6	二氢香叶醇 dihydronootkatone	3776	1407		07.153	s0970															
1344	22094-00-4	1-乙氧基-3-甲基-2-丁烯 1-ethoxy-3-methyl-2-butene	3777	1232		03.019	s0971															
1345	33467-74-2	(Z)-3 和 (E)-2-己烯基丙酸酯 (Z)-3 & (E)-2-hexenyl propionate	3778	1274	10683	09.564	s0406			√												
1346	53398-80-4	(Z)-3 和 (E)-2-己烯基丙酸酯 (Z)-3 & (E)-2-hexenyl propionate	3778	1378	11830	09.395						√										
1347	18679-18-0	(Z)-4-羟基-6-十二烯酸内酯 (Z)-4-hydroxy-6-dodecenoic acid lactone	3780	249	625	10.009	s1003			√							√			√	√	
1348	101517-86-6	2 或 4-异丁基-(4 或 2),6-二甲基二氢-4H-1,3,5-噻嗪 2 or 4-isobutyl-(4 or 2),6-dimethyldihydro-4H-1,3,5-dithiazine	3781																			
1349	101517-87-7	2 或 4-异丁基-(4 或 2),6-二甲基二氢-4H-1,3,5-噻嗪 2 or 4-isobutyl-(4 or 2),6-dimethyldihydro-4H-1,3,5-dithiazine	3781	1046		15.079																
1350	104691-40-9	2 或 4-异丁基-(4 或 2),6-二甲基二氢-4H-1,3,5-噻嗪 2 or 4-isobutyl-(4 or 2),6-dimethyldihydro-4H-1,3,5-dithiazine	3782			15.057	s0951															

附录1 风味产业意义显著的香气成分信息

续附录1-1

序号	CAS	化合物名称	FEMA	JECFA	CoE	EFSA	GB 2760	A	B	C	D	E	F	G	H	I	J	K	L	M	N	O
1351	104691-41-0	2 或 4-异丁基-(4 或 2),6-二甲基二氢-4H-1,3,5-二噻嗪 2 or 4-isobutyl-(4 or 2),6-dimethyldihydro-4H-1,3,5-dithiazine	3782	1047																		
1352	207792-35-6	3-1-薄荷氧丙烷-1,2-二醇 3-1-menthoxypropane-1,2-diol	3784	1408			s1296															
1353	87061-04-9	3-1-薄荷氧丙烷-1,2-二醇 3-1-menthoxypropane-1,2-diol	3784	1408		02.224																
1354	94087-83-9	4-甲氧基-2-甲基-2-丁硫醇 4-methoxy-2-methyl-2-butanethiol	3785	548		12.145	s0804			✓						✓						
1355	7011-83-8	γ-甲基癸内酯 gamma-methyldecalactone	3786	250		10.051	s0650															
1356	57124-87-5	2-甲基-3-四氢呋喃硫醇 2-methyl-3-tetrahydrofuranthiol	3787	1090		13.160	s0800															
1357	74586-09-7	甲硫基 2-(乙酰氧基)丙酸酯 methylthio 2-(acetyloxy) propionate	3788	492		12.203	s1317															
1358	51755-85-2	3-(甲硫基)己基乙酸酯 3-(methylthio) hexyl acetate	3789	481		12.236	s0826															
1359	93940-60-4	甲硫基-2-(丙酰氧基)丙酸酯 methylthio-2-(propionyloxy) propionate	3790	493			s1318															
1360	4430-31-3	八氢香豆素 octahydrocoumarin	3791	1166		13.161	s1309															
1361	2084-19-7	2-戊硫醇 2-pentanethiol	3792	514		12.192	s0742															

续附表 1-1

序号	CAS	化合物名称	FEMA	JECFA	CoE	EFSA	GB 2760	A	B	C	D	E	F	G	H	I	J	K	L	M	N	O
1362	564-20-5	斯克拉烯醇 sclareolide	3794	1165		16.055	s1049															
1363	16356-11-9	1,3,5-十一碳三烯 1,3,5-undecatriene	3795	1341		01.061	s0666															
1364	82654-98-6	香豆素丁基醚 vanillyl butyl ether	3796	888		04.093	s1297															
1365	4166-20-5	4-乙酰氧基-2,5-二甲基-3(2H)-呋喃酮 4-acetoxy-2,5-dimethyl-3(2H) furanone	3797	1456		13.099	s0288			✓												
1366	89-86-1	2,4-二羟基苯甲酸 2,4-dihydroxybenzoic acid	3798	908		08.076																
1367	91-16-7	1,2-二甲氧基苯 1,2-dimethoxybenzene	3799	1248	10320	04.062	s0677			✓												
1368	16493-80-4	4-乙基辛酸 4-ethyloctanoic acid	3800	1218		08.079	s0969														✓	
1369	16400-72-9	5-羟基-2-十二烯内酯 5-hydroxy-2-dodecenoic acid lactone	3802	438		10.044																
1370	39212-23-2	4-羟基-3-甲基辛酸内酯 4-hydroxy-3-methyloctanoic acid lactone	3803	437	10535	10.053	s0646					✓			✓	✓						
1371	511115-67-4	2-异丙基-N,2,3-三甲基丁酰胺 2-isopropyl-N,2,3-trimethylbutyramide	3804	1595	10459	16.053	s1294										✓					
1372	156324-78-6	1-薄荷醇乙二醇碳酸酯 1-menthol ethylene glycol carbonate	3805	443		09.842	s1226															
1373	30304-82-6	1-薄荷醇 1-和 2-丙二醇碳酸酯 1-menthol 1- and 2-propylene glycol carbonate	3806	444		09.843	s1235															
1374	63187-91-7	1-薄荷酮 1,2-甘油缩酮 1-menthone 1,2-glycerol ketal	3807	445,446		06.120	s1175															
1375	94293-57-9	顺式和反式薄荷酮-8-硫代乙酸酯 cis- and trans-menthone-8-thioacetate	3809	506		12.201																

续附表 1-1

序号	CAS	化合物名称	FEMA	JECFA	CoE	EFSA	GB 2760	A	B	C	D	E	F	G	H	I	J	K	L	M	N	O
1376	77341-67-4	薄荷基琥珀酸 mono-menthyl 单酯 succinate	3810	447		09.616	s0591															
1377	13184-86-6	香豆素乙基醚 vanillyl ethyl ether	3815	887		04.094	s0090					√										
1378	136954-25-1	3-乙酰基硫己酸乙酯 3-acetylmercaptohexyl acetate	3816	494		12.278	s1017															
1379	29926-41-8	2-乙酰基-2-噻唑啉 2-acetyl-2-thiazoline	3817	1759		15.010	s0901	√		√						√	√			√		
1380	32951-19-2	1-丁烯-1-基甲硫醚 1-buten-1-yl methyl sulfide	3820	457			s1102															
1381	13466-78-9	δ-3-蒈烯 delta-3-carene	3821	1342	10983	01.029	s0681				√	√			√				√	√	√	√
1382	5552-30-7	6,7,8,8α-四氢-2,5,5,8α-四甲基-5H-1-苯并吡喃 6,7,8,8α-tetrahydro-2,5,5,8α-tetramethyl-5H-1-benzopyran	3822	1239		13.165	s1093												√	√	√	
1383	51100-54-0	1-癸烯-3-醇 1-decen-3-ol	3824	1153		02.136																
1384	352-93-2	二乙基硫醚 diethyl sulfide	3825	454	11450	12.113	s0810	√							√							
1385	40018-26-6	2,5-二氢-1,4-二噻烷 2,5-dihydro-1,4-dithiane	3826	550		15.134	s1125															
1386	4253-89-8	二异丙基二硫醚 diisopropyl disulfide	3827	567	11455	12.109	s1103							√								
1387	6738-23-4	2,4-二甲氧基苯甲醚 2,4-dimethylanisole	3828	1245		04.063	s0089															
1388	68133-79-9	2-(3,7-二甲基-2,6-辛二烯基)环戊酮 2-(3,7-dimethyl-2,6-octadienyl)cyclopentanone	3829	1117		07.257																
1389	20053-88-7; 53834-70-1	(E,R)-3,7-二甲基-1,5,7-辛三烯-3-醇 (E,R)-3,7-dimethyl-1,5,7-octatrien-3-ol	3830	1154	10202		s0075															
1390	505-29-3	1,4-二噻烷 1,4-dithiane	3831	456		15.066	s0839															
1391	78417-28-4	乙基 2,4,7-癸三烯酸酯 ethyl 2,4,7-decatrienoate	3832	1193	10576	09.371	s0599															
1392	7341-17-5	2-乙基己硫醇 2-ethylhexanethiol	3833	519		12.128																

续附表 1-1

序号	CAS	化合物名称	FEMA	JECFA	CoE	EFSA	GB 2760	A	B	C	D	E	F	G	H	I	J	K	L	M	N	O
1393	23747-43-5	乙基 2-(甲硫基二硫)丙酸酯 ethyl 2-(methyldithio) propionate	3834	581	11471	12.121	s0791															
1394	4455-13-4	乙基 2-(甲硫基)乙酸酯 ethyl 2-(methylthio) acetate	3835	475		12.122	s0789			√												
1395	233665-96-8	乙基 3-(甲硫基)丁酸酯 ethyl 3-(methylthio) butyrate	3836	480			s0792															
1396	188417-26-7	乙基香草醛异丁基醚 ethyl vanillin isobutyrate	3837	953		09.933	s1109															
1397	68527-76-4	乙基香草醛丙二醇缩醛 ethyl vanillin propylene glycol acetal	3838	954			s1228															
1398	125037-13-0; 21499-64-9; 28973-98-0; 26560-14-5; 28973-99-1; 97855-54-6; 77129-48-7; 18794-84-8; 28973-97-9; 502-61-4	α-法尼烯 alpha-farnesene	3839	1343	10998		s0678															
1399	180031-78-1	4-[(2-呋喃基甲基)硫代]-2-戊酮 4-[(2-furanmethyl) thio]-2-pentanone	3840	1084		13.196	s1130															
1400	6191-71-5	(Z)-4-庚烯-1-醇 (Z)-4-hepten-1-ol	3841	1280		02.249																
1401	111-31-9	1-己硫醇 1-hexanethiol	3842	518	11487	12.132	s1106															

附录1 风味产业意义显著的香气成分信息

续附表 1-1

序号	CAS	化合物名称	FEMA	JECFA	CoE	EFSA	GB 2760	A	B	C	D	E	F	G	H	I	J	K	L	M	N	O
1402	1113-60-6	3-羟基-2-酮丙酸 3-hydroxy-2-oxopropionic acid	3843	635		08.086																
1403	22030-19-9	β-紫罗兰酮乙酸酯 beta-ionyl acetate	3844	1409	10702	09.305																
1404	68555-61-3	α-异甲基紫罗兰酮乙酸酯 alpha-isomethylionyl acetate	3845	1410																		
1405	71660-03-2	顺式和反式对薄荷-1(7),8-二烯-2-基醋酸酯 cis-and trans-p-1(7),8-menthadien-2-yl acetate	3848	1098		09.930	s0580															
1406	195863-84-4	3-(1-薄荷氧基)-2-甲基丙烷-1,2-二醇 3-(1-menthoxy)-2-methylpropane-1,2-diol	3849	1411		02.254	s0067															✓
1407	51755-83-0	3-筑基己醇 3-mercaptohexanol	3850	545			s0786			✓					✓							
1408	136954-20-6	3-筑基己酸乙酯 3-mercaptohexyl acetate	3851	554		12.234	s0790			✓		✓										✓
1409	136954-21-7	3-筑基己酸丁酯 3-mercaptohexyl butyrate	3852	555		12.235	s0793					✓										
1410	136954-22-8	3-筑基己酸己酯 3-mercaptohexyl hexanoate	3853	556		12.251	s0794															
1411	34300-94-2	3-筑基-3-甲基-1-丁醇 3-mercapto-3-methyl-1-butanol	3854	544		12.137	s0806			✓									✓			
1412	50746-10-6	3-筑基-3-甲基丁基甲酯 3-mercapto-3-methylbutyl formate	3855	549		12.138	s0821	✓											✓			
1413	24653-75-6	1-筑基-2-丙酮 1-mercapto-2-propanone	3856	557		12.143	s0992															✓
1414	5925-68-8	S-甲基苯硫酯 S-methyl benzothioate	3857	504	11505	12.150	s1050															
1415	541-31-1	3-甲硫基丁醇 3-methylbutanethiol	3858	513		12.171	s0900													✓		
1416	4493-42-9	甲基(E)-2-(Z)-癸二烯酸酯 methyl (E)-2-(Z)-4-decadienoate	3859	1191		09.639	s1116															

续附表 1-1

序号	CAS	化合物名称	FEMA	JECFA	CoE	EFSA	GB 2760	A	B	C	D	E	F	G	H	I	J	K	L	M	N	O
1417	624-89-5	甲基乙基硫醚 methyl ethyl sulfide	3860	453	11474	12.154	s0808															
1418	31499-71-5	甲基乙基三硫醚 methyl ethyl trisulfide	3861	583		12.155	s0965															
1419	2432-77-1	S-甲基己硫醇 S-methyl hexanethioate	3862	489			s1018	√										√				
1420	65817-24-5	4-甲氧基-2-甲基-2-丁硫醇 4-methoxy-2-methyl-2-butanethiol	3863	1167		10.072	s1117															
1421	23747-45-7	γ-甲基癸内酯 gamma-methyldecalactone	3864	487	11506	12.157	s0823															
1422	233666-09-6	2-甲基-3-四氢呋喃硫醇 2-methyl-3-tetrahydrofuranthiol	3865	571			s0991															
1423	67952-60-7	甲硫基 2-(乙酰氧基)丙酸酯 methylthio 2-(acetyloxy) propionate	3866	580		12.168	s0966															
1424	61122-71-2	3-(甲硫基)己基醋酸酯 3-(methylthio) hexyl acetate	3867	488		12.148																
1425	33046-81-0	甲硫基-2-(丙酰氧基)丙酸酯 methylthio-2-(propionyloxy) propionate	3868	1135		07.177	s0286															
1426	759-05-7	八氢香豆素 octahydrocoumarin	3869	631	2262	08.051																
1427	1460-34-0	2-戊硫醇 2-pentanethiol	3870	632																		
1428	816-66-0	斯克拉烯醇 sclareolide	3871	633	2263	08.052																
1429	14173-25-2	1,3,5-十一碳三烯 1,3,5-undecatriene	3872	576	11532	12.161	s0809															
1430	100-68-5	香豆素丁基醚 vanillyl butyl ether	3873	459	11533	12.162																
1431	513-44-0	4-乙酰氧基-2,5-二甲基-3(2H)-呋喃酮 4-acetoxy-2,5-dimethyl-3(2H) furanone	3874	512	11536	12.173	s0891															
1432	1534-08-3	2,4-二羟基苯甲酸 2,4-dihydroxybenzoic acid	3876	482		12.149	s0827			√		√										√

续附表 1-1

序号	CAS	化合物名称	FEMA	JECFA	CoE	EFSA	GB 2760	A	B	C	D	E	F	G	H	I	J	K	L	M	N	O
1433	38433-74-8	3-甲硫基己醛 3-methylthiohexanal	3877	469		12.279	s0817															
1434	1618-26-4	双(甲硫基)甲烷 bis-(methylthio) methane	3878	533		12.118	s0967		√								√					
1435	74758-93-3	甲硫基甲基丁酸酯 methylthiomethyl butyrate	3879	473		12.187	s1460															
1436	74758-91-1	甲硫基甲基己酸酯 methylthiomethyl hexanoate	3880	479		12.188	s1131															
1437	583-92-6	4-(甲硫基)-2-酮丁酸 4-(methylthio)-2-oxobutanoic acid	3881	501		12.176																
1438	14109-72-9	1-甲硫基-2-丙酮 1-methylthio-2-propanone	3882	495		12.244				√	√											
1439	16630-55-0	3-(甲硫基)丙基醋酸酯 3-(methylthio) propyl acetate	3883	478		12.237	s0822			√	√	√										
1440	56805-23-3	(E)-3-(Z)-6-壬二烯-1-醇 (E)-3-(Z)-6-nonadien-1-ol	3884	1284		02.243	s0978					√				√						
1441	53046-97-2	(Z)(Z)-3,6-壬二烯-1-醇 (Z)(Z)-3,6-nonadien-1-ol	3885	1283			s0862			√												
1442	197098-61-6	8-樱烯醋酸酯 8-ocimenyl acetate	3886	1226			s1110															
1443	18409-17-1	(E)-2-辛烯-1-醇 (E)-2-octen-1-ol	3887	1370		09.932	s0866	√	√				√							√		
1444	20125-81-9	(E)-2-辛烯-4-醇 (E)-2-octen-4-ol	3888	1141		08.109	s0071															
1445	65737-52-2	(E)-2-(2-辛烯基)环戊酮 (E)-2-(2-octenyl) cyclopentanone	3889	1116																		
1446	196109-18-9	(Z)-5-辛烯基丙酸酯 (Z)-5-octenyl propionate	3890	1282		09.932	s1118															
1447	156-06-9	2-酮-3-苯基丙酸 2-oxo-3-phenylpropionic acid	3892	1479		08.109				√												
1448	60415-61-4	2-戊基丁酸酯 2-pentyl butyrate	3893	1142	10763	09.658															√	

续附表 1-1

序号	CAS	化合物名称	FEMA	JECFA	CoE	EFSA	GB 2760	A	B	C	D	E	F	G	H	I	J	K	L	M	N	O
1449	4410-99-5	苯乙基硫醇 phenylethyl mercaptan	3894	527	11561	12.194	s0805				√									√		
1450	33049-93-3	烯丙基硫代乙酸 prenyl thioacetate	3895	491		12.195	s1119															
1451	5287-45-6	烯丙基硫醇 prenylthiol	3896	522	11511	12.170	s0888				√	√		√								√
1452	75-33-2	2-丙硫醇 2-propanethiol	3897	510	11565	12.197	s0885				√	√		√								
1453	5724-81-2	1-吡咯啉 1-pyrroline	3898	1603		14.167	s1120	√													√	
1454	3054-92-0	2,3,4-三甲基-3-戊醇 2,3,4-trimethyl-3-pentanol	3903	1643		02.245	s1121															
1455	68527-74-2	香草醛二醇缩醛 vanillin propylene glycol acetal	3905	1882		06.104	s0195				√	√										
1456	551-93-9	2-氨基乙酰苯酮 2-aminoacetophenone	3906	2043	2041		s0819	√	√	√	√	√			√	√				√	√	√
1457	13109-70-1	冰片丁酸酯 bornyl butyrate	3907	1412		09.319																
1458	107-93-7	(E)-2-丁烯酸 (E)-2-butenoic acid	3908	1371			s1019								√							√
1459	108-94-1	环己酮 cyclohexanone	3909	1100	11047	07.148	s0290					√										
1460	120-92-3	环戊酮 cyclopentanone	3910	1101	11050	07.149												√				
1461	18409-21-7	2,4-癸二烯-1-醇 2,4-decadien-1-ol	3911	1189		02.139	s0070															
1462	39770-05-3	9-癸醛 9-decenal	3912	1286		05.139	s1298															
1463	3913-85-7	2-癸烯酸 2-decenoic acid	3913		10087	08.073	s1104															
1464	334-49-6	2-癸烯酸 2-decenoic acid	3913																			
1465	26303-90-2	4-癸烯酸 4-decenoic acid	3914	1287	10089	08.075																
1466	32736-91-7	2,5-二乙基-3-甲基吡嗪 2,5-diethyl-3-methylpyrazine	3915	778	11304	14.096	s1447								√			√	√			
1467	18138-05-1	3,5-二乙基-2-甲基吡嗪 3,5-diethyl-2-methylpyrazine	3916	779	11305	14.095	s1146	√							√			√			√	√

续附表 1-1

序号	CAS	化合物名称	FEMA	JECFA	CoE	EFSA	GB 2760	A	B	C	D	E	F	G	H	I	J	K	L	M	N	O
1468	38917-63-4	6,7-二氢-2,3-二甲基-5H-环戊并吡嗪 6,7-dihydro-2,3-dimethyl-5H-cyclopentapyrazine	3917	782	11309	14.098																
1469	98-54-4	对叔丁基苯酚 p-tert-butylphenol	3918	733		04.064													√			
1470	36731-41-6	2-乙基-6-甲基吡嗪 2-ethyl-6-methylpyrazine	3919				s1144																
1471	13925-03-6	2-乙基-6-甲基吡嗪 2-ethyl-6-methylpyrazine	3919	769	11331	14.114		√	√		√	√				√		√				√
1472	10352-88-2	(E)-2-庚烯酸 (E)-2-heptenoic acid	3920	1373		08.123																
1473	110-44-1	(E,E)-2,4-己二烯酸 2,4-hexadienoic acid, (E,E)-	3921	1176		08.085																
1474	111-28-4	2,4-己二烯-1-醇 2,4-hexadien-1-ol	3922	1174		02.162	s1063																
1475	4440-65-7	3-己烯醛 3-hexenal	3923	1271		05.192	s1126			√				√								
1476	928-94-9	(Z)-2-己烯-1-醇 (Z)-2-hexen-1-ol	3924	1374	69	02.156	s1444			√						√		√				
1477	65405-76-7	顺式3-己烯基邻氨基苯甲酸酯 cis-3-hexenyl anthranilate	3925	1538	10676	09.561																√
1478	53398-83-7	反-2-己烯基丁酸酯 trans-2-hexenyl butyrate	3926	1375		09.396	s0923																
1479	53398-78-0	(E)-2-己烯基甲酸酯 (E)-2-hexenyl formate	3927	1376	11858	09.397																
1480	53398-87-1	3-己烯基2-己烯酸酯 3-hexenyl 2-hexenoate	3928	1279		09.568	s1051																
1481	41519-23-7	顺式-3-己烯基异丁酸酯 cis-3-hexenyl isobutyrate	3929	1275	11783	09.563	s0596																
1482	68698-59-9	反式-2-己烯基异戊酸酯 trans-2-hexenyl isovalerate	3930	1377		09.399																	
1483	67883-79-8	顺式-3-己烯基巴豆酸酯 cis-3-hexenyl tiglate	3931	1277		09.559	s0601																
1484	68133-76-6	3-己烯基2-氧丙酸盐 3-hexenyl 2-oxopropionate	3934	1846	10684	09.565	s1001																
1485	56922-74-8	反-2-己烯基戊酸酯 trans-2-hexenyl pentanoate	3935	1379																			

续附表 1-1

序号	CAS	化合物名称	FEMA	JECFA	CoE	EFSA	GB 2760	A	B	C	D	E	F	G	H	I	J	K	L	M	N	O
1486	35852-46-1	顺式-3-己烯基戊酸酯 cis-3-hexenyl valerate	3936	1278	10686	09.571	s1020															
1487	70851-61-5	5-(顺式-3-己烯基)二氢-5-甲基-2(3H)-呋喃酮 5-(cis-3-hexenyl) dihydro-5-methyl-2(3H) furanone	3937	1159		10.061	s1464															
1488	128-50-7	10-羟甲基-2-蒎烯 10-hydroxymethylene-2-pinene	3938	986		02.141																
1489	500-02-7	4-异丙基-2-环己烯酮 4-isopropyl-2-cyclohexenone	3939	1110	11127	07.172	s0962			✓												
1490	29460-90-0	2-异丙基吡嗪 2-isopropylpyrazine	3940	764	11343	14.123				✓												
1491	68555-63-5	2-甲基-3-(1-氧代丙基)-4H-吡喃-4-酮 2-methyl-3-(1-oxopropoxy)-4H-pyran-4-one	3941	1483			s1443															
1492	579-75-9	2-甲氧基苯甲酸 2-methoxybenzoic acid	3943	881																		
1493	586-38-9	3-甲氧基苯甲酸 3-methoxybenzoic acid	3944	882		08.092																
1494	100-09-4	4-甲氧基苯甲酸 4-methoxybenzoic acid	3945	883	10077	08.071	s0879															
1495	583-60-8	2-甲基环己酮 2-methylcyclohexanone	3946	1102		07.179																
1496	591-24-2	3-甲基环己酮 3-methylcyclohexanone	3947	1103		07.180																
1497	589-92-4	4-甲基环己酮 4-methylcyclohexanone	3948	1104																		
1498	63012-97-5	2-甲基-3-(甲硫基)呋喃 2-methyl-3-(methylthio) furan	3949	1061	11802	13.152	s0820												✓			
1499	62488-56-6	2,4-壬二烯-1-醇 2,4-nonadien-1-ol	3951	1183		02.188	s1467															
1500	68555-65-7	(E,Z)-2,6-壬二烯-1-醇醋酸酯 (E,Z)-2,6-nonadien-1-ol acetate	3952	1188		09.947	s1420															
1501	211323-05-6	(E,Z)-3,6-壬二烯-1-醇醋酸酯 (E,Z)-3,6-nonadien-1-ol acetate	3953	1285		09.674																

续附录表 1-1

序号	CAS	化合物名称	FEMA	JECFA	CoE	EFSA	GB 2760	A	B	C	D	E	F	G	H	I	J	K	L	M	N	O
1502	14812-03-4	(E)-2-壬烯酸 (E)-2-nonenoic acid	3954	1380																		
1503	14309-57-0	3-壬-2-酮 3-nonen-2-one	3955	1136	11163	07.188	s1338	√														
1504	18409-20-6	(E,E)-2,4-辛二烯-1-醇 (E,E)-2,4-octadien-1-ol	3956	1180																		
1505	1871-67-6	(E)-2-辛烯酸 (E)-2-octenoic acid	3957	1805	10156	08.114																
1506	122-79-2	苯基醋酸酯 phenyl acetate	3958	734	10878	09.688						√										
1507	90-43-7	2-苯基苯酚 2-phenylphenol	3959	735																		
1508	118-55-8	苯基水杨酸酯 phenyl salicylate	3960	736	11814	09.689	s1326															
1509	18138-03-9	丙基吡嗪 propylpyrazine	3961	763	11362	14.142						√				√						
1510	116-02-9	3,5,5-三甲基环己醇 3,5,5-trimethylcyclohexanol	3962	1099		02.209	s0068															
1511	2416-94-6	2,3,6-三甲基苯酚 2,3,6-trimethylphenol	3963	737		04.085																
1512	23787-80-6	2-乙酰基-3-甲基吡嗪 2-acetyl-3-methylpyrazine	3964	950	11296	14.082	s0832					√	√			√						
1513	78-96-6	1-氨基-2-丙醇 1-amino-2-propanol	3965	1591			s1112															
1514	928-80-3	3-癸酮 3-decanone	3966	1118	11056	07.151												√	√		√	
1515	67452-27-1	顺式-4-癸烯基醋酸酯 cis-4-decenyl acetate	3967	1288		09.918	s1455															
1516	5943-34-0	二异丙基三硫醚 diisopropyl trisulfide	3968	1300		12.280	s1122														√	
1517	817-88-9	(E) & (Z)-4,8-二甲基-3,7-壬-2-酮 (E) & (Z)-4,8-dimethyl-3,7-nonadien-2-one	3969	1137		07.256	s1006															
1518	114099-96-6	2,5-二甲基-3-氧代-(2H)-呋喃-4-基丁酸酯 2,5-dimethyl-3-oxo-(2H)-fur-4-yl butyrate	3970	1519		13.176	s1216															

续附表 1-1

序号	CAS	化合物名称	FEMA	JECFA	CoE	EFSA	GB 2760	A	B	C	D	E	F	G	H	I	J	K	L	M	N	O
1519	26486-21-5	顺式和反式-2,5-二甲基四氢呋喃-3-硫醇 cis and trans-2,5-dimethyltetrahydrofuran-3-thiol	3971	1091		13.193																
1520	252736-39-3	顺式和反式-2,5-二甲基四氢-3-呋喃基硫代乙酸 cis and trans-2,5-dimethyltetrahydro-3-furyl thioacetate	3972	1092		13.194																
1521	55764-25-5	乙硫酰酸,S-(2-甲基-3-呋喃基)酯 ethanethioic acid,S-(2-methyl-3-furanyl) ester	3973	1069		13.153	s0287															
1522	104228-51-5	乙基 4-(乙酰硫代)丁酸酯 ethyl 4-(acetylthio) butyrate	3974	1295		12.257																
1523	39924-27-1	乙基顺式-4-庚烯酸酯 ethyl cis-4-heptenoate	3975	1281		09.922	s0612															
1524	54653-25-7	乙基 5-己烯酸酯 ethyl 5-hexenoate	3976	1273		09.921																
1525	156472-94-5	(±)-乙基 3-巯基丁酸酯 (+/-)-ethyl 3-mercaptobutyrate	3977	1294		12.255	s1055			√												
1526	233665-98-0	乙基 5-(甲硫基)戊酸酯 ethyl 5-(methylthio) valerate	3978	1298		12.212																
1527	252736-36-0	呋喃基丙基二硫醚 furfuryl propyl disulfide	3979	1079		13.197																
1528	5921-83-5	(±)-庚-3-基醋酸酯 (+/-)-heptan-3-yl acetate	3980	1143		09.924																
1529	39026-94-3	(±)-庚-2-基丁酸酯 (+/-)-heptan-2-yl butyrate	3981	1144		09.923																
1530	65405-80-3	(Z)-3-己烯基(E)-2-丁烯酸盐 (Z)-3-hexenyl (E)-2-butenoate	3982	1276		09.566	s0590															
1531	53398-86-0	(E)-2-己烯酸己酸酯 (E)-2-hexenyl hexanoate	3983	1381		09.398	s0610									√						
1532	123-08-0	4-羟基苯甲醛 4-hydroxybenzaldehyde	3984	956	558	05.047	s0200					√										
1533	69-72-7	2-羟基苯甲酸 2-hydroxybenzoic acid	3985	958	10165	08.112	s0349															

附录1 风味产业意义显著的香气成分信息

续附表1-1

序号	CAS	化合物名称	FEMA	JECFA	CoE	EFSA	GB 2760	A	B	C	D	E	F	G	H	I	J	K	L	M	N	O
1534	99-96-7	4-羟基苯甲酸 4-hydroxybenzoic acid	3986	957	693	08.040																
1535	623-05-2	4-羟基苄醇 4-hydroxybenzyl alcohol	3987	955		02.165																
1536	121-34-6	4-羟基-3-甲氧基苯甲酸 4-hydroxy-3-methoxybenzoic acid	3988	959	697	08.043																
1537	163038-04-8	3(2)-羟基-5-甲基-2(3)-己酮 3(2)-hydroxy-5-methyl-2(3)-hexanone	3989	2034		07.260	s1431															
1538	35448-31-8	异戊烯基异戊胺 isopentylidene isopentylamine	3990	1606		11.017	s1007			√												
1539	5205-07-2	异戊酸异戊酯 isoprenyl acetate	3991	1269		09.655																
1540	156324-82-2	d,l-薄荷脑(±)-丙二醇碳酸酯 d,l-menthol (+/-)-propylene glycol carbonate	3992	1413			s1396					√										
1541	227456-33-9	赤式和苏式-3-巯基-2-甲基丁-1-醇 erythro and threo-3-mercapto-2-methylbutan-1-ol	3993	1289		12.291	s1359			√												
1542	227456-28-2	3-巯基-2-甲基戊醛 3-mercapto 3-methylpentanal	3994	1292		12.239	s1343															
1543	258823-39-1	(±)-2-巯基-2-甲基戊-1-醇 (外消旋体) (+/-)-2-mercapto-2-methylpentan-1-ol (racemic)	3995	1290		12.241																
1544	227456-27-1	3-巯基-2-甲基戊-1-醇 3-mercapto-2-methylpentan-1-ol	3996	1291	11500	12.238	s1056			√	√	√		√	√	√			√			
1545	19872-52-7	4-巯基-4-甲基-2-戊酮 4-mercapto-4-methyl-2-pentanone	3997	1293	2346	12.169	s0886		√	√	√	√		√	√	√						
1546	137-32-6	(±)-2-甲基-1-丁醇 (+/-)-2-methyl-1-butanol	3998	1199		02.076	s0863	√		√	√			√	√		√				√	

续附表 1-1

序号	CAS	化合物名称		FEMA	JECFA	CoE	EFSA	GB 2760	A	B	C	D	E	F	G	H	I	J	K	L	M	N	O
1547	67663-01-8	(±)-3-甲基-γ-癸内酯	(+/-)-3-methyl-gamma-decalactone	3999	1158		10.069									√							
1548	13019-20-0	2-甲基庚-3-酮	2-methylheptan-3-one	4000	1156		07.240																
1549	20859-10-3	(E)-6-甲基-3-庚烯-2-酮	(E)-6-methyl-3-hepten-2-one	4001	1138		07.244	s1054															
1550	80-62-6	甲基 2-甲基-2-丙烯酸盐 methyl 2-methyl-2-propenoate		4002	1834		09.647																
1551	16630-66-3	甲基(甲硫基)乙酸酯 methyl (methylthio) acetate		4003	1691	11525	12.146	s0912				√											
1552	5271-38-5	2-(甲硫基)乙醇 2-(methylthio) ethanol		4004	1297	11545	12.179	s1461				√			√								
1553	75853-49-5	12-甲基三癸烷 12-methyltridecanal		4005	1229		05.169	s0202													√		
1554	220621-22-7	1-薄荷基谷氨酸 1-monomenthyl glutarate		4006	1414		09.929	s1306										√					
1555	60826-15-5	(±)-壬-3-基醋酸酯 (+/-)-nonan-3-yl acetate		4007	1145		09.925																
1556	30086-02-3	(E,E)-3,5-辛二烯-2-酮 (E,E)-3,5-octadien-2-one		4008	1139		07.247	s0870	√							√	√						
1557	84434-65-1	(±)-辛-3-基酸盐 (+/-)-octan-3-yl formate		4009	2070		09.926																
1558	123-63-7	皮醇 paraldehyde		4010		594	05.053	s0685															
1559	1576-85-8	4-戊烯基醋酸酯 4-pentenyl acetate		4011	1270		09.917																
1560	626-38-0	2-戊基醋酸酯 2-pentyl acetate		4012	1146	10761	09.657	s1099						√									
1561	2257-09-2	苯乙基异硫氰酸酯 phenethyl isothiocyanate		4014	1563	11495	12.193	s1321												√			√
1562	290-37-9	吡嗪 pyrazine		4015	951	11363	14.144	s0904					√						√				
1563	74595-94-1	2,4,6-三异丁基-5,6-二氢-4H-1,3,5-二噻嗪 2,4,6-triisobutyl-5,6-dihydro-4H-1,3,5-dithiazine		4017	1048		15.113	s0917															

续附表 1-1

序号	CAS	化合物名称	FEMA	JECFA	CoE	EFSA	GB 2760	A	B	C	D	E	F	G	H	I	J	K	L	M	N	O
1564	638-17-5	2,4,6-三甲基-2氢-4H-1,3,5-二噻嗪 2,4,6-trimethyldihydro-4H-1,3,5-dithiazine	4018	1049	11649	15.109	s0898															
1565	19317-11-4	3,7,11-三甲基-2,6,10-十二碳三烯醛 3,7,11-trimethyl-2,6,10-dodecatrienal	4019	1228		05.148															✓	
1566	15356-74-8	(±)-(2,6,6-三甲基-2-羟基环己基亚甲基)乙酸 γ-内酯 (+/-)-(2,6,6-trimethyl-2-hydroxycyclohexylidene)acetic acid gamma-lactone	4020	1164		10.169	s0647								✓							
1567	42474-44-2	三噻己烷-2,3,5 trithiahexane-2,3,5	4021	1299		12.198	s0968	✓														
1568	927-49-1	6-十一酮 6-undecanone	4022	1155		07.249			✓													
1569	63253-24-7	香草醛赤式和苏式丁-2,3-二醇缩醛 vanillin erythro and threo-butan-2,3-diol acetal	4023	960		06.132	s1053															
1570	13002-09-0	乙醛二异戊基缩醛 acetaldehyde diisoamyl acetal	4024	1729	10028	06.055	s1057															
1571	72437-68-4	戊基甲基二硫醚 amyl methyl disulfide	4025	1697		12.253																
1572	6938-45-0	苄基己酸酯 benzyl hexanoate	4026	2061	10521	09.316	s1021															
1573	63986-03-8	丁基乙基二硫醚 butyl ethyl disulfide	4027	1698		12.254																
1574	3600-24-6	二乙基三硫醚 diethyl trisulfide	4029	1701	11451		s1462			✓												
1575	54644-28-9	(±)-3,5-二乙基-1,2,4-三噻烷 (+/-)-3,5-diethyl-1,2,4-trithiolane	4030	1686		15.049	s0896															
1576	51411-24-6	(±)-二氢法呢醇 (+/-)-dihydrofarnesol	4031	1830														✓				
1577	92015-65-1	二氢薄荷内酯 dihydromintlactone	4032	1161		10.050	s0858															

续附表 1-1

序号	CAS	化合物名称	FEMA	JECFA	CoE	EFSA	GB 2760	A	B	C	D	E	F	G	H	I	J	K	L	M	N	O
1578	62147-49-3	二羟基丙酮 dihydroxyacetone	4033				s1385															
1579	96-26-4	二羟基丙酮 dihydroxyacetone	4033	1716																		
1580	55764-22-2	2,5-二甲基-3-呋喃硫醇乙酸酯 2,5-dimethyl-3-furanthiol acetate	4034	1523		13.116	s1340															
1581	4175-66-0	2,5-二甲基噻唑 2,5-dimethylthiazole	4035	1758		15.063	s1459															
1582	21944-98-9	(Z)-4-十二碳烯醛 (Z)-4-dodecenal	4036	1636		05.220	s0859															
1583	188590-62-7	4,5-环氧-(E)-2-癸烯醛 4,5-epoxy-(E)-2-decenal	4037	1570			s0860	√	√					√							√	
1584	139564-43-5	乙基 3-乙酰氧基-2-甲基丁酸酯 ethyl 3-acetoxy-2-methyl butyrate	4038	1718		09.919																√
1585	4396-62-7	s-乙基 2-乙酰氨基乙硫酸酯 s-ethyl 2-acetylamino ethanethioate	4039	1680																			
1586	20333-39-5	乙基甲基二硫化物 ethyl methyl disulfide	4040	1693	11470	12.153											√					
1587	30453-31-7	乙基丙基二硫化物 ethyl propyl disulfide	4041	1694	11478	12.126				√												
1588	31499-70-4	乙基丙基三硫化物 ethyl propyl trisulfide	4042	1695																			
1589	376595-42-5	乙基 S-(2-呋喃甲基)硫代碳酸酯 o-ethyl S-(2-furylmethyl) thiocarbonate	4043	1526								√											
1590	7785-33-3	香叶基巴豆酸酯 geranyl tiglate	4044	1822	11829	09.383	s1456															
1591	25166-87-4	反-4-己烯醛 trans-4-hexenal	4046	1622		05.224	s1341															
1592	67746-30-9	(E)-2-己烯醛二乙基缩醛 (E)-2-hexenal diethyl acetal	4047	1383			s1333															
1593	6454-22-4	2-己基-4,5-二甲基-1,3-二氧环戊烷 2-hexyl-4,5-dimethyl-1,3-dioxolane	4048	1712		06.089																	

续附表 1-1

序号	CAS	化合物名称		FEMA	JECFA	CoE	EFSA	GB 2760	A	B	C	D	E	F	G	H	I	J	K	L	M	N	O
1594	134-96-3	4-羟基-3,5-二甲氧基苯甲醛 4-hydroxy-3,5,-dimethoxy benzaldehyde		4049	1878	10340	05.153	s1127				√				√							√
1595	774-64-1	4-羟基-2,3-二甲基-2,4-王二烯酸 γ-内酯 4-hydroxy-2,3-dimethyl-2,4-nonadienoic acid gamma lactone		4050	2002	11873												√					
1596	1073-11-6	4-羟基-4-甲基-5-己烯酸 γ-内酯 4-hydroxy-4-methyl-5-hexenoic acid gamma lactone		4051	1157		10.070																
1597	5355-63-5	3-羟基-4-苯基丁-2-酮 3-hydroxy-4-phenylbutan-2-one		4052	2041		07.242																
1598	42822-86-6	对薄荷-3,8-二醇 p-menthane-3,8-diol		4053	1416		02.246	s1335															
1599	1565-76-0	1-薄荷基甲醚 1-menthyl methylether		4054	1415		16.088	s1061															
1600	35234-22-1	甲基 5-乙酰氧基己酸酯 methyl 5-acetoxyhexanoate		4055	1719	10756	09.632																
1601	61295-44-1	3-[(2-甲基-3-呋喃基)硫代]-2-丁酮 3-[(2-methyl-3-furyl)thio]-2-butanone		4056	1525		13.190	s1342															
1602	113486-29-6	3-甲基-2,4-王二酮 3-methyl-2,4-nonanedione		4057	2032		07.184	s1339	√	√		√	√		√	√	√	√		√		√	√
1603	51685-39-3	(±)-2-(5-甲基-5-乙烯基四氢呋喃-2-基)丙醛 (+/-)-2-(5-methyl-5-vinyl-tetrahydrofuran-2-yl) propionaldehyde		4058	1457																		
1604	5090-41-5	9-十八烯醛 9-octadecenal		4059	1641		05.203																
1605	585-25-1	2,3-辛二酮 2,3-octanedione		4060	2036		07.248	s0292	√	√											√	√	√

续附表 1-1

序号	CAS	化合物名称	FEMA	JECFA	CoE	EFSA	GB 2760	A	B	C	D	E	F	G	H	I	J	K	L	M	N	O
1606	6263-65-6	(±)-1-苯乙基硫醇 (+/-)-1-phenylethylmercaptan	4061	1665		12.289	s0961							√								
1607	539-12-8	4-丙烯基苯酚 4-propenylphenol	4062	2012		04.097																
1608	133447-37-7	2-丙酰基吡咯啉 2-propionylpyrroline	4063	1605			s1123	√	√					√	√							√
1609	29926-42-9	2-丙酰基-2-噻唑啉 2-propionyl-2-thiazoline	4064	1760		15.128	s1422								√				√			√
1610	622-39-9	2-丙基吡啶 2-propylpyridine	4065	1322		14.164																
1611	169054-69-7	(Z)-8-十四烯醛 (Z)-8-tetradecenal	4066	1640		05.208	s1423															
1612	153175-57-6	甘露糖肉酯 tuberose lactone	4067	1160			s1073															
1613	37617-03-1	2-十一烯-1-醇 2-undecen-1-ol	4068	1384		02.210	s1128				√											
1614	1608-72-6	(±)-1-乙酰氧-1-乙氧基乙烷 (+/-)-1-acetoxy-1-ethoxyethane	4069	1726		03.023	s1397															
1615	36871-78-0	4-乙酰基-2,5-二甲基-3(2H)-呋喃酮 4-acetyl-2,5-dimethyl-3(2H)-furanone	4070	2234																		
1616	22940-86-9	2-乙酰基-3,5-二甲基呋喃 2-acetyl-3,5-dimethylfuran	4071	1505		13.101																
1617	20474-93-5	烯丙基巴豆酸酯 allyl crotonate	4072		2222	09.247																
1618	2179-59-1	烯丙基丙基二硫醚 allyl propyl disulfide	4073	1700	600	12.021	s1022									√						
1619	6321-45-5	烯丙基戊酸酯 allyl valerate	4074			09.866																
1620	501-92-8	4-烯丙基苯酚 4-allylphenol	4075	1527	11218	04.058																√
1621	156420-69-8	烯丙基硫代己酸酯 allyl thiohexanoate	4076	1681		12.275	s1424															
1622	135-02-4	香草醛 o-anisaldehyde	4077	2062	10350	05.129	s0201											√				√
1623	579-93-1	邻苯甲酰基邻氨基苯甲酸 n-benzoylanthranilic acid	4078	1552		16.087	s1457															

续附表 1-1

序号	CAS	化合物名称	FEMA	JECFA	CoE	EFSA	GB 2760	A	B	C	D	E	F	G	H	I	J	K	L	M	N	O
1624	21653-20-3	侧柏醇 thujyl alcohol	4079	1865		02.207																
1625	5655-61-8	1-冰片基醋酸酯 1-bornyl acetate	4080	1864		09.848	s0930												√			
1626	4466-24-4	2-丁基呋喃 2-butylfuran	4081	1490	10927			√														
1627	592-82-5	丁基异硫氰酸酯 butyl isothiocyanate	4082	1561	11488	12.107	s0924					√										
1628	4208-57-5	2-巴豆酰基呋喃 2-butyrylfuran	4083	1507		13.105													√			
1629	18383-49-8	香芹酮-5,6-氧化物 carvone-5,6-oxide	4084	1572																		
1630	1139-30-6	β-石竹烯氧化物 beta-caryophyllene oxide	4085	1575	10500	16.043	s0684			√				√	√							
1631	68555-57-7	香叶醇邻氨基苯甲酸酯 citronellyl anthranilate	4086	1539			s1381															
1632	608514-55-2	N-环丙基-顺-2-顺-6-壬二烯酰胺 N-cyclopropyl-trans-2-cis-6-nonadienamide	4087	1597																		
1633	24720-09-0	顺-α-大马酮 trans-alpha-damascone	4088	2188			s0931															
1634	51325-37-2	2,4,7-癸三烯醛 2,4,7-decatrienal	4089	1786		05.141	s0198							√								
1635	66642-86-2	2,4,7-癸三烯醛 2,4,7-decatrienal	4089																			
1636	83469-85-6	2-癸基呋喃 2-decylfuran	4090	1493		13.106																
1637	5090-63-1	脱水香叶醇 dehydronootkatone	4091	1862			s1136										√					
1638	110-81-6	二乙基二硫醚 diethyl disulfide	4093	1699	533	12.012	s0932			√		√	√				√					
1639	54717-12-3	3,6-二乙基-1,2,4,5-四噻烷和3,5-二乙基-1,2,4-三噻烷混合物 mixture of 3,6-diethyl-1,2,4,5-tetrathiane and 3,5-diethyl-1,2,4-trithiolane	4094																			√

续附表 1-1

序号	CAS	化合物名称		FEMA	JECFA	CoE	EFSA	GB 2760	A	B	C	D	E	F	G	H	I	J	K	L	M	N	O
1640	64280-32-6	2,4-二呋喃基呋喃	2,4-difurfurylfuran	4095	1496																		
1641	68084-03-7	二异戊基硫苹果酸酯	diisopentyl thiomalate	4096	1672		12.108																
1642	6725-64-0	二巯基甲烷	dimercaptomethane	4097	1661		12.243	s1432															
1643	18318-83-7	1,1-二甲氧基-顺-2-己烯	1,1-dimethoxy-*trans*-2-hexene	4098	1728		06.072																
1644	3390-12-3	2,4-二甲基-1,3-二氧环戊烷	2,4-dimethyl-1,3-dioxolane	4099	1711		06.077	s1383															
1645	38888-81-2	3,5-和 3,6-二甲基-2-异丁基吡嗪	3,5-and 3,6-dimethyl-2-isobutylpyrazine	4100	2130																		
1646	14400-67-0	2,5-二甲基-3(2H)-呋喃酮	2,5-dimethyl-3(2H)-furanone	4101	2230	11066	13.119	s0933			✓												
1647	67845-50-5	(±)-顺-和反-4,8-二甲基-3,7-壬二烯-2-醇	(+/-)-*trans*-and *cis*-4,8-dimethyl-3,7-nonadien-2-ol	4102	1841		02.252	s1389															
1648	91418-25-6	(±)-顺-和反-4,8-二甲基-3,7-壬二烯-2-醇醋酸酯	(+/-)-*trans*-and *cis*-4,8-dimethyl-3,7-nonadien-2-yl acetate	4103	1847		09.936	s1390															
1649	65330-49-6	2,5-二甲基-4-乙氧基-3(2H)-呋喃酮	2,5-dimethyl-4-ethoxy-3(2H)-furanone	4104	2231		13.117	s1114															
1650	877-60-1	(±)-顺式和反式-5-(2,2-二甲基环丙基)-3-甲基-2-戊烯醛 (+/-)-*trans*-and *cis*-5-(2,2-dimethylcyclopropyl)-3-methyl-2-pentenal		4105	1817																		

续附表 1-1

序号	CAS	化合物名称	FEMA	JECFA	CoE	EFSA	GB 2760	A	B	C	D	E	F	G	H	I	J	K	L	M	N	O
1651	625-86-5	2,5-二甲基呋喃 2,5-dimethylfuran	4106	1488	2208		s1092				✓											
1652	2092-49-1	香草醛二聚体 divanillin	4107	1881		05.221	s1425															
1653	68398-18-5	(±)-2,8-二硫代顺式-对薄荷烷 (+/-)-2,8-epithio-cis-p-menthane	4108	1685			s1023															
1654	38284-11-6	环氧氧杂蒽醌 epoxyoxophorone	4109	1573																		
1655	69382-62-3	乙烷-1,1-二硫醇 ethane-1,1-dithiol	4111	1660		12.293																
1656	64187-83-3	顺式-3-己烯酸乙酯 ethyl cis-3-hexenoate	4112	1626		09.939																
1657	608514-56-3	N-乙基顺式-2,顺式-6-壬二烯酰胺 N-ethyl cis-2-cis-6-nonadienamide	4113	1596			s1382															
1658	6270-56-0	呋喃基甲基醚 ethyl furfuryl ether	4114	1521	10940																	
1659	38446-21-8	乙基邻氨基苯甲酸酯 ethyl n-ethylanthranilate	4115	1547	629	09.764																
1660	35472-56-1	乙基-N-甲基邻氨基苯甲酸酯 ethyl N-methylanthranilate	4116	1546	632	09.765																
1661	58475-04-0	(±)-4-乙基辛醛 (+/-)-4-ethyloctanal	4117	1819		05.223																
1662	61114-24-7	丁香酚异戊酸酯 eugenyl isovalerate	4118	1532		09.878																
1663	109537-55-5	呋喃基-2-甲基-3-呋喃基二硫醚 furfuryl 2-methyl-3-furyl disulfide	4119	1524		13.178																✓
1664	699-17-2	1-(2-呋喃基)丁-3-酮 1-(2-furyl)butan-3-one	4120	1510	11084	13.138																
1665	459-80-3	香叶酸 geranic acid	4121	1825	10094	08.081	s0934			✓						✓						
1666	68705-63-5	香叶醇-2-甲基丁酸酯 geranyl 2-methylbutyrate	4122	1820		09.382																
1667	10402-47-8	香叶醇戊酸酯 geranyl valerate	4123	1821	468	09.150																

续附表 1-1

序号	CAS	化合物名称	FEMA	JECFA	CoE	EFSA	GB 2760	A	B	C	D	E	F	G	H	I	J	K	L	M	N	O
1668	16939-73-4	庚-反式-2-烯-1-基醋酸酯 hept-trans-2-en-1-yl acetate	4125	1798	10661	09.385																√
1669	253596-70-2	庚-2-烯-1-基异戊酸酯 hept-2-en-1-yl isovalerate	4126	1799	10664	09.303																
1670	33467-79-7	顺式-2-顺式-4-庚二烯-1-醇 cis-2-cis-4-heptadien-1-ol	4127	1784		02.153																
1671	628-00-2	2-庚硫醇 2-heptanethiol	4128	1664		12.288	s1059															
1672	4938-52-7	(±)-1-庚烯-3-醇 (+/-)-1-hepten-3-ol	4129	1842	10218	02.155	s0927			√												
1673	697290-77-0	顺式和反式-2-庚基环丙烷羧酸 cis- and trans-2-heptylcyclopropanecarboxylic acid	4130				s1426															
1674	697290-76-9	顺式和反式-2-庚基环丙烷羧酸 cis- and trans-2-heptylcyclopropanecarboxylic acid	4130			08.131																
1675	16491-25-1	2,4-己二烯丙酸酯 2,4-hexadienyl propionate	4131	1781																		
1676	1516-17-2	2,4-己二烯乙酸酯 2,4-hexadienyl acetate	4132	1780		09.573																
1677	16930-93-1	2,4-己二烯丁酸酯 2,4-hexadienyl butyrate	4133	1783																			
1678	16491-24-0	2,4-己二烯异丁酸酯 2,4-hexadienyl isobutyrate	4134	1782																			
1679	85554-72-9	2-己烯酸辛酯 2-hexenyl octanoate	4135	1796		09.841																
1680	796857-79-9	己基 3-巯基丁酸酯 hexyl 3-mercaptobutanoate	4136	1704		12.292																
1681	18794-77-9	2-己硫基噻吩 2-hexylthiophene	4137	1764	11616	15.076																
1682	497-23-4	4-羟基-2-丁烯酸 γ-内酯 4-hydroxy-2-butenoic acid gamma-lactone	4138	2000			s1433	√			√	√							√			√	

附录1 风味产业意义显著的香气成分信息

续附表 1-1

序号	CAS	化合物名称	FEMA	JECFA	CoE	EFSA	GB 2760	A	B	C	D	E	F	G	H	I	J	K	L	M	N	O
1683	37160-77-3	3-羟基-2-辛酮 3-hydroxy-2-octanone	4139	2035		07.238																
1684	57743-63-2	2-(2-羟基-4-甲基-3-环己烯基)丙酸 γ-内酯 2-(2-hydroxy-4-methyl-3-cyclohexenyl) propionic acid gamma-lactone	4140	2223		10.057	s1060			✓												
1685	10413-18-0	5-羟基-4-甲基己酸 δ-内酯 5-hydroxy-4-methylhexanoic acid delta-lactone	4141	1990		10.168	s1427															
1686	133860-42-1	1-(3-羟基-5-甲基-2-噻吩基)乙酮 1-(3-hydroxy-5-methyl-2-thienyl) ethanone	4142	1750			s0935															
1687	490-03-9	(±)-2-羟基薄荷酮 (+/-)-2-hydroxypiperitone	4143	2038		07.168																
1688	23267-57-4	β-紫罗酮氧化物 beta-ionone epoxide	4144	1571	11202	07.170																
1689	28645-51-4	异安布雷托林 isoambrettolide	4145	1991		10.063	s0936															
1690	85586-67-0	异冰片异丁酸酯 isobornyl isobutyrate	4146	1863		09.584	s0937															
1691	94200-10-9	异冰片 2-甲基丁酸酯 isobornyl 2-methylbutyrate	4147	1869		09.888																
1692	18836-52-7	N-异丁基癸-反-2-反-4-二烯酰胺 N-isobutyldeca-trans-2-trans-4-dienamide	4148	1598		16.091	s1398															
1693	65505-24-0	异丁基-N-甲基邻氨基苯甲酸酯 isobutyl N-methylanthranilate	4149	1548	649	09.769	s0938															
1694	127931-21-9	(±)-异丁基 3-甲硫基丁酸酯 (+/-)-isobutyl 3-methylthiobutyrate	4150	1677		12.214	s1434															
1695	79-89-0	β-异甲基紫罗兰酮 beta-isomethylionone	4151	2186	650	07.041																✓

续附表 1-1

序号	CAS	化合物名称	FEMA	JECFA	CoE	EFSA	GB 2760	A	B	C	D	E	F	G	H	I	J	K	L	M	N	O
1696	108-22-5	异丙烯酸乙酯 isopropenyl acetate	4152	1835		09.822				√												
1697	38618-23-4	2-(1-薄荷氧基)乙醇 2-(1-menthoxy) ethanol	4154	1853		02.247	s1344															
1698	68127-22-0	薄荷基吡咯烷羧酸酯 menthyl pyrrolidone carboxylate	4155	1858																		
1699	89-47-4	薄荷基戊酸酯 menthyl valerate	4156	1852	472	09.154																
1700	92585-08-5	4-硫基-2-戊酮 4-mercapto-2-pentanone	4157	1670		12.264	s1428															
1701	31539-84-1	(±)-4-硫基-4-甲基-2-戊醇 (+/-)-4-mercapto-4-methyl-2-pentanol	4158	1669		12.252	s1438															
1702	7217-59-6	2-甲硫基甲醚 2-mercaptoanisole	4159	1666	11880	12.139	s1052															
1703	16630-60-7	甲硫基丁酸酯 methionyl butyrate	4160	1668		12.277	s0939															
1704	79930-37-3	顺式和反式-1-甲氧基-1-癸烯 trans-and cis-1-methoxy-1-decene	4161	1802		03.022	s1391															
1705	400052-49-5	(S1)-甲氧基-3-庚硫醇 (S1)-methoxy-3-heptanethiol	4162	1671		12.276	s0940															
1706	579-74-8	2-甲氧基苯乙酮 2-methoxyacetophenone	4163	2042		07.254									√							
1707	13894-62-7	顺式-3-己烯酸甲酯 methyl cis-3-hexenoate	4164	1624		09.937																
1708	41654-15-3	顺式-5-辛烯酸甲酯 methyl cis-5-octenoate	4165	1630		09.934	s0941															
1709	207983-28-6	甲基 3-甲硫基丁酸酯 methyl 3-(methylthio) butanoate	4166	1690		12.287																
1710	54051-19-3	甲基 3-巯基丁酸酯 methyl 3-mercaptobutanoate	4167	1674		12.290																
1711	72437-56-0	甲基异戊基二硫醚 methyl isopentyl disulfide	4168	1696		12.294	s1400															
1712	10072-05-6	甲基 N,N-二甲基邻氨基苯甲酸酯 methyl N,N-dimethylanthranilate	4169	1551		09.648																

附录1 风味产业意义显著的香气成分信息

续附表 1-1

序号	CAS	化合物名称	FEMA	JECFA	CoE	EFSA	GB 2760	A	B	C	D	E	F	G	H	I	J	K	L	M	N	O
1713	2719-08-6	甲基 N-乙酰邻氨基苯甲酸酯 methyl N-acetylanthranilate	4170	1550		09.649	s0942															
1714	41270-80-8	甲基 N-酰邻氨基苯甲酸酯 methyl N-formylanthranilate	4171	1549		09.650																
1715	5925-75-7	S-甲基丙烯硫醚 S-methyl propanethioate	4172	1678		12.165																
1716	89534-74-7	2-甲基-1-甲硫基-2-丁烯 2-methyl-1-methylthio-2-butene	4173	1683		12.265																
1717	15186-51-3	3-甲基-2(3-甲基丁基-2-烯基)呋喃 3-methyl-2(3-methylbut-2-en-1-yl)furan	4174	1494		13.148	s0943								∨							
1718	5555-90-8	3-(5-甲基-2-呋喃基)丙-2-烯醛 3-(5-methyl-2-furyl)prop-2-enal	4175	1499																		
1719	3511-32-8	5-甲基-3(2H)-呋喃酮 5-methyl-3(2H)-furanone	4176	2232																		
1720	19162-00-6	6-甲基-5-庚烯-2-基醋酸酯 6-methyl-5-hepten-2-yl acetate	4177	1838		09.938																
1721	4675-87-0	2-甲基丁-2-烯-1-醇 2-methylbut-2-en-1-ol	4178	1617	10258	02.174					∨											
1722	534-22-5	2-甲基呋喃 2-methylfuran	4179	1487	2209		s0871				∨											∨
1723	10321-71-8	4-甲基戊-2-烯酸 4-methylpent-2-enoic acid	4180	1818		08.099																
1724	53475-15-3	3-甲硫基-2-丁酮 3-(methylthio)-2-butanone	4181	1688		12.285	s1435															
1725	143764-28-7	4-(甲硫基)-2-戊酮 4-(methylthio)-2-pentanone	4182	1689		12.286	s1448															
1726	51755-70-5	(±)-3-(甲硫基)庚醛 (+/-)-3-(methylthio)heptanal	4183	1692		12.273																
1727	61675-72-7	3-(甲硫基)甲基噻吩 3-(methylthio)methylthiophene	4184	1765		15.126																
1728	29414-47-9	甲硫基甲基巯基甲硫醚 methylthiomethylmercaptan	4185	1675		12.242	s1449															

续附表 1-1

序号	CAS	化合物名称	FEMA	JECFA	CoE	EFSA	GB 2760	A	B	C	D	E	F	G	H	I	J	K	L	M	N	O
1729	57018-53-8	壬-2,4,6-三烯醛 nona-2,4,6-trienal	4187	1785		05.173		√								√						√
1730	21963-26-8	2-壬烯酸 γ-内酯 2-nonenoic acid gamma-lactone	4188	2001			s1071	√														
1731	94134-03-9	顺式-3-辛烯基丙酸酯 cis-3-octenyl propionate	4189	1628																		
1732	74298-89-8	戊-2-烯基己酸酯 pent-2-enyl hexanoate	4191	1795		09.678																
1733	3194-17-0	2-戊酰基呋喃 2-pentanoylfuran	4192	1509		13.163																
1734	13991-37-2	2-戊烯酸 2-pentenoic acid	4193	1804	10163	08.107																
1735	26643-92-5	(±)-2-苯基-4-甲基-2-己烯醛 (+/-)-2-phenyl-4-methyl-2-hexenal	4194	2069		05.222	s1058															
1736	87-41-2	邻苯二甲酸酐 phthalimic acid（注意：phthalide 通常指邻苯二甲酸酐）	4195			10.056																
1737	150-86-7	植物醇 phytol	4196	1832	10302	02.204	s1077															
1738	10236-16-5	植物醇醋酸酯 phytyl acetate	4197	1833		09.691	s0944															
1739	18358-53-7	3-蒎烯酮 3-pinanone	4198	1868	11125	07.171																
1740	35178-55-3	哌啶-1-氧化物 piperitenone oxide	4199	1574																		
1741	4573-50-6	1-薄荷酮 1-piperitone	4200	1856	11796	07.255	s0955															
1742	1191-16-8	烯丙基乙酸酯 prenyl acetate	4202	1827		09.692	s0609											√				
1743	5205-11-8	烯丙基苯甲酸酯 prenyl benzoate	4203	2063		09.693																
1744	76649-22-4	烯丙基己酸酯 prenyl caproate	4204	1829																		
1745	68480-28-4	烯丙基甲酸酯 prenyl formate	4205	1826		09.694																
1746	76649-23-5	烯丙基异丁酸酯 prenyl isobutyrate	4206	1828		09.695																

附录1 风味产业意义显著的香气成分信息

续附表 1-1

序号	CAS	化合物名称	FEMA	JECFA	CoE	EFSA	GB 2760	A	B	C	D	E	F	G	H	I	J	K	L	M	N	O
1747	19788-50-2	丙基2-巯基丙酸酯 propyl 2-mercaptopropionate	4207	1667		12.267																
1748	51534-36-2	十四碳-2-烯醛 tetradec-2-enal	4209	1803		05.179								√								
1749	507-09-5	硫代乙酸 thioacetic acid	4210	1676							√											
1750	479547-57-4	顺式和反式-2,4,8-三甲基-3,7-壬二烯-2-醇 trans-and cis-2,4,8-trimethyl-3,7-nonadien-2-ol	4211	1645		02.251																
1751	437770-28-0	(±)-2,4,8-三甲基-7-壬烯-2-醇 (+/-)-2,4,8-trimethyl-7-nonen-2-ol	4212	1644		02.250																
1752	29548-30-9	3,7,11-三甲基十二碳-2,6,10-三烯酸乙酯 3,7,11-trimethyldodeca-2,6,10-trienyl acetate	4213	1831		09.818	s0945															
1753	6540-86-9	2,4,6-三噻庚烷 2,4,6-trithiaheptane	4214	1684		12.240	s1429															
1754	51-67-2	酪胺 tyramine	4215	1590	709	11.007	s1129															
1755	80-57-9	马鞭酮 verbenone	4216	1870	11186	07.196	s1147								√	√						
1756	89-88-3	香根草醇 vetiverol	4217	1866	10321																	
1757	117-98-6	香根草醇醋酸酯 vetiveryl acetate	4218	1867	11887																	
1758	105-60-2	1,6-己内酰胺 1,6-hexalactam	4235	1594		16.052																
1759	75-04-7	乙胺 ethylamine	4236	1579	10477	11.015	s1100															
1760	107-10-8	丙胺 propylamine	4237	1580	601	11.004																
1761	75-31-0	异丙胺 isopropylamine	4238	1581	10480	11.018																
1762	78-81-9	仲丁胺 sec-butylamine	4239	1583	513	11.002																
1763	13952-84-6	2-甲基丁胺 2-methylbutylamine	4240	1584	707	11.005																

续附表 1-1

序号	CAS	化合物名称	FEMA	JECFA	CoE	EFSA	GB 2760	A	B	C	D	E	F	G	H	I	J	K	L	M	N	O
1764	96-15-1	戊胺 pentylamine	4241	1586	10484	11.020																
1765	110-58-7	己胺 hexylamine	4242	1585	11734	11.021																
1766	111-26-2	2-甲基哌啶 2-methylpiperidine	4243	1588	10478	11.016																
1767	109-05-7	三乙胺 triethylamine	4244	1608		14.133																
1768	121-44-8	三丙胺 tripropylamine	4246	1611	10496	11.023	s0946															√
1769	102-69-2	N,N-二甲基苯乙胺 N,N-dimethylphenethylamine	4247	1612	10495	11.026																
1770	19342-01-9	2-乙酰基-1-吡咯啉 2-acetyl-1-pyrroline	4248	1613																		
1771	85213-22-5	哌嗪 piperazine	4249	1604			s0913	√	√	√	√	√	√	√	√	√	√	√	√	√		√
1772	110-85-0	丁酰胺 butyramide	4250	1615		14.141																
1773	541-35-5	甲基10-十一烯酸 methyl 10-undecenoate	4252	1593																		
1774	111-81-9	乙二醇 ethanethiol	4253	1639																		
1775	75-08-1	庚烷-1-硫醇 heptane-1-thiol	4258	1659	546	12.017	s0928	√	√		√											√
1776	1639-09-4	S-异丙基3-甲基丁-2-烯硫醚 S-isopropyl 3-methylbut-2-enethioate	4259	1663	11485	12.130						√										
1777	34365-79-2	3-甲基己醛 3-methylhexanal	4260	1679		12.134																
1778	19269-28-4	4-戊烯醛 4-pentenal	4261	2173		05.219	s1138															
1779	2100-17-6	丙基丙烷硫磺酸盐 propyl propane thiosulfonate	4262	1619		05.174	s1148															
1780	1113-13-9	丙基磺酰硫丙酯 propyl propane thiosulfonate	4263	1702																		
1781	475-03-6	N-3,7-二甲基-2,6-辛二烯环丙基甲酰胺 N-3,7-dimethyl-2,6-octadienylcyclopropylcarboxamide	4264	2193																		

续附录 1-1

序号	CAS	化合物名称	FEMA	JECFA	CoE	EFSA	GB 2760	A	B	C	D	E	F	G	H	I	J	K	L	M	N	O
1782	744251-93-2	(±)-乙基 2-羟基-2-甲基丁酸酯 (+/−)-ethyl 2-hydroxy-2-methylbutyrate	4267	1779		16.095	s1416															
1783	77-70-3	(±)-乙基 2-羟基-3-甲基戊酸酯 (+/−)-ethyl 2-hydroxy-3-methylvalerate	4268	1651																		
1784	24323-38-4	2-(2-羟基苯基)环丙烷羧酸 δ-内酯 2-(2-hydroxyphenyl) cyclopanecarboxylic acid delta lactone	4269	1652																		
1785	5617-64-1	2-癸酮 2-decanone	4270	2224																		
1786	693-54-9	(±)-顺式和反式-2-己烯丙二醇缩醛 (+/−)-trans- and cis-2-hexenal propylene glycol acetal	4271	2074	11055	07.150	s1107	√		√		√					√				√	
1787	94089-21-1	(±)-2-苯基-4-甲基-2-己烯醛 (+/−)-2-phenyl-4-methyl-2-hexenal	4272	1801			s1445															
1788	214220-85-6	(±)-顺式和反式-2-己烯醛甘油乙缩醛 (+/−)-trans- and cis-2-hexenal glyceryl acetal	4273																			
1789	897630-96-5	(±)-顺式和反式-2-己烯醛甘油乙缩醛 (+/−)-trans- and cis-2-hexenal glyceryl acetal	4273																			
1790	897672-50-3	(±)-顺式和反式-2-己烯醛甘油乙缩醛 (+/−)-trans- and cis-2-hexenal glyceryl acetal	4273																			
1791	897672-51-4	(±)-顺式和反式-2-己烯醛甘油乙缩醛 (+/−)-trans- and cis-2-hexenal glyceryl acetal	4273																			

续附表 1-1

序号	CAS	化合物名称	FEMA	JECFA	CoE	EFSA	GB 2760	A	B	C	D	E	F	G	H	I	J	K	L	M	N	O
1792	94089-01-7	反-2-已烯基 2-甲基丁酸酯 trans-2-hexenyl 2-methylbutyrate	4274	1797																		
1793	90731-56-9	2-(4-甲基-5-噻唑基)乙基甲酸酯 2-(4-methyl-5-thiazolyl) ethyl formate	4275	1751			s1394															
1794	324742-96-3	2-(4-甲基-5-噻唑基)乙基丙酸酯 2-(4-methyl-5-thiazolyl) ethyl propionate	4276	1752																		
1795	94159-31-6	2-(4-甲基-5-噻唑基)乙基丁酸酯 2-(4-methyl-5-thiazolyl) ethyl butanoate	4277	1753			s1155															
1796	324742-95-2	2-(4-甲基-5-噻唑基)乙基异丁酸酯 2-(4-methyl-5-thiazolyl) ethyl isobutyrate	4278	1754			s1393															
1797	94159-32-7	2-(4-甲基-5-噻唑基)乙基己酸酯 2-(4-methyl-5-thiazolyl) ethyl hexanoate	4279	1755			s1154															
1798	163266-17-9	2-(4-甲基-5-噻唑基)乙基辛酸酯 2-(4-methyl-5-thiazolyl) ethyl octanoate	4280	1756			s1143															
1799	101426-31-7	2-(4-甲基-5-噻唑基)乙基癸酸酯 2-(4-methyl-5-thiazolyl) ethyl decanoate	4281	1757			s1392															
1800	117013-33-9	(±)-3-(乙基硫代)丁醇 (+/-)-3-(ethylthio) butanol	4282	1703																		
1801	51608-18-5	2-(反-2-戊烯基)环戊酮 2-(trans-2-pentenyl) cyclopentanone	4284	2049																		

附录1 风味产业意义显著的香气成分信息

续附录1-1

序号	CAS	化合物名称	FEMA	JECFA	CoE	EFSA	GB 2760	A	B	C	D	E	F	G	H	I	J	K	L	M	N	O
1802	831213-72-0	3,9-二甲基-6-(1-甲基乙基)-1,4-二氧杂螺[4.5]癸-2-酮 3,9-dimethyl-6-(1-methylethyl)-1,4-dioxaspiro[4.5]decan-2-one	4285	1859		06.136																
1803	18433-93-7	顺式和反式-2-异丁基-4-甲基-1,3-二氧环戊烷 cis-and trans-2-isobutyl-4-methyl-1,3-dioxolane	4286	1732		06.135	s1094															
1804	67879-60-1	顺式和反式-2-异丙基-4-甲基-1,3-二氧环戊烷 cis-and trans-2-isopropyl-4-methyl-1,3-dioxolane	4287	1748			s1095															
1805	548774-80-7	3-巯基庚酸乙酯 3-mercaptoheptyl acetate	4289	1708		12.297	s1075															
1806	1617-40-9	顺式-2-甲基-2-戊烯酸乙酯 ethyl cis-2-methyl-2-pentenoate	4290	1815																		
1807	4747-07-3	甲基己醚 methyl hexyl ether	4291	2138		03.016																
1808	56700-78-8	反式-2-反式-4-壬二烯 trans-2-trans-4-nonadiene	4292	2192			s1139															
1809	111-66-0	1-辛烯 1-octene	4293	2191		01.070	s1140											∨				
1810	6290-17-1	顺式和反式-乙基2,4-二甲基-1,3-二氧环戊烷-2-乙酸酯 cis-and trans-ethyl 2,4-dimethyl-1,3-dioxolane-2-acetate	4294	1715		06.087	s1149															
1811	24717-85-9	香叶醇反-2-甲基-2-丁烯酸乙酯 citronellyl trans-2-methyl-2-butenoate	4295	1823		09.340																

续附表 1-1

序号	CAS	化合物名称	FEMA	JECFA	CoE	EFSA	GB 2760	A	B	C	D	E	F	G	H	I	J	K	L	M	N	O
1812	164524-93-0	5-乙酰基-2,3-二氢-1,4-噻嗪 5-acetyl-2,3-dihydro-1,4-thiazine	4296	1766																		√
1813	53897-60-2	双(1-巯基丙基)硫化物 bis(1-mercaptopropyl) sulfide	4297	1709		12.284																
1814	6628-18-8	2,5-二噻己烷 2,5-dithiahexane	4298	1707			s1475															
1815	141-10-6	假紫罗兰酮 pseudoionone	4299	2187		07.198																
1816	29725-66-4	顺式和反式-1-巯基-对薄荷-3-酮 cis-and trans-1-mercapto-p-menthan-3-one	4300	1673		12.259	s1463															
1817	27743-70-0	反式-2-壬烯-4-酮 trans-2-nonen-4-one	4301	1844																		
1818	2277-16-9	反-4-壬醛 trans-4-nonenal	4302	1642																		
1819	18114-49-3	1,1'-(四氢-6a-羟基-2,3a,5-三甲基呋喃[2,3-d]-1,3-二氧杂环-2,5-二基)双乙酮 1,1'-(tetrahydro-6a-hydroxy-2,3a,5-trimethylfuro[2,3-d]-1,3-dioxole-2,5-diyl) bis-ethanone	4303	2039																		
1820	22104-80-9	E-2-癸烯-1-醇 trans-2-decenol	4304		11750	02.137																
1821	18049-18-2	E-2-癸烯-1-醇 trans-2-decenol	4304	1794																		
1822	20273-24-9	Z-2-戊烯-1-醇 cis-2-pentenol	4305	1793	665	02.050		√														
1823	97890-13-6	2-甲基丁基 3-甲基-2-丁烯酸酯 2-methylbutyl 3-methyl-2-butenoate	4306	1816		09.942																
1824	108766-16-1	1-薄荷基 (R,S)-3-羟基丁酸酯 1-menthyl (R,S)-3-hydroxybutyrate	4308	1855			s1453															

附录1 风味产业意义显著的香气成分信息

续附表 1-1

序号	CAS	化合物名称	FEMA	JECFA	CoE	EFSA	GB 2760	A	B	C	D	E	F	G	H	I	J	K	L	M	N	O
1825	68489-14-5	N-[(乙氧羰基)甲基]-p-薄荷烷-3-酰胺 N-[(ethoxycarbonyl)methyl]-p-menthane-3-carboxamide	4309	1776		16.111	s1417															
1826	1888-90-0	甲基环己二烯和亚甲基环己烯混合物 mixture of methyl cyclohexadiene and methylene cyclohexene	4311																				
1827	30640-46-1	甲基环己二烯和亚甲基环己烯混合物 mixture of methyl cyclohexadiene and methylene cyclohexene	4311																				
1828	22451-50-9	(±)-顺式和反式-1,2-二氢过罗勒醛 (+/-)-cis-and trans-1,2-dihydroperillaldehyde	4312																				
1829	22451-49-6	(±)-顺式和反式-1,2-二氢过罗勒醛 (+/-)-cis-and trans-1,2-dihydroperillaldehyde	4312																				
1830	61810-55-7	苯乙基癸酸酯 phenethyl decanoate	4314		10881	09.685																	
1831	70786-44-6	3,6-二甲基-2,3,3a,4,5,7a-六氢苯并呋喃 3,6-dimethyl-2,3,3a,4,5,7a-hexahydrobenzofuran	4315	2133		13.198																	
1832	577-16-2	2-甲基乙酰苯酮 2-methylacetophenone	4316	2044		07.259	s1141															
1833	2167-14-8	1-乙基吡咯-2-羰基甲醛 1-ethyl-2-pyrrolecarboxaldehyde	4317	2150			s1142										✓					
1834	83418-54-6	顺式和反式-5-乙基-2,5-二氢-4-甲基-2-(1-甲基丙基)-噻唑 cis- and trans-5-ethyl-2,5-dihydro-4-methyl-2-(1-methylpropyl)-thiazole	4318	1762		15.131	s1450															

续附表 1-1

序号	CAS	化合物名称	FEMA	JECFA	CoE	EFSA	GB 2760	A	B	C	D	E	F	G	H	I	J	K	L	M	N	O
1835	83418-53-5	顺式和反式-5-乙基-4-甲基-2-(2-甲基丙基)-噻唑啉 cis and trans-5-ethyl-4-methyl-2-(2-methylpropyl)-thiazoline	4319	1761		15.130	s1436															
1836	333384-99-9	2-甲基-3-呋喃基甲基硫代甲基二硫醚 2-methyl-3-furyl methylthiomethyl disulfide	4320	2091																		
1837	116505-60-3	吡咯啉-[1,2E]-4H-2,4-二甲基-1,3,5-二噻嗪 pyrrolidino-[1,2E]-4H-2,4-dimethyl-1,3,5-dithiazine	4321	1763		15.055																
1838	51352-68-2	5-戊基-3H-呋喃-2-酮 5-pentyl-3H-furan-2-one	4323	1989			s1474															
1839	50746-09-3	3-巯基-3-甲基-1-丁基醋酸酯 3-mercapto-3-methyl-1-butyl acetate	4324	1706			s1452											✓				
1840	89534-38-3	(±)-3-巯基-1-丁基醋酸酯 (+/-)-3-mercapto-1-butyl acetate	4325	1705																		
1841	27039-84-5	5-壬烯-反-2-酮 5-nonen-trans-2-one	4326	1845																		
1842	59557-05-0	l-薄荷基乙酰丙酮酸 l-menthyl acetoacetate	4327	1854																		
1843	14129-48-7	4-辛烯-3-酮 4-octen-3-one	4328	1843																		
1844	527-60-6	2,4,6-三甲基苯酚 2,4,6-trimethylphenol	4329	2013		04.095																✓
1845	99-93-4	4-羟基乙酰苯酮 4-hydroxyacetophenone	4330	2040		07.243																
1846	2278-53-7	(±)-[R-(E)]-5-异丙基-8-甲基壬-6,8-二烯-2-酮 (+/-)-[R-(E)]-5-isopropyl-8-methylnona-6,8-dien-2-one	4331	1840		07.239																

附录1　风味产业意义显著的香气成分信息

续附表1-1

序号	CAS	化合物名称	FEMA	JECFA	CoE	EFSA	GB 2760	A	B	C	D	E	F	G	H	I	J	K	L	M	N	O
1847	1192-58-1	1-甲基-1H-吡咯-2-羰基甲醛 1-methyl-1H-pyrrole-2-carboxaldehyde	4332	2152			s0984											✓				
1848	110-66-7	1-戊烷硫醇 1-pentanethiol	4333	1662		12.191	s1437								✓			✓				
1849	1002-84-2	十五烷酸 pentadecanoic acid	4334														✓					
1850	10486-19-8	十三醛 tridecanal	4335												✓							
1851	638-53-9	十三酸 tridecanoic acid	4336															✓					
1852	1119-06-8	己基庚酸酯 hexyl heptanoate	4337	1872																		
1853	6221-93-8	十二烷基丙酸酯 dodecyl propionate	4338	1876																		
1854	6561-39-3	己基壬酸酯 hexyl nonanoate	4339	1873																		
1855	3724-61-6	十二烷基丁酸酯 dodecyl butyrate	4340	1877																		
1856	624-09-9	庚基庚酸酯 heptyl heptanoate	4341	1875																		
1857	10448-26-7	己基癸酸酯 hexyl decanoate	4342	1874																		
1858	25415-67-2	乙基 4-甲基戊酸酯 ethyl 4-methylpentanoate	4343								✓	✓						✓				
1859	2983-38-2	乙基 2-乙基丁酸酯 ethyl 2-ethylbutyrate	4344																			
1860	2983-37-1	乙基 2-乙基己酸酯 ethyl 2-ethylhexanoate	4345																			
1861	180348-60-1	4-甲基戊基异戊酸酯 4-methylpentyl isovalerate	4346																			
1862	72246-17-4	3,7-二甲基辛醛 3,7-dimethyloctanal	4346																			
1863	850309-45-4	顺式-4-癸烯醇 cis-4-decenol	4347																			
1864	5988-91-0	顺式-5-辛烯酸 cis-5-octenoic acid	4348	2176																		
1865	57074-37-0	5-己烯醇 5-hexenol	4349	1633																		

续附表 1-1

序号	CAS	化合物名称		FEMA	JECFA	CoE	EFSA	GB 2760	A	B	C	D	E	F	G	H	I	J	K	L	M	N	O
1866	41653-97-8	3-异丙烯基戊二酸	3-isopropenylpentanedioic acid	4350	1631																		
1867	821-41-0	甲基 4-戊烯酸	methyl 4-pentenoate	4351	1623																		
1868	6839-75-4	顺式-4-辛烯醇	cis-4-octenol	4352	1620																		
1869	818-57-5	11-十二碳烯酸	11-dodecenoic acid	4353	1616																		
1870	54393-36-1	反式-3-己烯醇	trans-3-hexenol	4354	1625																		
1871	65423-25-8	反式-4-辛烯酸	trans-4-octenoic acid	4355	1635																		
1872	928-97-2	异丁基 10-十一碳烯酸酯	isobutyl 10-undecenoate	4356	1621			s1134			√												
1873	18776-92-6	顺式-9-十八碳烯酸乙酯	cis-9-octadecenyl acetate	4357	1629						√					√							
1874	5421-27-2	乙基 4-戊烯酸	ethyl 4-pentenoate	4358	1634			s1082			√					√			√				
1875	693-80-1	乙基 3-辛烯酸	ethyl 3-octenoate	4359	1638																		
1876	1968-40-7	3-辛烯酸	3-octenoic acid	4360	1618																		
1877	1117-65-3	顺式-9-十八碳烯醇	cis-9-octadecenol	4361	1632	10618	09.377																
1878	1577-19-1	癸醛丙二醇缩醛	decanal propyleneglycol acetal	4362	1627																		
1879	143-28-2	乙醛己基异戊基缩醛	acetaldehyde hexyl isoamyl acetal	4363	1637																		
1880	5421-12-5	十二醛二甲缩醛	dodecanal dimethyl acetal	4364	1744																		
1881	233665-90-2	壬醛二甲缩醛	nonanal dimethyl acetal	4365	1727		06.114																
1882	14620-52-1	庚醛丙二醇缩醛	heptanal propyleneglycol acetal	4366	1746																		
1883	18824-63-0	己醛己基异戊基缩醛	hexanal hexyl isoamyl acetal	4367	1742																		
1884	4351-10-4	己醛二己基缩醛	hexanal dihexyl acetal	4368	1739																		
1885	896447-13-5	异戊醛二乙基缩醛	isovaleraldehyde diethyl acetal	4369	1735																		

续附表 1-1

序号	CAS	化合物名称	FEMA	JECFA	CoE	EFSA	GB 2760	A	B	C	D	E	F	G	H	I	J	K	L	M	N	O
1886	33673-65-3	戊醛丙二醇缩醛 valeraldehyde propyleneglycol acetal	4370	1738																		
1887	3842-03-3	壬醛丙二醇缩醛 nonanal propyleneglycol acetal	4371	1730	10014	06.059	s1078					√										
1888	74094-60-3	十一醛丙二醇缩醛 undecanal propyleneglycol acetal	4372	1734																		
1889	68391-39-9	戊醛二丁基缩醛 valeraldehyde dibutyl acetal	4373	1743																		
1890	74094-62-5	乙醛 1,3-辛二醇缩醛 acetaldehyde 1,3-octanediol acetal	4374	1745																		
1891	13112-65-7	己醛辛烷-1,3-二醇缩醛 hexanal octane-1,3-diol acetal	4375	1731																		
1892	202188-43-0	异戊醛甘油缩醛 isovaleraldehyde glyceryl acetal	4376	1749																		
1893	202188-46-3	乙醛二顺式-3-己基缩醛 acetaldehyde di-cis-3-hexenyl acetal	4377	1736																		
1894	54355-74-7	2,6-二甲基-5-庚烯醛丙二醇缩醛 2,6-dimethyl-5-heptenal propyleneglycol acetal	4380	1733																		
1895	63449-64-9	辛醛丙二醇缩醛 octanal propyleneglycol acetal	4381	1747																		
1896	74094-63-6	己醛丁烷-2,3-二醇缩醛 hexanal butane-2,3-diol acetal	4382	1740																		
1897	74094-61-4	4-甲基戊基异戊酸酯 4-methylpentyl isovalerate	4383	1741																		
1898	155639-75-1	3,7-二甲基辛醛 3,7-dimethyloctanal	4384	1737																		
1899	65819-74-1	二(1-丙烯基)硫化物 di-(1-propenyl)-sulfide (mixture of isomers)	4386				s1098									√						
1900	37981-37-6	二(1-丙烯基)硫化物 di-(1-propenyl)-sulfide (mixture of isomers)	4386																			
1901	37981-36-5	二(1-丙烯基)硫化物 di-(1-propenyl)-sulfide (mixture of isomers)	4386																			

续附表 1-1

序号	CAS	化合物名称	FEMA	JECFA	CoE	EFSA	GB 2760	A	B	C	D	E	F	G	H	I	J	K	L	M	N	O
1902	4861-58-9	2-戊基噻吩 2-pentylthiophene	4387	2106	11634	15.096	s0895														√	
1903	19961-52-5	5-乙基-2-甲基噻唑 5-ethyl-2-methylthiazole	4388	2113		15.068																
1904	108-47-4	2,4-二甲基吡啶 2,4-dimethylpyridine	4389	2151		14.104																
1905	27372-03-8	(±)-乙基 3-羟基-2-甲基丁酸酯 (+/-)-ethyl 3-hydroxy-2-methylbutyrate	4391	1949																		
1906	888021-82-7	(±)-乙基 3-巯基-2-甲基丁酸酯 (+/-)-ethyl 3-mercapto-2-methylbutanoate	4392	1928																		
1907	97231-35-1	(±)-顺式和反式-2-甲基-2-(4-甲基-3-戊烯基)环丙烷甲醛 (+/-)-cis- and trans-2-methyl-2-(4-methyl-3-pentenyl) cyclopropanecarbaldehyde	4393	1908																		
1908	20662-84-4	1,2,4-三甲基氧化偶氮 2-methyl-4,5-oxazole	4394	1553	11424	13.169	s1068				√											
1909	30408-61-8	2,5-二甲基-4-乙基氧化偶氮 2,5-dimethyl-4-ethyloxazole	4395	1554		13.118									√	√						
1910	53833-32-2	2-丙基-4,5-二甲基氧化偶氮 2-propyl-4,5-dimethyloxazole	4396	1569	11379	13.112																
1911	26131-91-9	2-异丁基-4,5-二甲基氧化偶氮 2-isobutyl-4,5-dimethyloxazole	4397	1556		13.195																
1912	95-21-6	2-甲基-4,5-苯并氧化偶氮 2-methyl-4,5-benzoxazole	4398	1557		13.154																
1913	165191-91-3	2-壬酮丙二醇缩醛 2-nonanone propyleneglycol acetal	4399	2076																			

附录1 风味产业意义显著的香气成分信息

续附表1-1

序号	CAS	化合物名称	FEMA	JECFA	CoE	EFSA	GB 2760	A	B	C	D	E	F	G	H	I	J	K	L	M	N	O
1914	68258-95-7	6-甲基-5-庚烯-2-酮丙二醇缩醛 6-methyl-5-hepten-2-one propyleneglycol acetal	4400	2075																		
1915	90397-36-7	2-戊基-2-甲基戊酸 2-pentyl 2-methylpentanoate	4401	2072																		
1916	20286-45-7	3-辛基丁酸酯 3-octyl butyrate	4402	2073																		
1917	93762-34-6	苄基碳基巴豆酸酯 dimethylbenzyl carbinyl crotonate	4403	2025																		
1918	891781-90-1	苄基碳基己酸酯 dimethylbenzyl carbinyl hexanoate	4404	2026																		
1919	65213-86-7	1,5-辛二烯-3-酮 1,5-octadien-3-one	4405	1848		07.190	s1113	√														
1920	36219-73-5	10-十一烯-2-酮 10-undecen-2-one	4406	1849																		
1921	74356-31-3	2,4-二甲基-4-壬醇 2,4-dimethyl-4-nonanol	4407	1850		02.253																
1922	5009-32-5	8-壬烯-2-酮 8-nonen-2-one	4408	1851																		
1923	1946-00-5	8-濊烯-1,2-二醇 8-p-menthene-1,2-diol	4409	1860											√							
1924	56747-96-7	石竹烯醇 caryophyllene alcohol	4410	2027			s0060							√								
1925	22771-44-4	d-2,8-濊二烯-1-醇 d-2,8-p-menthadien-1-ol	4411	1861												√						
1926	10340-23-5	顺式-3-壬烯-1-醇 cis-3-nonen-1-ol	4412	2177	10293	02.234				√												
1927	3681-82-1	反式-3-己烯基乙酸乙酯 $trans$-3-hexenyl acetate	4413	2180		09.928										√						
1928	4430-36-8	4-(甲硫基)丁基异硫氰酸酯 4-(methylthio) butyl isothiocyanate	4414	1892										√								
1929	4430-39-1	6-(甲硫基)己基异硫氰酸酯 6-(methylthio) hexyl isothiocyanate	4415	1897			s1087				√											

续附表 1-1

序号	CAS	化合物名称	FEMA	JECFA	CoE	EFSA	GB 2760	A	B	C	D	E	F	G	H	I	J	K	L	M	N	O
1930	4430-42-6	5-(甲硫基)戊基异硫氰酸酯 5-(methylthio) pentyl isothiocyanate	4416	1896			s1088															
1931	629-12-9	戊基异硫氰酸酯 amyl isothiocyanate	4417	1891			s1089															
1932	3386-97-8	3-丁烯基异硫氰酸酯 3-butenyl isothiocyanate	4418	1889		12.283	s1079							√				√				
1933	4426-79-3	2-丁基异硫氰酸酯 2-butylisothiocyanate	4419	1890			s1085							√				√				
1934	542-85-8	乙基异硫氰酸酯 ethyl isothiocyanate	4420	1885																		
1935	49776-81-0	5-己烯基异硫氰酸酯 5-hexenyl isothiocyanate	4421	1894			s1081				√											
1936	4404-45-9	己基异硫氰酸酯 hexyl isothiocyanate	4422	1895																		
1937	628-03-5	异戊基异硫氰酸酯 isoamyl isothiocyanate	4423	1887			s1091															
1938	591-82-2	异丁基异硫氰酸酯 isobutyl isothiocyanate	4424	1886			s1086															
1939	2253-73-8	异丙基异硫氰酸酯 isopropyl isothiocyanate	4425	1888			s1090															
1940	556-61-6	甲基异硫氰酸酯 methyl isothiocyanate	4426	1884										√	√							
1941	18060-79-2	4-戊烯基异硫氰酸酯 4-pentenyl isothiocyanate	4427	1893			s1080				√											
1942	622-78-6	苄基异硫氰酸酯 benzyl isothiocyanate	4428	1562	11863	12.102				√		√		√	√							
1943	77311-02-5	2,4-二甲基-3-噁唑啉 2,4-dimethyl-3-oxazoline	4429	1558		13.115																
1944	99-50-3	3,4-二羟基苯甲酸 3,4-dihydroxybenzoic acid	4430			08.133																
1945	99-06-9	3-羟基苯甲酸 3-hydroxybenzoic acid	4431			08.132																
1946	25334-93-4	(±)-乙醛异丙基乙缩醛 (+/-)-acetaldehyde ethyl isopropyl acetal	4432			06.137																
1947	30689-75-9	(±)-6-辛醛(+/-)-6-methyloctanal	4433	2175		05.211									√							

续附表 1-1

序号	CAS	化合物名称	FEMA	JECFA	CoE	EFSA	GB 2760	A	B	C	D	E	F	G	H	I	J	K	L	M	N	O
1948	15707-34-3	5-乙基-2,3-二甲基吡嗪 5-ethyl-2,3-dimethylpyrazine	4434	2126		14.170		√			√	√										√
1949	673-22-3	2-羟基-4-甲氧基苯甲醛 2-hydroxy-4-methoxybenzaldehyde	4435			05.229														√	√	
1950	906079-63-8	3-(甲硫基)丙酸酯 3-(methylthio) propyl hexanoate	4436	1941		12.299													√	√		
1951	591-11-7	β-香叶基内酯 beta-angelicalactone	4438																			
1952	67114-38-9	7-癸烯-4-内酯 7-decen-4-olide	4439	1992		10.038				√												
1953	74585-00-5	9-癸烯-5-内酯 9-decen-5-olide	4440	1993												√						
1954	32764-98-0	8-癸烯-5-内酯 8-decen-5-olide	4441	1994		10.040																
1955	85392-05-8	乙基 5-乙酰氧辛酸乙酯 ethyl 5-acetoxyoctanoate	4442																				
1956	85392-06-9	乙基 5-羟基癸酸乙酯 ethyl 5-hydroxydecanoate	4442																				
1957	35234-25-4	9-十二烯-5-内酯 9-dodecen-5-olide	4443	1959																		
1958	75587-06-3	γ-十八内酯 gamma-octadecalactone	4444	1962																		
1959	15456-68-5	δ-十八内酯 delta-octadecalactone	4445	1996																		
1960	502-26-1	9-十四烯-5-内酯 9-tetradecen-5-olide	4446	1998																		
1961	1227-51-6	香叶内酯 orin lactone	4447	1999																		
1962	15456-70-9	甲基 3-羟基丁酸丁酯 methyl 3-hydroxybutyrate	4448	1997																		
1963	134359-15-2	甲基 3-乙酰氧基-2-甲基丁酸酯 methyl 3-acetoxy-2-methylbutyrate	4449	1995																		
1964	1487-49-6	乙基 2-乙酰基己酸酯 ethyl 2-acetylhexanoate	4450	1947						√												
1965	139564-42-4	乙基 3-羟基辛酸酯 ethyl 3-hydroxyoctanoate	4451	1951																		

续附表 1-1

序号	CAS	化合物名称		FEMA	JECFA	CoE	EFSA	GB 2760	A	B	C	D	E	F	G	H	I	J	K	L	M	N	O
1966	1540-29-0	甲基3-乙酰氧辛酸酯	methyl 3-acetoxyoctanoate	4452	1953																		
1967	7367-90-0	乙基5-乙酰氧辛酸乙酯	ethyl 5-acetoxyoctanoate	4453	1955	10603																	
1968	35234-21-0	乙基5-羟基癸酸乙酯	ethyl 5-hydroxydecanoate	4454	1956																		
1969	3637-14-7	5-酮基辛酸	5-oxooctanoic acid	4455	1957																		
1970	624-01-1	5-酮基癸酸	5-oxodecanoic acid	4456	1960																		
1971	93919-00-7	乙基5-酮癸酸盐	ethyl 5-oxodecanoate	4457	1961																		
1972	3637-16-9	5-酮十二酸	5-oxododecanoic acid	4458	1963																		
1973	29214-60-6	乙基2-乙酰基辛酸酯	ethyl 2-acetyloctanoate	4459	1958																		
1974	923291-29-6	2-酮-3-乙基-4-丁丙酯	2-oxo-3-ethyl-4-butanolide	4460	1986																		
1975	4436-82-2	3-异丙烯基-6-酮庚酸	3-isopropenyl-6-oxoheptanoic acid	4461	1954																		
1976	116-09-6	羟基乙酮	hydroxyacetone	4462	1945	11101	07.169					√						√					
1977	68113-55-3	1-羟基-4-甲基-2-戊酮	1-hydroxy-4-methyl-2-pentanone	4463	1952																		
1978	623-84-7	丙二醇二乙酸酯	propyleneglycol diacetate	4464	1976																		
1979	10108-80-2	丙二醇二丙酸酯	propyleneglycol dipropionate	4465	1978																		
1980	50980-84-2	丙二醇二丁酸酯	propyleneglycol dibutyrate	4466	1980																		
1981	923593-56-0		propyleneglycol mono-2-methylbutyrate	4467																√			
1982	923593-57-1		propyleneglycol mono-2-methylbutyrate	4467																√			
1983	155514-30-0	丙二醇二异丁酸酯	propyleneglycol di-2-methylbutyrate	4468	1982																		

附录1 风味产业意义显著的香气成分信息

续附表 1-1

序号	CAS	化合物名称		FEMA	JECFA	CoE	EFSA	GB 2760	A	B	C	D	E	F	G	H	I	J	K	L	M	N	O
1984	39556-41-7	丙二醇单己酸酯	propyleneglycol monohexanoate	4469																			
1985	170678-49-6	丙二醇单己酸酯	propyleneglycol monohexanoate	4469																			
1986	50343-36-7	丙二醇二己酸酯	propyleneglycol dihexanoate	4470	1984																		
1987	7384-98-7	丙二醇辛酸酯	propyleneglycol dioctanoate	4471	1985																		
1988	627-93-0	己二酸二甲酯	dimethyl adipate	4472	1964																		
1989	106-19-4	己二酸二丙酯	dipropyl adipate	4473	1965																		
1990	6938-94-9	己二酸二异丙酯	diisopropyl adipate	4474	1966																		
1991	141-04-8	己二酸二异丁酯	diisobutyl adipate	4475	1967																		
1992	123-79-5	己二酸二辛酯	dioctyl adipate	4476	1968		09.951																
1993	6413-10-1	乙基乙二醇缩酮	ethyl acetoacetate ethyleneglycol ketal	4477	1969																		
1994	624-45-3	甲基戊酮酸甲酯	methyl levulinate	4478	1970																		
1995	57197-36-1	乙基戊酮酸丙二醇缩酮	ethyl levulinate propyleneglycol ketal	4479	1973																		
1996	645-67-0	丙基戊酮酸盐	propyl levulinate	4480	1971																		
1997	71172-75-3	异戊基戊酮酸盐	isoamyl levulinate	4481	1972																		
1998	6283-92-7	月桂醇乳酸酯	dodecyl lactate	4482	1948																		
1999	35274-05-6	十六烷基乳酸酯	hexadecyl lactate	4483	1950																		
2000	20279-43-0	丙基丙酮酸盐	propyl pyruvate	4484	1946																		
2001	93804-64-9	羟基香茅醇丙二醇缩醛	hydroxycitronellal propyleneglycol acetal	4485	1975																		

续附表 1-1

序号	CAS	化合物名称	FEMA	JECFA	CoE	EFSA	GB 2760	A	B	C	D	E	F	G	H	I	J	K	L	M	N	O
2002	5694-82-6	柠檬醛甘油缩醛 citral glyceryl acetal	4486																				
2003	29592-95-8	丙二醇单丁酸酯 propyleneglycol monobutyrate	4488	1979																			
2004	84434-20-8	顺式-3-己烯基乙酰丙酮酸盐 cis-3-hexenyl acetoacetate	4489	1974																			
2005	579-60-2	2-甲氧基-6-(2-丙烯基)苯酚 2-methoxy-6-(2-propenyl) phenol	4490	1528		04.096																	
2006	3687-48-7	(R)-(-)-1-辛烯-3-醇 (R)-(-)-1-octen-3-ol	4492	2071						√					√								
2007	1775-43-5	顺式-3-己烯酸 cis-3-hexenoic acid	4493	2181											√								
2008	852379-28-3	N-对苯甲酰基乙基甲胺羰基苯甲酰胺 N-p-benzeneacetonitrilementhanecarboxamide	4496	2009		16.117	s1469																
2009	23445-02-5	古卜醇 cubebol	4497	2028											√								
2010	63885-09-6	6-甲基庚醛 6-methylheptanal	4498	2174		05.225																	
2011	59323-81-8	(±)-顺式和反式-2-戊基-4-丙基-1,3-噁噻 (+/-)-cis- and trans-2-pentyl-4-propyl-1,3-oxathiane	4499	1943		16.114																	
2012	915971-43-6	3-[(2-甲基-3-呋喃基)硫代]丁醛 3-[(2-methyl-3-furyl) thio] butanal	4501	2095		13.199																	
2013	515-03-7	(-)-斯克拉瑞醇 (-)-sclareol	4502	2029	10311	02.206																	
2014	77-53-2	(+)-雪松醇 (+)-cedrol	4503	2030	10190	02.120		√	√	√													
2015	38142-45-9	d-柠檬烯-10-醇 d-limonen-10-ol	4504	1903											√	√							
2016	27939-60-2	2,4-和3,5-和3,6-二甲基-3-环己烯基甲醛 (2,4)- and (3,5)- and (3,6)-dimethyl-3-cyclohexenyl-carbaldehyde	4505	1900																			

附录1 风味产业意义显著的香气成分信息

续附表 1-1

序号	CAS	化合物名称	FEMA	JECFA	CoE	EFSA	GB 2760	A	B	C	D	E	F	G	H	I	J	K	L	M	N	O
2017	1197-15-5	1,3-对-薄荷二烯-7-醛 1,3-p-menthadien-7-al	4506	1906							√											
2018	5502-75-0	对-薄荷烷-7-醇 p-menthan-7-ol	4507	1904																		
2019	18479-68-0	对-薄荷-1-烯-9-醇 p-menth-1-en-9-ol	4508	1905											√							
2020	2230-90-2	薄荷基甲酸酯 menthyl formate	4509		10751	09.618																
2021	86014-82-6	薄荷基丙酸酯 menthyl propionate	4510																			
2022	87-55-8	环戊酮丙酸酯 cyclotene propionate	4511	2055																		
2023	67859-96-5	3,3,5-三甲基环己基乙酸酯 3,3,5-trimethylcyclohexyl acetate	4512	2053																		
2024	76-22-2	d,l-莰酮 d,l-camphor	4513				s0236								√							
2025	21368-68-3	d,l-莰酮 d,l-camphor	4513																			
2026	4884-24-6	2-环戊基环戊酮 2-cyclopentylcyclopentanone	4514	2050																		
2027	1670-47-9	环己酮二乙基缩酮 cyclohexanone diethyl ketal	4516	2051																		
2028	930-68-7	2-环己烯酮 2-cyclohexenone	4517	2052																		
2029	85248-56-2	8,9-脱氢茶螺酮 8,9-dehydrotheaspirone	4518	2059																		
2030	7787-20-4	1-香芹酮 1-fenchone	4519	2200																		
2031	97866-86-9	2,2,6,7-四甲基双环[4.3.0]壬-4,9-二烯-8-醇 2,2,6,7-tetramethylbicyclo[4.3.0]nona-4,9-dien-8-ol	4521	2198																		
2032	97844-16-1	2,2,6,7-四甲基双环[4.3.0]壬-4,9-二烯-8-酮 2,2,6,7-tetramethylbicyclo[4.3.0]nona-4,9-dien-8-one	4522	2201																		

续附表 1-1

序号	CAS	化合物名称	FEMA	JECFA	CoE	EFSA	GB 2760	A	B	C	D	E	F	G	H	I	J	K	L	M	N	O
2033	51200-86-3	6-羟基香豆素 6-hydroxycarvone	4523																				
2034	68366-64-3	1-薄荷基丁酸酯 1-menthyl butyrate	4524																				
2035	929116-08-5	松香芹醇异丁酸酯 pinocarvyl isobutyrate	4525																				
2036	1094004-39-3	2-戊烯基-4-丙基-1,3-噁噻（异构体混合物）2-pentenyl-4-propyl-1,3-oxathiane (mixture of isomers)	4526	1944																			
2037	5669-09-0	乙醛二异丁基缩醛 acetaldehyde di-isobutylacetal	4527		10023	06.053																	
2038	6986-51-2	乙醛乙基异丁基缩醛 acetaldehyde ethyl isobutyl acetal	4528		10054	06.091																	
2039	957136-80-0	4-(2,2,3-三甲基环戊基)丁酸 4-(2,2,3-trimethylcyclopentyl) butanoic acid	4529	1899		08.135																	
2040	121199-28-8	紫苏醛丙二醇缩醛 perillaldehyde propyleneglycol acetal	4530	1901																			
2041	7500-42-7	2,6,6-三甲基-2-羟基环己酮 2,6,6-trimethyl-2-hydroxycyclohexanone	4531	2054																			
2042	94089-23-9	乙酰丙二醇丙缩酮 acetoin propyleneglycol ketal	4532	2033																			
2043	5455-24-3	4,5-辛二酮 4,5-octanedione	4533	2037	2141	07.071																	
2044	852997-28-5	乙基麦芽酚异丁酸酯 ethyl maltol isobutyrate	4534																				
2045	99253-91-5	2-四氢呋喃基-2-巯基丙酸酯 2-tetrahydrofurfuryl 2-mercaptopropionate	4535	2093																			
2046	1424-83-5	芳樟醇氧化物 nerolidol oxide	4536	2137																			
2047	4359-54-0	糠醛丙二醇缩醛 furfural propyleneglycol acetal	4537	2100																			
2048	94278-26-9	甲基 3-(呋喃基硫代)丙酸酯 methyl 3-(furfurylthio) propionate	4538	2094		13.143																	

附录1 风味产业意义显著的香气成分信息

续附表1-1

序号	CAS	化合物名称	FEMA	JECFA	CoE	EFSA	GB 2760	A	B	C	D	E	F	G	H	I	J	K	L	M	N	O
2049	39252-05-6	呋喃基癸酸酯 furfuryl decanoate	4539	2102																		
2050	1197-40-6	二(2-呋喃基)甲烷 di-2-furylmethane	4540	2104																		
2051	53282-12-5	(E)-乙基3-(2-呋喃基)丙烯酸酯 (E)-ethyl 3-(2-furyl) acrylate	4541	2103																		
2052	13493-97-5	呋喃基甲酸酯 furfuryl formate	4542	2101							√											
2053	4265-25-2	2-甲基苯并呋喃 2-methylbenzofuran	4543	2105																		
2054	3857-25-8	5-甲基呋喃基醇 5-methylfurfuryl alcohol	4544	2099				√			√											
2055	252736-40-6	2-甲基-3-呋喃基 2-甲基-3-四氢呋喃基二硫化物 2-methyl-3-furyl-2-methyl-3-tetrahydrofuryl disulfide	4545	2092																		
2056	39156-54-2	乙基2,5-二甲基-3-氧代-4(2H)-呋喃羧酸盐 ethyl 2,5-dimethyl-3-oxo-4(2H)-furyl carbonate	4546	2233																		
2057	847565-09-7	N-(2-(吡啶-2-基)乙基)-3-对-薄荷烷基甲酰胺 N-(2-(pyridin-2-yl)ethyl)-3-p-menthanecarboxamide	4549	2008		16.118	s1470															
2058	781674-18-8	(±)-N-乳酰酪胺 (+/-)-N-lactoyl tyramine	4550	2007		16.107																
2059	83334-93-4	顺,顺-3,6-壬烯酰乙酸酯 cis,cis-3,6-nonadienyl acetate	4551	2179																		
2060	30418-89-4	反-2-壬烯酰乙酸酯 trans-2-nonenyl acetate	4552	2163		09.948																
2061	13049-88-2	顺-3-壬烯酰乙酸酯 cis-3-nonenyl acetate	4553	2182		09.672																
2062	76238-22-7	顺-6-壬烯酰乙酸酯 cis-6-nonenyl acetate	4554	2183		09.673																
2063	129319-15-9	二氢高良姜酸乙酯 dihydrogalangal acetate	4555	2046		09.946																

续附表 1-1

序号	CAS	化合物名称	FEMA	JECFA	CoE	EFSA	GB 2760	A	B	C	D	E	F	G	H	I	J	K	L	M	N	O
2064	54440-17-4	2,3,3-三甲基吲哚酮 2,3,3-trimethylindanone	4556	2047																		
2065	51115-70-9	N-乙基-2,2-二异丙基丁酰胺 N-ethyl-2,2-diisopropylbutanamide	4557	2005																		
2066	958660-02-1	环丙烷羧酸(2-异丙基-5-甲基环己基)酰胺 cyclopropanecarboxylic acid (2-isopropyl-5-methylcyclohexyl) amide	4558			16.115																
2067	958660-04-3	环丙烷羧酸(2-异丙基-5-甲基环己基)酰胺 cyclopropanecarboxylic acid (2-isopropyl-5-methylcyclohexyl) amide	4558																			
2068	528-43-8	厚朴酚 magnolol	4559	2023																		
2069	5862-47-5	2-(甲硫基)乙基醋酸酯 2-(methylthio) ethyl acetate	4560	1913																		
2070	852997-30-9	3-(甲硫基)丙基巯基乙酸酯 3-(methylthio) propyl mercaptoacetate	4561	1914																		
2071	110-77-0	乙基2-羟乙基硫醚 ethyl 2-hydroxyethyl sulfide	4562	1912																		
2072	136115-66-7	乙基3-(甲硫基)顺式-2-丙烯酸酯 ethyl 3-(methylthio)-cis-2-propenoate	4563	1915																		
2073	26398-93-6	乙基3-(甲硫基)反-2-丙烯酸酯 ethyl 3-(methylthio)-trans-2-propenoate	4564	1916																		
2074	77105-51-2	乙基3-(甲硫基)-2-丙烯酸酯 ethyl 3-(methylthio)-2-propenoate	4565	1917																		

附录1 风味产业意义显著的香气成分信息

续附表 1-1

序号	CAS	化合物名称	FEMA	JECFA	CoE	EFSA	GB 2760	A	B	C	D	E	F	G	H	I	J	K	L	M	N	O
2075	99910-84-6	4-甲基-2-(甲硫基甲基)-2-己烯醛 4-methyl-2-(methylthiomethyl)-2-hexenal	4566	1919																		
2076	85407-25-6	5-甲基-2-(甲硫基甲基)-2-己烯醛 5-methyl-2-(methylthiomethyl)-2-hexenal	4567	1920																		
2077	40878-73-7	4-甲基-2-(甲硫基甲基)-2-戊烯醛 4-methyl-2-(methylthiomethyl)-2-pentenal	4568	1918																		
2078	68697-67-6	1-(3-(甲硫基)丁酰基)-2,6,6-三甲基环己烯 1-(3-(methylthio)-butyryl)-2,6,6-trimethylcyclohexene	4569	1942																		
2079	1003-10-7	2-氧代噻烷 2-oxothiolane	4570	1923																		
2080	77105-53-4	丁基 β-(甲硫基)丙烯酸酯 butyl beta-(methylthio) acrylate	4571	1921																		
2081	90201-28-8	乙基 3-(乙基硫代)丁酸酯 ethyl 3-(ethylthio) butyrate	4572	1922																		
2082	3698-95-1	甲基辛基硫醚 methyl octyl sulfide	4573	1909																		
2083	10152-77-9	甲基 1-丙烯基硫醚 methyl 1-propenyl sulfide	4574	1910	11538	12.163																
2084	2051-04-9	二异戊基二硫醚 diisoamyl disulfide	4575	1930																		
2085	4032-80-8	双(2-甲基苯基)二硫醚 bis(2-methylphenyl) disulfide	4576	1931																		
2086	72437-64-0	丁基丙基二硫醚和丙基丁基二硫醚混合物 mixture of butyl propyl disulfide and propyl and butyl disulfide	4577	1932																		
2087	5943-30-6	二(仲丁基)二硫醚 di-sec-butyl disulfide	4578	1933																		
2088	35379-09-0	甲基 2-甲基苯基二硫醚 methyl 2-methylphenyl disulfide	4579	1935																		

续附表 1-1

序号	CAS	化合物名称	FEMA	JECFA	CoE	EFSA	GB 2760	A	B	C	D	E	F	G	H	I	J	K	L	M	N	O
2089	955371-64-9	二异戊基三硫醚 diisoamyl trisulfide	4580	1934																		
2090	112-55-0	十二烷硫醇 dodecanethiol	4581	1924																		
2091	60-24-2	2-羟乙基硫醇 2-hydroxyethanethiol	4582	1925																		
2092	851768-52-0	4-巯基-4-甲基-2-己酮 4-mercapto-4-methyl-2-hexanone	4583	1926																		
2093	612071-27-9	3-巯基-3-甲基丁基异戊酸酯 3-mercapto-3-methylbutyl isovalerate	4584	1927																		
2094	51755-72-7	3-巯基己醛 3-mercaptohexanal	4585	1929		12.250																
2095	42075-42-3	甲基异丁基硫醚 methyl isobutanethioate	4586	1937																		
2096	107-96-0	3-巯基丙酸 3-mercaptopropionic acid	4587	1936																		√
2097	50448-95-8	2-乙基己基 3-巯基丙酸酯 2-ethylhexyl 3-mercaptopropionate	4588	1938																		
2098	101780-73-8	丁醛二苄基硫代乙缩醛 butanal dibenzyl thioacetal	4589	1939																		
2099	16630-61-8	甲硫醇二乙基缩醛 methional diethyl acetal	4590	1940																		
2100	72845-33-1	乙基芳樟基醚 ethyl linalyl ether	4591	2134																		
2101	24202-00-4	玫醇甲基醚 myrcenyl methyl ether	4592	2139																		
2102	14049-11-7	芳樟醇氧化吡喃 linalool oxide pyranoid	4593	2135													√					
2103	1450-72-2	2-羟基-5-甲基乙酰苯酮 2-hydroxy-5-methylacetophenone	4594	2045							√											

附录1 风味产业意义显著的香气成分信息

续附表 1-1

序号	CAS	化合物名称	FEMA	JECFA	CoE	EFSA	GB 2760	A	B	C	D	E	F	G	H	I	J	K	L	M	N	O
2104	67634-23-5	2-苯基丙醛丙二醇缩醛 2-phenylpropanal propyleneglycol acetal	4595	2215																		
2105	4353-01-9	肉桂醛丙二醇缩醛 cinnamaldehyde propyleneglycol acetal	4596	2214																		
2106	620-80-4	乙酸乙酯 α-肉桂酰基 ethyl alpha-acetylcinnamate	4597	2211																		
2107	15399-05-0	乙基 2-羟基-3-苯基丙酸酯 ethyl 2-hydroxy-3-phenylpropionate	4598	2213																		
2108	1205-17-0	3-(3,4-亚甲二氧基苯基)-2-甲基丙醛 3-(3,4-methylenedioxyphenyl)-2-methylpropanal	4599	2212																		
2109	883215-02-9	N-(2-羟乙基)-2,3-二甲基-2-异丙基丁酰胺 N-(2-hydroxyethyl)-2,3-dimethyl-2-isopropylbutanamide	4602	2010																		
2110	51115-77-6	N-(1,1-二甲-2-羟乙基)-2,2-二乙基丁酰胺 N-(1,1-dimethyl-2-hydroxyethyl)-2,2-diethylbutanamide	4603	2011																		
2111	406179-71-3	双(2-甲基)戊二酸二甲酯 dimenthyl glutarate	4604			09.935																
2112	10339-61-4	反式-3-壬烯-1-醇 trans-3-nonen-1-ol	4605	2178																		
2113	930587-76-1	4-甲醛-2-甲氧基苯基-2-羟丙酸 4-formyl-2-methoxyphenyl 2-hydroxypropanoate	4606																			
2114	4112-92-9	愈创木酚丁酸酯 guaiacol butyrate	4607	2015		09.944																
2115	723759-62-4	愈创木酚异丁酸酯 guaiacol isobutyrate	4608	2016		09.945																
2116	7598-60-9	愈创木酚丙酸酯 guaiacol propionate	4609	2017		09.943																

续附表 1-1

序号	CAS	化合物名称	FEMA	JECFA	CoE	EFSA	GB 2760	A	B	C	D	E	F	G	H	I	J	K	L	M	N	O
2117	75587-05-2	乙基 5-羟辛酸酯 ethyl 5-hydroxyoctanoate	4610	1987																		
2118	172201-58-0	异丙二醇基 5-羟癸酸酯 isopropylideneglyceryl 5-hydroxydecanoate	4611	1988																		
2119	645-62-5	2-乙基-2-己烯醛 2-ethyl-2-hexenal	4612													√						
2120	26266-68-2	2-乙基-2-己烯醛 2-ethyl-2-hexenal	4612																			
2121	1552-67-6	乙基 2-己烯酸酯 ethyl 2-hexenoate	4613	2167																		
2122	10297-72-0	丙基山道酸酯 propyl sorbate	4614	2164																		
2123	26001-58-1	顺式-2-辛烯醇 cis-2-octenol	4615	2165															√			
2124	13019-16-4	2-己烯叉基己醛 2-hexylidenehexanal	4616					√	√							√						
2125	74962-98-4	反式-2-十三烯醇 trans-2-tridecenol	4617	2166																		
2126	23495-12-7	2-苯氧乙基丙酸酯 2-phenoxyethyl propionate	4618																			
2127	92729-55-0	丙基 4-叔丁基苯醋酸酯 propyl 4-tert-butylphenylacetate	4619																			
2128	122-99-6	2-苯乙醇 2-phenoxyethanol	4620																		√	
2129	4346-18-3	苯丁酸酯 phenyl butyrate	4621	2019																		
2130	61683-99-6	哌啶丙二醇缩醛 piperonal propyleneglycol acetal	4622																			
2131	6939-75-9	苄基戊酸酯 benzyl levulinate	4623	2064																		
2132	589-18-4	4-甲基苄醇 4-methylbenzyl alcohol	4624	2065																		
2133	6314-97-2	苯乙醛二乙基缩醛 phenylacetaldehyde diethyl acetal	4625									√										
2134	6471-66-5	苄基壬酸酯 benzyl nonanoate	4626	2066																		

续附表 1-1

序号	CAS	化合物名称	FEMA	JECFA	CoE	EFSA	GB 2760	A	B	C	D	E	F	G	H	I	J	K	L	M	N	O
2135	6414-32-0	苯乙醛丙二醇缩醛 anisaldehyde propyleneglycol acetal	4627																			
2136	58244-29-4	4-甲基苯甲醛丙二醇缩醛 4-methylbenzaldehyde propyleneglycol acetal	4628	2067																		
2137	5468-05-3	苯乙醛丙二醇缩醛 phenylacetaldehyde propyleneglycol acetal	4629																			
2138	5444-75-7	2-乙基己基苯甲酸酯 2-ethylhexyl benzoate	4630	2068																		
2139	72987-62-3	2-乙基-3-甲基噻吩 2-ethyl-3-methylthiopyrazine	4631	2132																		
2140	72797-16-1	2-乙氧基-3-异丙基吡嗪 2-ethoxy-3-isopropylpyrazine	4632	2129																		
2141	35243-43-7	2-乙氧基-3-乙基吡嗪 2-ethoxy-3-ethylpyrazine	4633	2131																		
2142	10484-56-7	丁基β-萘基醚 butyl beta-naphthyl ether	4634	2141																		
2143	56011-02-0	异戊基苯乙基醚 isoamyl phenethyl ether	4635	2136																		
2144	142896-11-5	2-乙酰基-4-异丙烯基吡啶 2-acetyl-4-isopropenylpyridine	4636	2153																		
2145	142896-12-6	4-乙酰基-2-异丙烯基吡啶 4-acetyl-2-isopropenylpyridine	4637	2154																		
2146	142896-09-1	2-乙酰基-4-异丙基吡啶 2-acetyl-4-isopropylpyridine	4638	2155																		
2147	1628-89-3	2-甲氧基吡啶 2-methoxypyridine	4639	2156																		
2148	5263-87-6	6-甲氧基喹啉 6-methoxyquinoline	4640	2157																		
2149	37645-62-8	2-戊基噻唑 2-pentylthiazole	4641	2108																		
2150	636-72-6	2-噻吩甲醇 2-thienylmethanol	4642	2111																		

续附表 1-1

序号	CAS	化合物名称	FEMA	JECFA	CoE	EFSA	GB 2760	A	B	C	D	E	F	G	H	I	J	K	L	M	N	O
2151	13679-74-8	2-乙酰基-5-甲基噻吩 2-acetyl-5-methylthiophene	4643	2107																		
2152	52558-99-3	乙基2-己烯酸酯 ethyl 2-hexenoate	4644	2115							√											
2153	632-15-5	丙基山道酸酯 propyl sorbate	4645	2110										√						√		
2154	94089-02-8	顺式-2-辛烯醇 cis-2-octenol	4646	2112																		√
2155	53498-32-1	2-己烯叉基己醛 2-hexylidenehexanal	4647	2109	11617	15.078																
2156	68227-51-0	反式-2-十三烯醇 trans-2-tridecenol	4648	2056																		
2157	4104-45-4	2-苯氧乙基丙酸酯 2-phenoxyethyl propionate	4649	2004																		
2158	691-38-3	丙基4-叔丁基苯基醋酸酯 propyl 4-tert-butylphenylacetate	4650	2194																		
2159	124-11-8	2-苯氧乙醇 2-phenoxyethanol	4651	2195																		
2160	116963-97-4	苯丁酸酯 phenyl butyrate	4652	2196											√							
2161	19464-94-9	哌啶丙二醇缩醛 piperonal propyleneglycol acetal	4653	2143																		
2162	37161-74-3	苄基戊酸酯 benzyl levulinate	4654	2144																		
2163	1195-92-2	4-甲基苄醇 4-methylbenzyl alcohol	4655	2145						√												
2164	203719-53-3	苯乙醛二乙基缩醛 phenylacetaldehyde diethyl acetal	4656	2146																		
2165	42134-50-9	苄基壬酸酯 benzyl nonanoate	4657	2147																		
2166	58936-30-4	苯乙醛丙二醇缩醛 anisaldehyde propyleneglycol acetal	4658	2148																		
2167	102369-06-2	4-甲基苯甲醛丙二醇缩醛 4-methylbenzaldehyde propyleneglycol acetal	4659	2149																		

续附表 1-1

序号	CAS	化合物名称		FEMA	JECFA	CoE	EFSA	GB 2760	A	B	C	D	E	F	G	H	I	J	K	L	M	N	O
2168	55-10-7	苯乙醛丙二醇缩醛	phenylacetaldehyde propyleneglycol acetal	4660	2020		08.134																
2169	24427-77-8	2-乙基己基苯甲酸酯 2-ethylhexyl benzoate		4661	2058																		
2170	80722-28-7	2-乙基-3-甲基噻吩 2-ethyl-3-methylthiopyrazine		4662	2060																		
2171	13215-88-8	2-乙氧基-3-异丙基吡嗪 2-ethoxy-3-isopropylpyrazine		4663	2057							✓											
2172	31147-36-1	二香叶基醚 digeranyl ether		4664	2142		03.024																
2173	27113-22-0	1-(4-羟基-3-甲氧基苯基)癸-3-酮 1-(4-hydroxy-3-methoxyphenyl) decan-3-one		4665	2021		07.234																
2174	23089-26-1	α-红没药醇 alpha-bisabolol		4666	2031	10178	02.129																
2175	54717-13-4	2(4)-乙基-4(2),6-二甲基二氢-1,3,5-二噻嗪(异构体混合物) 2(4)-ethyl-4(2),6-dimethyldihydro-1,3,5-dithiazine (mixture of isomers)		4667																			
2176	504-48-3	(2E,6E/Z,8E)-N-(2-甲基丙基)-2,6,8-癸三烯酰胺 (2E,6E/Z,8E)-N-(2-methylpropyl)-2,6,8-decatrienamide		4668	2077																		
2177	25394-57-4	(2E,6E/Z,8E)-N-(2-甲基丙基)-2,6,8-癸三烯酰胺 (2E,6E/Z,8E)-N-(2-methylpropyl)-2,6,8-decatrienamide		4668			16.121																
2178	121746-18-7	4-氨基-5,6-二甲基噻吩并[2,3-D]嘧啶-2(1H)-酮 4-amino-5,6-dimethylthieno[2,3-D]pyrimidin-2(1H)one		4669			16.116	s1471															

续附表 1-1

序号	CAS	化合物名称	FEMA	JECFA	CoE	EFSA	GB 2760	A	B	C	D	E	F	G	H	I	J	K	L	M	N	O
2179	1033366-59-4	4-氨基-5,6-二甲基噻吩并[2,3-D]嘧啶-2(1H)-酮的盐酸盐 4-amino-5,6-dimethylthieno[2,3-D]pyrimidin-2(1H)-one hydrochloride	4669			16.120																	
2180	88497-17-0	1,1-丙二醇 1,1-propanedithiol	4670	2087		12.300																	
2181	71978-00-2	(Z)-5-辛烯酸乙酯 (Z)-5-octenyl acetate	4671	2184		09.950																	
2182	68820-35-9	(E)-4-十一烯醛 (E)-4-undecenal	4672	2185		05.226																	
2183	7370-44-7	δ-十六内酯 delta-hexadecalactone	4673		10674	10.049	s0857																
2184	58066-86-7	1-(2-呋喃基硫代)丙酮 1-(2-furfurylthio)-propanone	4676	2096		13.135																	
2185	1064678-08-5	(±)-4-甲基-2-丙基-1,3-噁噻烷 (+/-)-4-methyl-2-propyl-1,3-oxathiane	4677	2089		16.122																	
2186	1003050-32-5	N-(2-甲基环己基)-2,3,4,5,6-五氟苯甲酰胺 N-(2-methylcyclohexyl)-2,3,4,5,6-pentafluoro-benzamide	4678	2081		16.119																	
2187	1120363-98-5	5-异丙基-2,6-二乙基-2-甲基四氢-2H-吡喃 5-isopropyl-2,6-diethyl-2-methyltetrahydro-2H-pyran	4680	2140		13.200																	
2188	68489-09-8	(1R,2S,5R)-N-(4-甲氧基苯基)-5-甲基-2-(1-甲基乙基)环己烷甲酰胺 (1R,2S,5R)-N-(4-methoxyphenyl)-5-methyl-2-(1-methylethyl)cyclohexanecarboxamide	4681	2079		16.123																	
2189	23333-91-7	八氢-4,8a-二甲基-4a(2H)-萘醇 octahydro-4,8a-dimethyl-4a(2H)-naphthol	4682																				

附录 1　风味产业意义显著的香气成分信息

续附表 1-1

序号	CAS	化合物名称	FEMA	JECFA	CoE	EFSA	GB 2760	A	B	C	D	E	F	G	H	I	J	K	L	M	N	O
2190	26486-13-5	2-甲基-4,5-二氢呋喃-3-硫醇 2-methyl-4,5-dihydrofuran-3-thiol	4683	2097		13.108																
2191	1119711-29-3	(2S,5R)-N-[4-(2-氨基-2-氧代乙基)苯基]-5-甲基-2-(丙烷-2-基)环己烷甲酰胺 (2S,5R)-N-[4-(2-amino-2-oxoethyl)phenyl]-5-methyl-2-(propan-2-yl)cyclohexanecarboxamide	4684	2078		16.125	s1476															
2192	7370-92-5	(±)-6-辛基四氢-2h-吡喃-2-酮 (+/-)-6-octyltetrahydro-2h-pyran-2-one	4685		10902	10.058																
2193	252736-41-7	(±)-2-甲基四氢呋喃-3-硫醇醋酸酯 (+/-)-2-methyltetrahydrofuran-3-thiol acetate	4686	2098																		
2194	544409-58-7	(±)-3-羟基-3-甲基-2,4-王二酮 (+/-)-3-hydroxy-3-methyl-2,4-nonanedione	4687																			
2195	105-82-8	1,1-二丙氧乙烷 1,1-dipropoxyethane	4688		2342	06.034																
2196	1009814-14-5	柚子烯 yuzunone	4691	2217																		
2197	73435-61-7	N-环丙基-5-甲基-2-异丙基环己烷甲酰胺 N-cyclopropyl-5-methyl-2-isopropylcyclohexanecarboxamide	4693	2080																		
2198	616-31-9	3-戊硫醇 3-pentanethiol	4694	2083		12.303																
2199	41803-21-8	2-乙基-2,5-二氢-4-甲基噻唑 2-ethyl-2,5-dihydro-4-methylthiazole	4695	2114																		
2200	122861-78-3	1-(甲硫基)-3-丙酮 1-(methyldithio)-2-propanone	4696	2088		12.301																

续附表 1-1

序号	CAS	化合物名称	FEMA	JECFA	CoE	EFSA	GB 2760	A	B	C	D	E	F	G	H	I	J	K	L	M	N	O
2201	59303-05-8	5-甲基呋喃基硫醇 5-methylfurfurylmercaptan	4697	2090		13.149	s1477				√											√
2202	33959-27-2	4-巯基-3-甲基-2-丁醇 4-mercapto-3-methyl-2-butanol	4698	2084		12.302																
2203	614-60-8	反式-香豆酸 o-trans-coumaric acid	4700																			
2204	1093200-92-0	3-[(4-氨基-2,2-二氧化-1H-2,1,3-苯并噻二嗪-5-基)氧基]-2,2-二甲基-N-丙基丙酰胺 3-[(4-amino-2,2-dioxido-1H-2,1,3-benzothiadiazin-5-yl)oxy]-2,2-dimethyl-N-propylpropanamide	4701	2082		16.126	s1472															
2205	38917-62-3	2(3),5-二甲基-6,7-二氢-5H-环戊并吡嗪 2(3),5-dimethyl-6,7-dihydro-5H-cyclopentapyrazine	4702																			
2206	38917-61-2	2(3)-甲基-6,7-二氢-5H-环戊并吡嗪 2(3)-dimethyl-6,7-dihydro-5H-cyclopentapyrazine	4702		11310	14.161																
2207	5320-75-2	肉桂酸苄酯 cinnamyl benzoate	4703	760	743	09.780																
2208	93-04-9	β-萘基甲醚 beta-naphthyl methyl ether	4704	1257		04.074	s1384															
2209	35194-30-0	9-癸烯-2-酮 9-decen-2-one	4706	2216		07.262																
2210	61837-77-2	1-甲硫基-3-辛酮 1-(methylthio)-3-octanone	4707	2086																		
2211	76426-35-2	3′,7-二羟基-4′-甲氧基黄烷 3′,7-dihydroxy-4′-methoxyflavan	4708																			
2212	162290-05-3	3′,7-二羟基-4′-甲氧基黄烷 3′,7-dihydroxy-4′-methoxyflavan	4708	2170																		

续附表 1-1

序号	CAS	化合物名称	FEMA	JECFA	CoE	EFSA	GB 2760	A	B	C	D	E	F	G	H	I	J	K	L	M	N	O
2213	33441-50-8	乙基 2-巯基-2-甲基丙酸酯 ethyl 2-mercapto-2-methylpropionate	4714	2085		12.304																
2214	28804-53-7	2-[(2-(对甲苯氧基)乙氧基]乙醇 2-[(2-(p-menthyloxy)ethoxy]ethanol	4718																			
2215	1186004-10-3	1-(2-羟基苯基)-3-(吡啶-4-基)丙烷-1-酮 1-(2-hydroxyphenyl)-3-(pyridin-4-yl)propan-1-one	4721	2158																		
2216	1190230-47-7	1-(2-羟基-4-异丁氧基苯基)-3-(吡啶-2-基)丙烷-1-酮 1-(2-hydroxy-4-isobutoxyphenyl)-3-(pyridin-2-yl)propan-1-one	4722	2159																		
2217	1190229-37-8	1-(2-羟基-4-甲氧苯基)-3-(吡啶-2-基)丙烷-1-酮 1-(2-hydroxy-4-methoxyphenyl)-3-(pyridin-2-yl)propan-1-one	4723	2160																		
2218	21862-63-5	反-4-叔丁基环己醇 trans-4-tert-butylcyclohexanol	4724																			
2219	3623-52-7	消旋薄荷醇 d,l-isomenthol	4729																			
2220	1241905-19-0	乙基 S-1-甲氧基己-3-基硫代甲酸酯 o-ethyl S-1-methoxyhexan-3-yl carbonothioate	4730																			
2221	871465-49-5	卡西烯 cassyrane	4731	2189																		
2222	83861-74-9	1,5-辛二烯-3-醇 1,5-octadien-3-ol	4732	2218		02.194																
2223	1006684-20-3	(±)-2-巯基庚-4-醇 (+/-)-2-mercaptoheptan-4-ol	4733			12.305																
2224	1256932-15-6	3-(甲硫基)癸醛 3-(methylthio)decanal	4734			12.306																

续附表 1-1

序号	CAS	化合物名称	FEMA	JECFA	CoE	EFSA	GB 2760	A	B	C	D	E	F	G	H	I	J	K	L	M	N	O
2225	13552-95-9	(4Z,7Z)-十三碳-4,7-二烯醛 (4Z,7Z)-tridecа-4,7-dienal	4735																				
2226	851670-40-1	N1-(2,3-二甲氧基苄基)-N2-(2-(吡啶-2-基)乙基)草酰胺 N1-(2,3-dimethoxybenzyl)-N2-(2-(pyridin-2-yl)ethyl) oxalamide	4741	2225																			
2227	917750-72-2	1-(2-羟基-4-甲氧基环己基)乙酮 1-(2-hydroxy-4-methylcyclohexyl)ethanone	4742																				
2228	62439-41-2	(±)-6-甲氧基-2,6-二甲基庚醛 (+/-)-6-methoxy-2,6-dimethylheptanal	4745																				
2229	68973-20-6	3,5-十一碳二烯-2-酮 3,5-undecadien-2-one	4746	2219																			
2230	91212-78-1	(±)-2,5-十一碳二烯-1-醇 (+/-)-2,5-undecadien-1-ol	4747																				
2231	54717-17-8	三乙基二硫醚 triethylthialdine	4748	2205		15.054																	
2232	35852-42-7	4-甲基戊基 4-甲基戊酸酯 4-methylpentyl 4-methylvalerate	4749																				
2233	65405-77-8	顺式-3-己烯基水杨酸酯 cis-3-hexenyl salicylate	4750		10685	09.570																	
2234	851669-60-8	(R)-N-(1-甲氧基-4-甲基戊-2-基)-3,4-二甲基苯甲酰胺 (R)-N-(1-methoxy-4-methylpentan-2-yl)-3,4-dimethylbenzamide	4751	2226																			

附录1 风味产业意义显著的香气成分信息

续附表1-1

序号	CAS	化合物名称	FEMA	JECFA	CoE	EFSA	GB 2760	A	B	C	D	E	F	G	H	I	J	K	L	M	N	O
2235	504-63-2	1,3-丙二醇 1,3-propanediol	4753																				
2236	20921-04-4	乙基3-(2-羟基苯基)丙酸酯 ethyl 3-(2-hydroxyphenyl) propanoate	4758	2202																			
2237	16510-27-3	1-环丙基甲基-4-甲氧苯 1-cyclopropanemethyl-4-methoxybenzene	4759	2190																			
2238	53626-94-1	烯丙基硫代异丁酸酯 prenyl thioisobutyrate	4760			12.196																	
2239	75631-91-3	烯丙基硫代异戊酸酯 prenyl thioisovalerate	4761			12.221																	
2240	50297-39-7	1-(2,4-二羟基苯基)-3-(3-羟基-4-甲氧苯基)丙烷-1-酮 1-(2,4-dihydroxyphenyl)-3-(3-hydroxy-4-methoxyphenyl) propan-1-one	4764	2209																			
2241	1367348-37-5	乙基5-甲酰氧基癸酸酯 ethyl 5-formyloxydecanoate	4765																				
2242	1160112-20-8	3-[3-(2-异丙基-5-甲基环己基)丁酸]乙酯 3-[3-(2-isopropyl-5-methyl-cyclohexyl) ureido] butyric acid ethyl ester	4766	2203																			
2243	67936-13-4	2-异丙基-4-甲基-3-噻唑啉 2-isopropyl-4-methyl-3-thiazoline	4767	2206																			
2244	141-13-9	2,6,10-三甲基-9-十一烯醛 2,6,10-trimethyl-9-undecenal	4768																				
2245	851768-51-9	5-巯基-5-甲基-3-己酮 5-mercapto-5-methyl-3-hexanone	4769																				

续附表 1-1

序号	CAS	化合物名称	FEMA	JECFA	CoE	EFSA	GB 2760	A	B	C	D	E	F	G	H	I	J	K	L	M	N	O
2246	67801-20-1	3-甲基-5-(2,2,3-三甲基环戊-3-烯-1-基)戊-4-烯-2-醇 3-methyl-5-(2,2,3-trimethylcyclopent-3-en-1-yl)pent-4-en-2-ol	4775	2220																		
2247	198404-98-7	(1-甲基-2-(1,2,2-三甲基双环[3.1.0]己基)环丙甲醇 (1-methyl-2-(1,2,2-trimethylbicyclo[3.1.0]hex-3-yl-methyl)cyclopropyl)methanol	4776																			
2248	1416051-88-1	(+/-)-2-巯基-5-甲基庚-4-酮 (+/-)-2-mercapto-5-methylheptan-4-one	4779																			
2249	38284-26-3	伽马-蒎烯-4,8-二烯-5-醇 caryophylla-4,8-dien-5-ol	4780																			
2250	34298-31-2	伽马-蒎烯-3,8-二烯-5-醇 caryophylla-3,8-dien-5-ol	4780																			
2251	1679-06-7	2-己硫醇 2-hexanethiol	4782																			
2252	1633-90-5	3-己硫醇 3-hexanethiol	4782																			
2253	1049017-63-1	4-乙烯基-1-环己烯甲醛 4-vinyl-1-cyclohexenecarbaldehyde	4783																			
2254	1049017-68-6	1-乙烯基-3-环己烯甲醛 1-vinyl-3-cyclohexenecarbaldehyde	4783																			
2255	57548-36-4	(±)-4-羟基-6-甲基-2-庚酮 (+/-)-4-hydroxy-6-methyl-2-heptanone	4784																			
2256	25234-33-7	2-辛基-2-十二烯醛 2-octyl-2-dodecenal	4785																			

附录1　风味产业意义显著的香气成分信息

续附表 1-1

序号	CAS	化合物名称	FEMA	JECFA	CoE	EFSA	GB 2760	A	B	C	D	E	F	G	H	I	J	K	L	M	N	O
2257	13893-39-5	2-己基-2-癸烯醛 2-hexyl-2-decenal	4786																			
2258	63196-63-4	反式-6-辛烯醛 *trans*-6-octenal	4787																			
2259	1309389-73-8	(*E*)-3-苯并[1,3]二氧戊-5-基-*N*,*N*-二苯基-2-丙烯酰胺 (*E*)-3-benzo[1,3] dioxol-5-yl-*N*,*N*-diphenyl-2-propenamide	4788	2228																		
2260	4234-93-9	2,6-二甲基-5-庚醇 2,6-dimethyl-5-heptenol	4789																			
2261	10138-32-6	(±)-双环[2.2.1]庚-5-烯-2-羧酸乙酯 (+/-)-bicyclo[2.2.1] hept-5-ene-2-carboxylic acid, ethyl ester	4790																			
2262	22236-44-8	3-(乙酰硫代)己醛 3-(acetylthio) hexanal	4791																			
2263	548740-99-4	(±)-3-巯基-1-戊醇 (+/-)-3-mercapto-1-pentanol	4792									✓										
2264	1193-81-3	(±)-1-环己基乙醇 (+/-)-1-cyclohexylethanol	4794	2221																		
2265	127793-88-8	(±)-8-甲基癸醛 (+/-)-8-methyldecanal	4795													✓						
2266	902136-79-2	2-(((3-(2,3-二甲氧基苯基)-1H-1,2,4-三唑-5-基)硫代)甲基)吡啶 2-(((3-(2,3-dimethoxyphenyl)-1H-1,2,4-triazol-5-yl)thio) methyl) pyridine	4798																			
2267	3085-26-5	8-甲基壬醛 8-methylnonanal	4803													✓						
2268	1078-95-1	松香芹醇醋酸酯 pinocaryl acetate	4807																			

续附表 1-1

序号	CAS	化合物名称	FEMA	JECFA	CoE	EFSA	GB 2760 A	B	C	D	E	F	G	H	I	J	K	L	M	N	O
2269	1582789-90-9	N-乙基-5-甲基-2-(1-甲烯基)环己烷甲酰胺 N-ethyl-5-methyl-2-(1-methylethenyl) cyclohexanecarboxamide	4808	2229																		
2270	1374760-95-8	2-(4-甲基苯氧基)-N-(1H-吡唑-3-基)-N-(噻酚-2-基甲基)乙酰胺 2-(4-methylphenoxy)-N-(1H-pyrazol-3-yl)-N-(thiophen-2-ylmethyl) acetamide	4809			16.133																
2271	60563-13-5	乙基-2-(4-羟基-3-甲氧基苯基)醋酸酯 ethyl-2-(4-hydroxy-3-mehoxy-phenyl) acetate	4810																			
2272	1612888-42-2	2-(5-异丙基-2-甲基四氢噻吩-2-基)乙醇 2-(5-isopropyl-2-methyltetrahydrothiophen-2-yl) ethanol	4813																			
2273	38634-59-2	S-[(甲硫基)甲基]硫代乙酸 S-[(methylthio) methyl] thioacetate	4817																			
2274	1370711-06-0	反式-1-乙基-2-甲基丙基-2-丁烯酸酯 trans-1-ethyl-2-methylpropyl 2-butenoate	4818																			
2275	61407-00-9	2,6-二丙基-5,6-二氢-2h-噻吩-3-羧醛 2,6-dipropyl-5,6-dihydro-2h-thiopyran-3-carboxaldehyde	4822																			
2276	33368-82-0	烯丙基 1-丙烯基二硫醚 allyl 1-propenyl disulfide	4823		11433	12.098																
2277	1658479-63-0	2-(5-异丙基-2-甲基四氢噻吩-2-基)-乙酸乙酯 2-(5-isopropyl-2-methyl-tetrahydrothiophen-2-yl)-ethyl acetate	4824																			

续附表 1-1

序号	CAS	化合物名称	FEMA	JECFA	CoE	EFSA	GB 2760	A	B	C	D	E	F	G	H	I	J	K	L	M	N	O
2278	2277-20-5	(E)-6-壬烯醛 (E)-6-nonenal	4825							√												√	
2279	105025-99-8	3-苯基丙基 2-(4-羟基-3-甲氧基苯基）醋酸酯 3-phenylpropyl 2-(4-hydroxy-3-methoxphenyl) acetate	4826													√							
2280	6090-09-1	1-(4-甲基-3-环己烯-1-基)-乙酮 1-(4-methyl-3-cyclohexen-1-yl)-ethanone	4827													√							
2281	729602-98-6	1,1-丙二醇二硫代乙酸酯 1,1-propanedithioacetate	4828																				
2282	616-45-5	吡咯烷-2 2-pyrrolidone	4829								√			√									
2283	108715-62-4	2-(3-苯氧丙基)吡啶 2-(3-benzyloxypropyl) pyridine	4832																				
2284	877207-36-8	2,4-二羟基-N-[(4-羟基-3-甲氧基苯基)甲基]苯甲酰胺 2,4-dihydroxy-N-[(4-hydroxy-3-methoxyphenyl) methyl]benzamide	4835																				
2285	137363-86-1	3,4-二甲基-2,3-二氢噻吩-2-硫醇 10%溶液 10% solution of 3,4-dimethyl-2,3-dihydrothiophene-2-thiol	4836												√								
2286	163460-99-9	3-丁基-2-噻吩甲醛和4-丁基-2-噻吩甲醛的混合物 mixture of 3-and 4-butyl-2-thiophenecarboxyaldehyde	4839																				
2287	163461-01-6	4-丁基-2-噻吩甲醛 4-butyl-2-thiophenecarboxyaldehyde	4839																				
2288	38427-80-4	(±)-脱水香叶酮 (±)-tetrahydronootkatone	4840																				

续附表 1-1

序号	CAS	化合物名称	FEMA	JECFA	CoE	EFSA	GB 2760	A	B	C	D	E	F	G	H	I	J	K	L	M	N	O
2289	16676-96-3	顺式-5-十二烯酸乙酯 cis-5-dodecenyl acetate	4841																			
2290	911212-28-7	2,4,5-三硫辛烷 2,4,5-trithiaoctane	4842																			
2291	1838169-65-5	3-(烯丙基二硫)丁-2-酮 3-(allyldithio) butan-2-one	4843																			
2292	118026-67-8	(2E,4E)-2,4-癸二烯-1-醇乙酸酯 (2E,4E)-2,4-decadien-1-ol acetate	4844																			
2293	18374-76-0	(3S,5R,8S)-3,8-二甲基-5-丙-1-烯-2-基-3,4,5,6,7,8-六氢-2H-薁杂茚-1-酮 (3S,5R,8S)-3,8-dimethyl-5-prop-1-en-2-yl-3,4,5,6,7,8-hexahydro-2H-azulen-1-one	4867									$\checkmark$				$\checkmark$						
2294	61315-75-1	4-(4-甲基-3-戊烯-1-基)-2(5H)-呋喃酮 4-(4-methyl-3-penten-1-yl)-2(5H)-furanone	4868																	$\checkmark$			
2295	886449-15-6	4-(1-薄荷氧基)-2-丁酮 4-(1-menthoxy)-2-butanone	4869																				
2296	17564-27-1	2-乙基-4-甲基-1,3-二噻烷 2-ethyl-4-methyl-1,3-dithiolane	4870																				$\checkmark$
2297	1962956-83-7	2-苯氧乙基 2-(4-羟基-3-甲氧苯基)醋酸酯 2-phenoxyethyl 2-(4-hydroxy-3-methoxyphenyl) acetate	4871																				
2298	35400-60-3	3-(3-羟基-4-甲氧苯基)-1-(2,4,6-三羟基苯基)丙烷-1-酮 3-(3-hydroxy-4-methoxyphenyl)-1-(2,4,6-trihydroxyphenyl) propan-1-one	4872																				

续附表 1-1

序号	CAS	化合物名称	FEMA	JECFA	CoE	EFSA	GB 2760 A	B	C	D	E	F	G	H	I	J	K	L	M	N	O
2299	76733-95-4	(E)-3-(3,4-二甲氧基苯基)-N-[2-(4-甲氧基苯基)-乙基]-丙烯酰胺 (E)-3-(3,4-dimethoxyphenyl)-N-[2-(4-methoxyphenyl)-ethyl]-acrylamide	4877																			
2300	21145-77-7	1-(3,5,5,6,8,8-六甲基-5,6,7,8-四氢萘-2-基)乙酮 1-(3,5,5,6,8,8-hexamethyl-5,6,7,8-tetrahydronaphthalen-2-yl) ethanone	4879																			
2301	2015168-50-8	2-(4-乙基苯氧基)-N-(1H-吡唑-3-基)-N-(噻酚-2-基甲基)乙酰胺 2-(4-ethylphenoxy)-N-(1H-pyrazol-3-yl)-N-(thiophen-2-ylmethyl) acetamide	4880																			
2302	1857331-84-0	N-(3-羟基-4-甲氧基苯基)-2-异丙基-5,5-二甲基环己烷甲酰胺 N-(3-hydroxy-4-methoxyphenyl)-2-isopropyl-5,5-dimethylcyclohexanecarboxamide	4881																			
2303	1857331-83-9	N-(4-(氰甲基)苯基)-2-异丙基-5,5-二甲基环己烷甲酰胺 N-(4-(cyanomethyl) phenyl)-2-isopropyl-5,5-dimethylcyclohexanecarboxamide	4882																			
2304	556-27-4	硫代硫酸酯 S-allyl-1-cysteine sulfoxide	4883																			
2305	1569-60-4	6-甲基-5-庚烯-2-醇 6-methyl-5-hepten-2-ol	4884		10264	02.124					✓											
2306	68820-34-8	反式-5-十二烯醛 trans-5-dodecenal	4885																			

续附表 1-1

序号	CAS	化合物名称	FEMA	JECFA	CoE	EFSA	GB 2760	A	B	C	D	E	F	G	H	I	J	K	L	M	N	O
2307	126745-61-7	顺式 6-十二烯醛 cis-6-dodecenal	4886																			
2308	56219-03-5	顺式 9-十二烯醛 cis-9-dodecenal	4887																			
2309	3877-15-4	甲硫基丙烷 methyl propyl sulfide	4889		11541	12.166																
2310	27841-22-1	3-薄荷基-7-醛 3-p-menthen-7-al	4890																			
2311	2088117-65-9	(E)-3-甲基-4-十二烯酸 (E)-3-methyl-4-dodecenoic acid	4891																			
2312	4707-61-3	顺式-2-己基环丙烷乙酸 cis-2-hexylcyclopropaneacetic acid	4892																			
2313	4912-58-7	2-乙氧基-4-(羟甲基)苯酚 2-ethoxy-4-(hydroxymethyl) phenol	4893																			
2314	116229-37-9	2-巯基-3-甲基-1-丁醇 2-mercapto-3-methyl-1-butanol	4894																			
2315	2186611-08-3	N-(2-羟基-2-苯乙基)-2-异丙基-5,5-二甲基环己烷-1-甲酰胺 N-(2-hydroxy-2-phenylethyl)-2-isopropyl-5,5-dimethylcyclohexane-1-carboxamide	4896																			
2316	41547-29-9	反式-5-辛烯醛 trans-5-octenal	4898																			
2317	64580-54-7	己基丙基二硫醚 hexyl propyl disulfide	4900																			
2318	2097608-89-2	o-乙基-S-(3-甲基丁-2-烯-1-基)硫代碳酸酯 o-ethyl S-(3-methylbut-2-en-1-yl) thiocarbonate	4901																			

续附表 1-1

序号	CAS	化合物名称	FEMA	JECFA	CoE	EFSA	GB 2760	A	B	C	D	E	F	G	H	I	J	K	L	M	N	O
2319	221122-36-7	3-甲基-2(5H)-呋喃酮 3-methyl-2(5H)-furanone	4902																			
2320	26516-27-8	乙基 3-甲基-2-氧戊酸盐 ethyl 3-methyl-2-oxopentanoate	4903																			
2321	115018-39-8	反式-十四碳-4-烯醛 *trans*-tetradec-4-enal	4904																			
2322	2119671-25-7	2,6-二甲基庚烯基甲酸酯 2,6-dimethylheptenyl formate	4905																			
2323	18478-46-1	3,7-二甲基乙烯基辛-6-烯-1-醇 3,7-dimethyl-2-methyleneoct-6-en-1-ol	4913																			
2324	24963-39-1	双-(3-甲基-2-丁烯基)二硫醚 bis-(3-methyl-2-butenyl) disulfide	4914																			
2325	2142634-65-7	(5Z)-3,4-二甲基-5-丙烯基-2(5H)-呋喃酮 (5Z)-3,4-dimethyl-5-propylidene-2(5H)-furanone	4915																			
2326	124831-34-1	2-甲基-3-丁烯-2-硫醇 2-methyl-3-butene-2-thiol	4916																			
2327	22032-47-9	(Z)-9-十二烯酸 (Z)-9-dodecenoic acid	4917																			
2328	68820-38-2	十三碳-5-烯醛 tridec-5-enal	4918																			
2329	2204262-51-9	1-乙基-2-(1-吡咯基甲基)吡咯 1-ethyl-2-(1-pyrrolylmethyl) pyrrole	4920																			
2330	65398-36-9	(Z)-8-十五烯醛 (Z)-8-pentadecenal	4926																			
2331	934534-30-2	4,7-癸二烯醛 4,7-decadienal	4927							√									√				
2332	554-14-3	2-噻吩 2-methylthiophene	4928		11631																	√

续附表 1-1

序号	CAS	化合物名称	FEMA	JECFA	CoE	EFSA	GB 2760	A	B	C	D	E	F	G	H	I	J	K	L	M	N	O
2333	60857-05-8	4-亚甲基-2-(2-甲基丙-1-烯基)氧杂环己烷 4-methylidene-2-(2-methylprop-1-enyl)oxane	4929																			
2334	159017-89-7	4-异丙氧基肉桂醛 4-isopropoxycinnamaldehyde	4930																			
2335	98139-71-0	3-甲基丁烷-1,3-二硫醇 3-methylbutane-1,3-dithiol	4935																			
2336	2180135-08-2	S-甲基 5-(1-乙氧基乙氧基)十四烷硫酯 S-methyl 5-(1-ethoxyethoxy)tetradecanethioate	4938																			
2337	2180135-09-3	S-甲基 5-(1-乙氧基乙氧基)癸硫醇 S-methyl 5-(1-ethoxyethoxy)decanethioate	4939																			
2338	495-61-4	β-双沙烯(含量≥88%) beta-bisabolene ≥88%	4940			01.028					√											
2339	111-20-6	癸二酸 decanedioic acid	4943																			
2340	6402-36-4	反式-2-十二烯二酸 trans-2-dodecenedioic acid	4944																			
2341	174155-46-5	顺式-8-癸烯醛 cis-8-decenal	4945																			
2342	1129-69-7	2-己基吡啶 2-hexylpyridine	4948			14.117																
2343	301310-73-6	9-十二烯-12-内酯 9-dodecen-12-olide	4959																			
2344	79894-05-6	9-十二烯-12-内酯 9-dodecen-12-olide	4959													√						
2345	13474-59-4	反式-α-香叶烯 trans-alpha-bergamotene	4960							√												
2346	2369713-22-2	4-甲基十三碳-2E,4-二烯醛 4-methyltrideca-2E,4-dienal	4961																			
2347	6137-11-7	4-甲基庚酮 4-methylheptan-3-one	4966					√	√	√						√						
2348	483-76-1	δ-卡丁烯 delta-cadinene	4967					√								√	√					

续附表 1-1

序号	CAS	化合物名称	FEMA	JECFA	CoE	EFSA	GB 2760	A	B	C	D	E	F	G	H	I	J	K	L	M	N	O
2349	2413115-68-9	2-甲基-1-(2-(5-(对甲苯基)-1H-吡唑-2-基)哌啶-1-基)丁-1-酮 2-methyl-1-(2-(5-(p-tolyl)-1H-imidazol-2-yl)piperidin1-yl)butan-1-one	4970																			
2350	18794-84-8	β-法尼烯 beta-farnesene	4971					√			√			√								
2351	23060-14-2	硫代琥珀酸二乙酯 diethyl mercaptosuccinate	4972																				
2352	2411762-60-0	3-巯基-3-甲基-1-戊基乙酸酯 3-mercapto-3-methyl-1-pentyl acetate	4973							√ √				√ √									
2353	23986-74-5	格曼酮 d (含量≥85%) germacrene d≥85%	4974																				
2354	65210-18-6	10-羟基-4,8-二甲基癸-4-烯酸 10-hydroxy-4,8-dimethyldec-4-enal	4977																				
2355	142062-38-2	2-(呋喃-2-基)-4,6-二甲基-1,3,5-二噻嗪 2-(furan-2-yl)-4,6-dimethyl-1,3,5-dithiazinane	4979																				
2356	2173-56-0	正戊酸正戊酯 n-pentanoic acid n-pentyl ester			467	09.149	s0592																
2357	774-48-1	苯甲醛二乙缩醛 benzaldehyde diethyl acetal			517	06.017	s1069																
2358	2949-92-0	甲硫磺酸 S-甲酯 methanethiosulfonate S-methyl ester			11520		s0824																
2359	110-42-9	癸酸甲酯 methyl decanoate			2304	09.251	s1024			√	√	√				√							
2360	2050-09-1	戊酸异戊酯 isopentyl valerate			648	09.198	s1008					√											
2361	77-54-3	乙酸柏木酯 ethyl thymolate			527	09.171	s1197								√								
2362	3658-93-3	己醛二乙缩醛 hexanal diethyl acetal			557	06.023	s0921																

续附表 1-1

序号	CAS	化合物名称	FEMA	JECFA	CoE	EFSA	GB 2760	A	B	C	D	E	F	G	H	I	J	K	L	M	N	O
2363	90-00-6	2-乙基苯酚 2-ethylphenol			11232	04.070	s0982				√					√						
2364	5989-54-8	1-苧烯 1-limonene			491	01.046	s1105			√					√			√		√		
2365	112-39-0	十六烷酸甲酯 methyl hexadecanoate			581	09.180	s1064			√	√				√							
2366	591-87-7	乙酸烯丙酯 ethyl allyl acetate					s0368															
2367	762-40-3	4-庚烯-3-酮 4-hepten-3-one					s1262															
2368	292-46-6	香菇素 erythrodextrin			11619	15.081	s0683	√														
2369	1189-09-9	3,7-二甲基-2,6-辛二烯酸甲酯（香叶酸甲酯）methyl 3,7-dimethyl-2,6-octadienoate (methyl chavicol acetate)			10797	09.643	s1005							√								
2370	21188-60-3	3-乙酰氧基己酸甲酯 methyl 3-acetoxyhexanoate			10755	09.629	s0998			√			√		√							
2371	628-63-7	乙酸正戊酯 ethyl pentanoate			211	09.021	s0993			√	√		√		√							
2372	544-35-4	亚油酸乙酯 ethyl linoleate			711	09.204	s0916															
2373	28231-03-0	柏木烯醇 thymol			10189	02.119	s0074				√				√							
2374	110-02-1	噻吩 thiophene					s0897			√					√							
2375	10444-50-5	柠檬醛丙二醇缩醛 citral dipropylene glycol acetal			2343	06.035	s1332															
2376	3269-90-7	对-1,8(10)二烯-9-醇[对-1,8(10)薄荷二烯-9-醇] p-mentha-1,8(10)-dien-9-ol [p-mentha-1,8(10)-diene-9-ol]					s0073								√							
2377	93-15-2	甲基丁香酚 methyl eugenol		1790			s0093			√	√				√			√		√	√	
2378	100-42-5	苏合香烯 β-bisabolene			11022		s0679	√		√	√	√	√	√	√	√	√			√	√	√

续附表 1-1

序号	CAS	化合物名称	FEMA	JECFA	CoE	EFSA	GB 2760	A	B	C	D	E	F	G	H	I	J	K	L	M	N	O
2379	2530-10-1	3-乙酰基-2,5-二甲基噻吩 3-acetyl-2,5-dimethylthiophene		1051			s0572															
2380	91-22-5	喹啉 quinoline					s0771			√												
2381	138-86-3	柠檬烯 limonene			491	01.001		√		√	√	√		√	√	√	√	√	√	√		√
2382	80-56-8	松油烯 pin-2(3)-ene		1329	2113	01.004		√		√	√	√		√	√	√	√	√	√	√		√
2383	4630-07-3	瓦伦烯 valencene		1337	11030	01.017		√		√				√	√	√	√	√				√
2384	5208-59-3	β-波旁烯 β-bourbonene		1345	11931	01.024				√					√							
2385	88-84-6	1(5),7(11)-派二烯 1(5),7(11)-guaiadiene		1347		01.026		√														
2386	17627-44-0	双萜烯-1,8,12-三烯 bisabola-1,8,12-triene				01.027						√										
2387	590-73-8	2,2-二甲基已烷 2,2-dimethylhexane				01.033								√								√
2388	589-43-5	2,4-二甲基已烷 2,4-dimethylhexane				01.034																
2389	673-84-7	2,6-二甲基辛-2,4,6-三烯 2,6-dimethylocta-2,4,6-triene				01.035																
2390	112-40-3	十二烷 dodecane				01.038																√
2391	20307-84-0	δ-榄烯 δ-elemene			10996	01.039				√	√		√	√	√							√
2392	502-61-4	α-法尼烯 α-farnesene		1343	10998	01.040							√	√	√	√	√					
2393	629-62-9	十五烷 pentadecane				01.054									√							√
2394	629-59-4	十四烷 tetradecane				01.057														√		√
2395	3387-41-5	4(10)-侧柏烯 4(10)-thujene			11018	01.059		√		√	√				√			√				

续附表 1-1

序号	CAS	化合物名称	FEMA	JECFA	CoE	EFSA	GB 2760	A	B	C	D	E	F	G	H	I	J	K	L	M	N	O
2396	3338-55-4	顺式-3,7-二甲基-1,3,6-辛三烯 cis-3,7-dimethyl-1,3,6-octatriene																	√			
2397	71-23-8	丙-1-醇 propan-1-ol		82	50	01.064								√	√	√						
2398	75-85-4	2-甲基丁-2-醇 2-methylbutan-2-ol			515	02.041		√		√	√											
2399	97-95-0	2-乙基丁-1-醇 2-ethylbutan-1-ol			543	02.043				√												
2400	7786-44-9	壬-2,6-二烯-1-醇 nona-2,6-dien-1-ol		1184	589	02.049																
2401	75-65-0	2-甲基丙-2-醇 2-methylpropan-2-ol			698	02.052				√		√		√								
2402	80-53-5	对甲苯-1,8-二醇 p-menthane-1,8-diol			701	02.054																
2403	2216-52-6	d-新薄荷脑 d-neomenthol		428	2028	02.063																
2404	108-93-0	环己醇 cyclohexanol			2138	02.070					√											
2405	18675-33-7	(1R,2S,5S)-新二氢葛缕醇 (1R,2S,5S)-neo-dihydro-carveol			2296	02.075																
2406	584-02-1	戊-3-醇 pentan-3-ol			2349	02.077	√		√	√	√		√					√	√			
2407	64-17-5	乙醇 ethanol		41	11891	02.078			√	√	√	√	√								√
2408	67-63-0	异丙醇 isopropanol		277		02.079					√											
2409	78-92-2	丁-2-醇 butan-2-ol			11735	02.121					√		√			√					
2410	115-18-4	2-甲基丁-3-烯-2-醇 2-methylbut-3-en-2-ol			11794	02.123							√	√		√		√			
2411	112-43-6	十一碳-10-烯-1-醇 undec-10-en-1-ol			10319	02.125															
2412	112-72-1	十四碳-1-醇 tetradecan-1-ol			10314	02.126										√		√			
2413	598-32-3	丁-3-烯-2-醇 but-3-en-2-ol				02.131															

续附表 1-1

序号	CAS	化合物名称	FEMA	JECFA	CoE	EFSA	GB 2760	A	B	C	D	E	F	G	H	I	J	K	L	M	N	O
2414	107-88-0	丁-1,3-二醇 butane-1,3-diol				02.132											√					
2415	513-85-9	丁-2,3-二醇 butane-2,3-diol			10181	02.133		√	√	√							√					√
2416	4442-79-9	2-环己基乙-1-醇 2-cyclohexylethan-1-ol				02.134				√	√											
2417	96-41-3	环戊醇 cyclopentanol			10193	02.135		√														
2418	13019-22-2	癸-9-烯-1-醇 dec-9-en-1-ol				02.138																
2419	2270-57-7	1,2-二氢芳樟醇 1,2-dihydrolinalool				02.140																
2420	464-07-3	3,3-二甲基丁-2-醇 3,3-dimethylbutan-2-ol				02.142																
2421	18479-58-8	2,6-二甲基辛-2-烯-7-醇 2,6-dimethyloct-7-en-2-ol				02.144																
2422	29414-56-0	2,6-二甲基辛-1,5,7-三烯-3-醇 2,6-dimethylocta-1,5,7-trien-3-ol			10202	02.145																
2423	53834-70-1	(E)-3,7-二甲基辛-1,5,7-三烯-3-醇 (E)-3,7-dimethylocta-1,5,7-trien-3-ol				02.146																√
2424	151-19-9	3,6-二甲基辛-3-醇 3,6-dimethyloctan-3-ol			11760	02.147																
2425	10203-28-8	十二碳-2-醇 dodecan-2-ol			10205	02.148									√							
2426	639-99-6	(−)-α-桉烯醇 (−)-alpha-elemol				02.149					√											
2427	1113-21-9	(E,E)-橙花基芳樟醇 (E,E)-geranyl linalool			10219	02.150																
2428	10606-47-0	庚-3-烯-1-醇 hept-3-en-1-ol				02.152										√						
2429	1454-85-9	十七碳-1-醇 heptadecan-1-ol				02.154																
2430	544-12-7	己-3-烯-1-醇 hex-3-en-1-ol	315		750	02.159		√								√						√
2431	530-56-3	4-羟基-3,5-二甲氧基苄醇 4-hydroxy-3,5-dimethoxy-benzyl alcohol				02.164						√										

续附表 1-1

序号	CAS	化合物名称	FEMA	JECFA	CoE	EFSA	GB 2760 A	B	C	D	E	F	G	H	I	J	K	L	M	N	O
2432	501-94-0	2-(4-羟基苯基)乙-1-醇 2-(4-hydroxyphenyl) ethan-1-ol			10226	02.166															√
2433	18675-35-9	(1R,2R,5S)-异二氢葛缕醇 (1R,2R,5S)-isodihydro-carveol				02.167															
2434	505-32-8	异植物醇 isophytol			10233	02.168															
2435	498-16-8	(R)-(-)-薰衣草醇 (R)-(-)-lavandulol				02.170			√												
2436	498-81-7	对甲苯-8-醇 p-menthan-8-ol				02.171															
2437	5406-18-8	3-(4-甲氧基苯基)丙-1-醇 3-(4-methoxyphenyl) propan-1-ol				02.173			√												
2438	4516-90-9	2-甲基丁-3-烯-1-醇 2-methylbut-3-en-1-ol			10259	02.175			√	√	√										
2439	763-32-6	3-甲基丁-3-烯-1-醇 3-methylbut-3-en-1-ol			10260	02.176												√			
2440	617-29-8	2-甲基己-3-醇 2-methylhexan-3-ol			10266	02.177															
2441	818-81-5	2-甲基辛-1-醇 2-methyloctan-1-ol				02.178															
2442	626-89-1	4-甲基戊-1-醇 4-methylpentan-1-ol			10278	02.180															√
2443	590-36-3	2-甲基戊-2-醇 2-methylpentan-2-ol			10274	02.181															
2444	565-60-6	3-甲基戊-2-醇 3-methylpentan-2-ol			10276	02.182															
2445	108-11-2	4-甲基戊-2-醇 4-methylpentan-2-ol			10279	02.183														√	
2446	77-74-7	3-甲基戊-3-醇 3-methylpentan-3-ol			10277	02.184															
2447	514-99-8	香叶醇 myrtanol				02.186															
2448	21964-44-3	壬-1-烯-3-醇 non-1-en-3-ol			10291	02.187															
2449	76649-25-7	(Z,Z)-壬-1-烯-3,6-二烯-1-醇 (Z,Z)-nona-3,6-dien-1-ol		1283	10289	02.189															

续附表 1-1

序号	CAS	化合物名称	FEMA	JECFA	CoE	EFSA	GB 2760	A	B	C	D	E	F	G	H	I	J	K	L	M	N	O
2450	624-51-1	壬-3-醇 nonan-3-ol			10290	02.190																
2451	22104-78-5	辛-2-烯-1-醇 oct-2-en-1-ol				02.192																
2452	4798-61-2	辛-2-烯-4-醇 oct-2-en-4-ol		1141		02.193																
2453	70664-96-9	辛-3Z,5E-二烯-1-醇 octa-(3Z,5E)-dien-1-ol				02.195																
2454	112-92-5	十八碳-1-醇 octadecan-1-ol				02.196									√							
2455	41199-19-3	1,2,3,4,4a,5,6,7-八氢-2,5,5-三甲基萘-2-醇 1,2,3,4,4a,5,6,7-octahydro-2,5,5-trimethylnaphthalen-2-ol			10173	02.197																
2456	23433-05-8	辛-1,3-二醇 octane-1,3-diol				02.198				√												
2457	821-09-0	戊-4-烯-1-醇 pent-4-en-1-ol				02.201																
2458	629-76-5	十五碳-1-醇 pentadecan-1-ol				02.202																
2459	617-94-7	2-苯基丙-2-醇 2-phenylpropan-2-ol			11704	02.203																
2460	495-76-1	哌酮醇 piperonyl alcohol			10306	02.205																
2461	56722-23-7	十一碳-1,5-烯-3-醇 undeca-1,5-dien-3-ol				02.211																
2462	77-42-9	12-β-桑塔伦 12-beta-santalen-14-ol			74	02.216																
2463	115-71-9	12-α-桑塔伦 12-alpha-santalen-14-ol			74	02.217									√							
2464	13254-34-7	2,6-二甲基-2-庚醇 2,6-dimethyl-2-heptanol				02.219																
2465	39161-19-8	3-戊烯-3-醇 3-pentenol-1			10298	02.222																
2466	142-50-7	[S-(顺式)]-3,7,11-三甲基-1,6,10-十二碳三烯-3-醇 [S-(cis)]-3,7,11-trimethyl-1,6,10-dodecatrien-3-ol			67	02.226												√				
2467	8000-41-7	松油醇 terpineol				02.230				√		√			√							

续附表 1-1

序号	CAS	化合物名称	FEMA	JECFA	CoE	EFSA	GB 2760	A	B	C	D	E	F	G	H	I	J	K	L	M	N	O
2468	28069-72-9	反式-2,顺式-6-壬二烯-1-醇 trans-2, cis-6-nonadien-1-ol				02.231		√				√		√	√		√					
2469	111-76-2	2-丁氧基乙-1-醇 2-butoxyethan-1-ol			10182	02.242				√				√	√							
2470	66642-85-1	(Z)-4-庚烯-2-醇 (Z)-4-hepten-2-ol				02.255									√							
2471	57709-95-2	2-乙酰氧基-1,8-桉叶醇 2-acetoxy-1,8-cineole				03.008																
2472	538-86-3	苄基甲基醚 benzyl methyl ether			10910	03.011																
2473	54852-64-1	苄基辛基醚 benzyl octyl ether				03.012																
2474	40267-72-9	乙基香叶基醚 ethyl geranyl ether				03.015																
2475	14576-08-0	α-萜品基甲基醚 alpha-terpinyl methyl ether				03.020																
2476	4180-23-8	1-甲氧基-4-(丙-1(反式)-烯基)苯 1-methoxy-4-(prop-1(trans)-enyl)benzene		217	183	04.010								√	√							√
2477	108-68-9	3,5-二甲基酚 3,5-dimethylphenol			538	04.020		√		√	√											
2478	620-17-7	3-乙基苯酚 3-ethylphenol			549	04.021		√		√	√			√	√		√	√				
2479	120-80-9	苯-1,2-二醇 benzene-1,2-diol			680	04.029		√		√	√			√	√		√	√	√			
2480	6379-73-3	香芹酚甲基醚 carvacryl methyl ether			11224	04.059																
2481	28343-22-8	2,6-二甲氧基-4-乙烯基苯酚 2,6-dimethoxy-4-vinylphenol			11229	04.061					√			√								
2482	526-75-0	2,3-二甲基苯酚 2,3-dimethylphenol			11258	04.065				√		√					√					√
2483	105-67-9	2,4-二甲基苯酚 2,4-dimethylphenol			11259	04.066						√										√
2484	17600-72-5	1-乙氧基-2-甲氧基苯 1-ethoxy-2-methoxy-benzene				04.067																

附录1 风味产业意义显著的香气成分信息

续附表 1-1

序号	CAS	化合物名称		FEMA	JECFA	CoE	EFSA	GB 2760	A	B	C	D	E	F	G	H	I	J	K	L	M	N	O
2485	5076-72-2	1-乙氧基-4-甲氧基苯	1-ethoxy-4-methoxy-benzene				04.068																
2486	1515-95-3	1-乙基-4-甲氧基苯	1-ethyl-4-methoxybenzene				04.069																
2487	618-45-1	3-异丙基苯酚	3-isopropylphenol				04.072																
2488	99-89-8	4-异丙基苯酚	4-isopropylphenol				04.073																
2489	2216-69-5	1-甲氧基萘	1-methoxynaphthalene				04.075																
2490	150-19-6	3-甲氧基苯酚	3-methoxyphenol				04.076			√										√			
2491	150-76-5	4-甲氧基苯酚	4-methoxyphenol			11241	04.077													√			
2492	88-60-8	5-甲基-2-(叔丁基)苯酚	5-methyl-2-(tert-butyl)phenol				04.078																
2493	1515-81-7	甲基-4-甲氧基苄基醚	methyl 4-methoxybenzyl ether				04.079																
2494	634-36-6	1,2,3-三甲氧基苯	1,2,3-trimethoxybenzene				04.084										√						
2495	104-46-1	1-甲氧基-4-(1-丙烯基)苯	1-methoxy-4-(1-propenyl)benzene			183	04.088				√	√				√		√			√		
2496	57726-26-8	乙基-4-羟基苄基醚	ethyl 4-hydroxybenzyl ether				04.091																
2497	5355-17-9	4-羟基苄基甲基醚	4-hydroxybenzyl methyl ether				04.092																
2498	529-20-4	邻甲苯甲醛	o-tolualdehyde				05.026		√														
2499	620-23-5	间甲苯甲醛	m-tolualdehyde				05.028		√														
2500	104-87-0	对甲苯甲醛	p-tolualdehyde				05.029						√										
2501	63826-25-5	辛-6-烯醛	oct-6-enal			664	05.061																

续附表 1-1

序号	CAS	化合物名称	FEMA	JECFA	CoE	EFSA	GB 2760	A	B	C	D	E	F	G	H	I	J	K	L	M	N	O
2502	120-25-2	4-乙氧基-3-甲氧基苯甲醛 4-ethoxy-3-methoxybenz-aldehyde			703	05.066					√											
2503	2463-63-0	2-庚烯醛 2-heptenal		1360	730	05.070					√										√	
2504	2363-88-4	2,4-癸二烯醛 2,4-decadienal		3135	2120	05.081		√	√		√	√							√		√	√
2505	13553-09-8	(Z,Z)-3,6-十二碳二烯醛 (Z,Z)-3,6-dodecadienal			2121	05.082									√							√
2506	497-03-0	2-甲基巴豆醛 2-methylcrotonaldehyde		1201	2281	05.095						√							√			
2507	49576-57-0	2-甲基辛-2-烯醛 2-methyloct-2-enal		1217	10363	05.126													√	√		
2508	21662-09-9	顺-癸烯醛 dec-4(cis)-enal				05.137				√				√	√					√	√	
2509	139-85-5	3,4-二羟基苯甲醛 3,4-dihydroxybenzaldehyde			10328	05.142									√							
2510	56134-05-5	2,5-二甲基-2-乙烯基己-4-烯醛 2,5-dimethyl-2-vinylhex-4-enal				05.143																
2511	20407-84-5	2-反-十二碳烯醛 dodec-2(trans)-enal				05.144								√	√		√					
2512	123-05-7	2-乙基醛 2-ethylhexanal			10331	05.147														√		
2513	111-30-8	戊二醛 glutaraldehyde				05.149																
2514	629-80-1	棕榈醛 hexadecanal			10336	05.152				√		√										
2515	4206-58-0	(E)-4-羟基-3,5-二甲氧基肉桂醛 (E)-4-hydroxy-3,5-dime-thoxycinnamaldehyde			10341	05.154															√	
2516	458-36-6	4-羟基-3-甲氧基肉桂醛(异构体混合物) 4-hydroxy-3-methoxycin-namaldehyde (mixture of isomers)			10342	05.155																

续附表 1-1

序号	CAS	化合物名称	FEMA	JECFA	CoE	EFSA	GB 2760	A	B	C	D	E	F	G	H	I	J	K	L	M	N	O
2517	80638-48-8	3-(4-羟基-3-甲氧基苯基)丙醛 3-(4-hydroxy-3-metho-xyphenyl)propanal				05.156																
2518	1335-66-6	异环柠檬醛 isocyclocitral				05.157																
2519	591-31-1	3-甲氧基苯甲醛 3-methoxybenzaldehyde			10351	05.158																
2520	5703-26-4	对甲氧基苯乙醛 p-methoxyphenylacet-aldehyde				05.159																
2521	19009-56-4	2-甲基癸醛 2-methyldecanal				05.160																
2522	925-54-2	2-甲基己醛 2-methylhexanal				05.164															✓	
2523	1119-16-0	4-甲基戊醛 4-methylpentanal			10369	05.166																
2524	75853-50-8	12-甲基十四醛 12-methyltetradecanal				05.167																
2525	106-26-3	橙花醛 neral				05.170					✓			✓	✓							✓
2526	3491-63-2	2-苯戊-2-烯醛 2-phenylpent-2-enal				05.175																
2527	432-24-6	2,6,6-三甲基环己-2-烯-1-甲醛 2,6,6-trimethylcyclohex-2-ene-1-carboxaldehyde				05.182								✓	✓	✓						
2528	73398-85-3	4-(2,6,6-三甲基环己烯基)-2-甲基丁醛 4-(2,6,6-trimethylcyclohexenyl)-2-methylbutanal				05.183																
2529	53448-07-0	2-反式-十一碳烯醛 undec-2(trans)-enal				05.184	✓	✓		✓	✓		✓	✓	✓	✓		✓		✓	✓
2530	5577-44-6	2,4-辛二烯醛 2,4-octadienal			11805	05.186													✓			
2531	141-27-5	反式-3,7-二甲基辛-2,6-二烯醛 trans-3,7-dimethylocta-2,6-dienal				05.188			✓	✓		✓	✓	✓								
2532	3913-81-3	反式-2-癸烯醛 trans-2-decenal				05.191	✓			✓	✓		✓	✓	✓	✓	✓	✓		✓	✓

续附表 1-1

序号	CAS	化合物名称	FEMA	JECFA	CoE	EFSA	GB 2760	A	B	C	D	E	F	G	H	I	J	K	L	M	N	O
2533	7069-41-2	反式-2-十三碳烯醛 trans-2-tridecenal				05.195									√								
2534	58102-02-6	3-丁烯醛,2-甲基-4-(2,6,6-三甲基-2-环己烯-1-基) 3-butenal,2-methyl-4-(2,6,6-trimethyl-2-cyclohexen-1-yl)				05.198																	
2535	21662-08-8	(Z)-5-癸烯醛 (Z)-5-decenal				05.217																	
2536	56554-87-1	16-十八碳烯醛 16-octadecenal				05.218																	
2537	1708-40-3	5-羟基-2-苯基-1,3-二氧六环 5-hydroxy-2-phenyl-1,3-dioxane		838	36	06.002																	
2538	34764-02-8	1,1-二乙氧癸烷 1,1-diethoxydecane			531	06.020																	
2539	688-82-4	1,1-二乙氧庚烷 1,1-diethoxyheptane			553	06.021																	
2540	54306-00-2	1,1-二乙氧己-2-烯 1,1-diethoxyhex-2-ene		1383	2135	06.031																	
2541	871-22-7	1,1-二丁氧乙烷 1,1-dibutoxyethane			2341	06.033																	
2542	85136-40-9	1-异丁氧基-1-乙氧基-3-甲基丁烷 1-isobutoxy-1-ethoxy-3-methylbutane			10057	06.042																	
2543	238757-30-7	1-异戊氧基-1-乙氧基丙烷 1-isoamyloxy-1-ethoxy-propane			10038	06.043																	
2544	67234-04-2	1-异丁氧基-1-乙氧基丙烷 1-isobutoxy-1-ethoxy-propane			10058	06.044																	
2545	238757-63-6	1-异戊氧基-1-丙氧基乙烷 1-isopentyloxy-1-propoxyethane			10065	06.047																	

附录1 风味产业意义显著的香气成分信息

续附表 1-1

序号	CAS	化合物名称	FEMA	JECFA	CoE	EFSA	GB 2760	A	B	C	D	E	F	G	H	I	J	K	L	M	N	O
2546	238757-65-8	1-异戊氧基-1-丙氧丙烷 1-isopentyloxy-1-propoxy-propane			10066	06.048																
2547	77249-20-8	1-丁氧基-1-(2-甲基丁氧基)乙烷 1-butoxy-1-(2-methyl-butoxy) ethane				06.049																
2548	57006-87-8	1-丁氧基-1-乙氧乙烷 1-butoxy-1-ethoxyethane			10003	06.050																
2549	13535-43-8	1,1-二(2-甲基丁氧基)乙烷 1,1-di-(2-methyl-butoxy) ethane				06.051																
2550	13262-24-3	1,1-二异丁氧基-2-甲基丙烷 1,1-di-isobutoxy-2-methyl-propane			10025	06.052																
2551	13262-27-6	1,1-二异丁氧基戊烷 1,1-di-isobutoxypentane			10026	06.054																
2552	3658-94-4	1,1-二乙氧基-2-甲基丁烷 1,1-diethoxy-2-methyl-butane			10013	06.057						✓										
2553	1741-41-9	1,1-二乙氧基-2-甲基丙烷 1,1-diethoxy-2-methyl-propane			10015	06.058						✓										
2554	3658-95-5	1,1-二乙氧基丁烷 1,1-diethoxybutane			10009	06.061																
2555	53405-98-4	1,1-二乙氧基十二烷 1,1-diethoxydodecane				06.062																
2556	73545-18-3	(Z)-1,1-二乙氧基己-3-烯 (Z)-1,1-diethoxyhex-3-ene				06.063								✓								
2557	462-95-3	1,1-二乙氧基甲烷 diethoxymethane			10012	06.064																
2558	54815-13-3	1,1-二乙氧基壬烷 1,1-diethoxynonane			10016	06.065																

续附表 1-1

序号	CAS	化合物名称	FEMA	JECFA	CoE	EFSA	GB 2760	A	B	C	D	E	F	G	H	I	J	K	L	M	N	O
2559	54889-48-4	1,1-二乙氧基辛烷 1,1-diethoxyoctane				06.066																	
2560	3658-79-5	1,1-二乙氧基戊烷 1,1-diethoxypentane			10017	06.067																	
2561	4744-08-5	1,1-二乙氧基丙烷 1,1-diethoxypropane			10018	06.069																	
2562	53405-97-3	1,1-二乙氧基十一烷 1,1-diethoxyundecane				06.070																	
2563	5405-58-3	1,1-二乙氧基己烷 1,1-dihexyloxyethane			10022	06.071																	
2564	1599-47-9	1,1-二甲氧基己烷 1,1-dimethoxyhexane				06.073																	
2565	109-87-5	1,1-二甲氧基甲烷 dimethoxymethane			10031	06.074																	
2566	26450-58-8	1,1-二甲氧基戊烷 1,1-dimethoxypentane				06.075																	
2567	4744-10-9	1,1-二甲氧基丙烷 1,1-dimethoxypropane				06.076									✓								
2568	122-71-4	1,1-二苯氧基乙烷 1,1-diphenethoxyethane				06.078																	
2569	13602-09-0	1-乙氧基-1-(2-甲基丁氧基)乙烷 1-ethoxy-1-(2-methyl-butoxy) ethane			10040	06.079																	
2570	2556-10-7	1-乙氧基-1-(2-苯乙氧基)乙烷 1-ethoxy-1-(2-phenylethoxy) ethane			10049	06.080																	
2571	54484-73-0	1-乙氧基-1-己氧基乙烷 1-ethoxy-1-hexyloxyethane			11948	06.082																	
2572	13442-90-5	1-乙氧基-1-异戊氧基乙烷 1-ethoxy-1-isopentyloxyethane			10037	06.083																	
2573	10471-14-4	1-乙氧基-1-甲氧基乙烷 1-ethoxy-1-methoxyethane			10039	06.084																	
2574	13442-89-2	1-乙氧基-1-戊氧基乙烷 1-ethoxy-1-pentyloxyethane			10046	06.085																	
2575	20680-10-8	1-乙氧基-1-丙氧基乙烷 1-ethoxy-1-propoxyethane			10050	06.086																	

附录1 风味产业意义显著的香气成分信息

续附表1-1

序号	CAS	化合物名称	FEMA	JECFA	CoE	EFSA	GB 2760	A	B	C	D	E	F	G	H	I	J	K	L	M	N	O
2576	4359-46-0	2-乙基-4-甲基-1,3-二氧六环 2-ethyl-4-methyl-1,3-dioxolane				06.088																
2577	3773-93-1	4-羟甲基-2-甲基-1,3-二氧六环 4-hydroxymethyl-2-methyl-1,3-dioxolane				06.090																
2578	75048-15-6	1-异丁氧基-1-异戊氧基乙烷 1-isobutoxy-1-isopentyloxyethane			10059	06.092																
2579	4352-99-2	4-甲基-2-丙基-1,3-二氧六环 4-methyl-2-propyl-1,3-dioxolane				06.095																
2580	122-51-0	三乙氧基甲烷 triethoxymethane			10903	06.096																
2581	7789-92-6	1,1,3-三乙氧基丙烷 1,1,3-triethoxypropane			10075	06.097						✓										
2582	13002-08-9	1,1-二戊氧基乙烷 1,1-dipentyloxyethane			10032	06.100																
2583	1708-36-7	2-己基-5-羟基-1,3-二氧六环 2-hexyl-5-hydroxy-1,3-dioxane			2016	06.102																
2584	13285-51-3	3-甲基-1,1-二异戊氧基丁烷 3-methyl-1,1-di-isopentyloxybutane			10070	06.105																
2585	13112-63-5	2-甲基-1,1-二异戊氧基丙烷 2-methyl-1,1-di-isopentyloxypropane			10071	06.106																
2586	13548-84-0	1-(2-甲基丁氧基)-1-异戊氧基乙烷 1-(2-methylbutoxy)-1-isopentyloxyethane			10068	06.107																

续附表 1-1

序号	CAS	化合物名称	FEMA	JECFA	CoE	EFSA	GB 2760	A	B	C	D	E	F	G	H	I	J	K	L	M	N	O
2587	71662-17-4	8,8-二乙氧基-2,6-二甲基辛-2-烯 8,8-diethoxy-2,6-dimethyloct-2-ene				06.109																	
2588	127248-84-4	1-乙氧基-1-甲氧基丙烷 1-ethoxy-1-methoxy-propane				06.111																	
2589	13442-92-7	1-异戊氧基-1-戊氧基乙烷 1-isopentyloxy-1-pentylo-xyethane				06.115																	
2590	238757-27-2	1-丁氧基-1-异戊氧基乙烷 1-butoxy-1-isopentylo-xyethane			10004	06.123																	
2591	13439-98-0	1,1-二异丁氧基-3-甲基丁烷 1,1-di-isobutoxy-3-methyl-butane			10024	06.124																	
2592	13002-11-4	1,1-二异丁氧基丙烷 1,1-di-isobutoxypropane			10027	06.125																	
2593	3658-92-2	1-乙氧基-1-戊氧基丁烷 1-ethoxy-1-pentyloxybutane			10045	06.128																	
2594	253679-74-2	1-乙氧基-2-甲基-1-异戊氧基丙烷 1-ethoxy-2-methyl-1-isopentyloxypropane			10043	06.129																	
2595	238757-42-1	1-乙氧基-2-甲基-1-丙氧基丙烷 1-ethoxy-2-methyl-1-propoxypropane			10044	06.130																	
2596	238757-35-2	1-乙氧基-1-(3-甲基丁氧基)-3-甲基丁烷 1-ethoxy-1-(3-methyl-butoxy)-3-methylbutane			10042	06.131																	
2597	563187-91-7	1-薄荷-1,2-甘油缩酮 1-menthone-1,2-glycerol ketal		445		06.133																	
2598	67-64-1	丙酮 acetone		139	737	07.050																	√

续附表 1-1

序号	CAS	化合物名称	FEMA	JECFA	CoE	EFSA	GB 2760	A	B	C	D	E	F	G	H	I	J	K	L	M	N	O
2599	624-42-0	6-甲基庚-3-酮 6-methylheptan-3-one			2143	07.072																
2600	96-22-0	戊-3-酮 pentan-3-one			2350	07.084																
2601	498-02-2	乙酰香草酮 acetovanillone			11035	07.142				√	√							√				
2602	51933-13-2	3,3-二乙氧基丁-2-酮 3,3-diethoxybutan-2-one				07.152																
2603	5650-43-1	1-(3,5-二甲氧基-4-羟基苯基)丙-1-酮 1-(3,5-dimethoxy-4-hydroxyphenyl) propan-1-one			11106	07.154																
2604	90975-15-8	2,6-二甲基辛-6-烯-3-酮(E 和 Z 混合物) 2,6-dimethyloct-6-en-3-one (mixture of E and Z)				07.156																
2605	1604-34-8	6,10-二甲基十一烷-2-酮 6,10-dimethylundecan-2-one			11068	07.157																
2606	6175-49-1	十二烷-2-酮 dodecan-2-one			11069	07.158									√		√					
2607	2922-51-2	十七烷-2-酮 heptadecan-2-one			11089	07.160																
2608	1629-60-3	己-1-烯-3-酮 hex-1-en-3-one				07.161				√	√				√	√	√		√			
2609	109-49-9	己-5-烯-2-酮 hex-5-en-2-one				07.162																
2610	2478-38-8	4-羟基-3,5-二甲氧基乙酰苯酮 4-hydroxy-3,5-dimethoxyacetophenone			11105	07.164													√			√
2611	123-42-2	4-羟基-4-甲基戊-2-酮 4-hydroxy-4-methylpentan-2-one				07.165				√												
2612	4984-85-4	4-羟基己-3-酮 4-hydroxyhexan-3-one			11108	07.167																
2613	89-80-5	反式薄荷酮 trans-menthone		429	2035	07.176									√							
2614	563-80-4	3-甲基丁-2-酮 3-methylbutan-2-one			11131	07.178					√				√							

续附表 1-1

序号	CAS	化合物名称	FEMA	JECFA	CoE	EFSA	GB 2760	A	B	C	D	E	F	G	H	I	J	K	L	M	N	O
2615	928-68-7	6-甲基庚-2-酮 6-methylheptan-2-one			11146	07.181																
2616	541-85-5	5-甲基庚-3-酮 5-methylheptan-3-one				07.182				√												
2617	565-61-7	3-甲基戊-2-酮 3-methylpentan-2-one			11157	07.185																
2618	32064-72-5	壬-2-烯-4-酮 non-2-en-4-one			11162	07.187																
2619	4485-09-0	壬-4-酮 nonan-4-one			11161	07.189				√							√					
2620	495-40-9	1-苯基丁-1-酮 1-phenylbutan-1-one				07.193																
2621	2550-26-7	4-苯基丁-2-酮 4-phenylbutan-2-one			11182	07.194																
2622	103-79-7	1-苯基丙-2-酮 1-phenylpropan-2-one			11042	07.195																
2623	2345-27-9	十四烷-2-酮 tetradecan-2-one			11192	07.199																
2624	79-70-9	4-(2,5,6,6-四甲基-1-环己烯基)丁-3-烯-2-酮 4-(2,5,6,6-tetramethyl-1-cyclohexenyl) but-3-en-2-one				07.200																
2625	60437-21-0	三十三烷-12-烯-2-酮 tridec-12-en-2-one				07.201																
2626	20013-73-4	2,6,6-三甲基环己-2-烯-1-酮 2,6,6-trimethylcyclohex-2-en-1-one				07.202																
2627	873-94-9	3,3,5-三甲基环己-1-酮 3,3,5-trimethylcyclohexan-1-one				07.203																
2628	546-49-6	3,3,6-三甲基庚-1,5-二烯-4-酮 3,3,6-trimethylhepta-1,5-dien-4-one				07.204					√											
2629	502-69-2	6,10,14-三甲基十四烷-2-酮 6,10,14-trimethylpentadecan-2-one			11205	07.205																

续附录 1-1

序号	CAS	化合物名称	FEMA	JECFA	CoE	EFSA	GB 2760	A	B	C	D	E	F	G	H	I	J	K	L	M	N	O
2630	24415-26-7	壬-1-烯-3-酮 1-nonene-3-one				07.210				√					√	√	√	√				√
2631	941-98-0	α-甲基萘酮 alpha-methylnaphthyl ketone				07.214														√		
2632	464-49-3	d-樟脑 d-camphor		1395	140	07.215						√			√							
2633	22610-86-2	(Z)-辛-5-烯-2-酮 (Z)-5-octen-2-one			11171	07.236																
2634	22319-31-9	4-甲基-3-庚烯-5-酮 4-methyl-3-hepten-5-one				07.261																
2635	50-21-5	乳酸 lactic acid		930	4	08.004																
2636	112-80-1	油酸 oleic acid		333	13	08.013											√					
2637	21016-46-6	(2E),4-二甲基戊-2-烯酸 (2E),4-dimethylpent-2-enoic acid		1211	744	08.044																
2638	3724-65-0	丁-2-烯酸(顺式和反式) but-2-enoic acid (cis and trans)			10080	08.072																
2639	15469-77-9	癸-3-烯酸 dec-3-enoic acid			10088	08.074																
2640	149-57-5	2-乙基己酸 2-ethylhexanoic acid				08.078				√	√											
2641	18999-28-5	庚-2-烯酸 hept-2-enoic acid			10102	08.083																
2642	530-57-4	4-羟基-3,5-二甲氧基苯甲酸 4-hydroxy-3,5-dimethoxy-benzoic acid			10111	08.087																
2643	530-59-6	4-羟基-3,5-二甲氧基肉桂酸(异构体混合物) 4-hydroxy-3,5-dimethoxy-cinnamic acid (mixture of isomers)				08.088																
2644	1135-24-6	4-羟基-3-甲氧基肉桂酸(异构体混合物) 4-hydroxy-3-methoxy-cinnamic acid (mixture of isomers)			10113	08.089																

续附表 1-1

序号	CAS	化合物名称	FEMA	JECFA	CoE	EFSA	GB 2760	A	B	C	D	E	F	G	H	I	J	K	L	M	N	O
2645	498-36-2	2-羟基-4-甲基戊酸 2-hydroxy-4-methylvaleric acid			10118	08.090																
2646	39748-49-7	3-甲基戊酸 3-methyl-2-oxovaleric acid		632	10146	08.093																
2647	24323-24-8	4-甲基癸酸 4-methyldecanoic acid				08.094																
2648	5601-60-5	8-甲基癸酸 8-methyldecanoic acid				08.095																
2649	3780-58-3	3-甲基己酸 3-methylhexanoic acid				08.096																
2650	1561-11-1	4-甲基己酸 4-methylhexanoic acid				08.097													√			
2651	504-85-8	4-甲基戊-3-烯酸 4-methylpent-3-enoic acid				08.100																
2652	3760-11-0	壬-2-烯酸 non-2-enoic acid			10153	08.101																
2653	4124-88-3	壬-3-烯酸 non-3-enoic acid			10154	08.102																
2654	123-99-9	壬二酸 nonanedioic acid			10079	08.103																
2655	492-37-5	2-苯基丙酸 2-phenylpropionic acid			10164	08.108																
2656	3302-03-2	4-甲基庚酸 4-methylheptanoic acid				08.115																
2657	1191-04-4	2-己烯酸 2-hexenoic acid			11777	08.119				√												
2658	13201-46-2	2-甲基戊-2-丁烯酸 2-methyl-2-butenoic acid			10168	08.120							√									
2659	158833-38-6	2-(4-甲氧基苯基) 丙酸 2-(4-methoxyphenoxy) propionic acid				08.127																
2660	80-26-2	α-萜品酸丙酯 alpha-terpinyl acetate	368		205	09.015				√					√							
2661	624-54-4	戊酸丙酯 pentyl propionate			416	09.135																
2662	10361-39-4	苯酸戊酯 benzyl valerate			470	09.152												√				
2663	592-20-1	2-氧丙基乙酸酯 2-oxopropyl acetate			607	09.185																

续附表 1-1

序号	CAS	化合物名称	FEMA	JECFA	CoE	EFSA	GB 2760	A	B	C	D	E	F	G	H	I	J	K	L	M	N	O
2664	5933-87-9	戊酸癸酯 pentyl decanoate			611	09.188																	
2665	7460-74-4	苯乙醇戊酸酯 phenethyl valerate			673	09.201																	
2666	141-06-0	丙酸戊酯 propyl valerate			679	09.202																	
2667	1191-41-9	乙酸十八碳-9,12,15-三烯酯 ethyl octadeca-9,12,15-trienoate			712	09.205																	
2668	589-75-3	辛酸丁酯 butyl octanoate			742	09.209			√														
2669	10588-10-0	异丁酸戊酯 isobutyl valerate			2303	09.250																	
2670	528-79-0	2-异丙基-5-甲基苯基乙酸酯 2-isopropyl-5-methylphenyl acetate			2308	09.253																	
2671	6513-03-7	丙酸壬酯 propyl nonanoate			2351	09.256																	
2672	139-45-7	丙三酸甘油酯 glyceryl tripropionate		921	10657	09.263																	
2673	28316-62-3	丙酸-2,4-二烯丙酯 propyl deca-2,4-dienoate			10889	09.287																	
2674	35670-93-0	松柏基乙酸酯 myrtenyl acetate		982	10887	09.302																	
2675	238757-71-6	仲庚酸异戊酯 sec-heptyl isovalerate			10806	09.304																	
2676	110823-66-0	2-甲氧基肉桂基乙酸酯（异构体混合物）2-methoxycinnamyl acetate (mixture of isomers)			10752	09.306																	
2677	93815-53-3	2-甲基丁基月桂酸酯 2-methylbutyl dodecanoate			10766	09.307																	
2678	56423-40-6	苯基-2-甲基丁基 benzyl 2-methylbutyrate			10523	09.313																	
2679	65416-24-2	苯基巴豆酸酯 benzyl crotonate				09.314																	
2680	140-25-0	苯基月桂酸酯 benzyl dodecanoate				09.315																	

续附表 1-1

序号	CAS	化合物名称		FEMA	JECFA	CoE	EFSA	GB 2760	A	B	C	D	E	F	G	H	I	J	K	L	M	N	O
2681	2051-96-9	苯基乳酸酯	benzyl lactate				09.317																
2682	10276-85-4	苯基辛酸酯	benzyl octanoate				09.318																
2683	7785-64-0	丁基-2-甲基丁-2-顺式烯酸酯 butyl 2-methylbut-2(cis)-enoate					09.321																
2684	105-46-4	仲丁酸乙酯 sec-butyl acetate				10527	09.323																
2685	591-63-9	丁基巴豆-2E-烯酸酯 butyl but-(2E)-enoate					09.324																
2686	819-97-6	丁基丁酸酯 sec-butyl butyrate				10528	09.325																
2687	28369-24-6	丁基-2E,4Z-癸二烯酸酯 butyl deca-(2E,4Z)-dienoate				10529	09.326																
2688	30673-36-0	丁酸癸酯 butyl decanoate				10530	09.327																
2689	589-40-2	仲丁酸甲酯 sec-butyl formate				10532	09.328																
2690	13416-74-5	丁基-2-己烯酸酯 butyl hex-2-enoate					09.329																
2691	118869-62-8	丁基-3E-己烯酸酯 butyl hex-(3E)-enoate					09.330																
2692	111-06-8	丁酸棕榈酯 butyl hexadecanoate					09.331																
2693	820-00-8	仲丁酸己酯 sec-butyl hexanoate				10533	09.332																
2694	18449-60-0	仲丁酸乳酸酯 sec-butyl lactate					09.333																
2695	50623-57-9	丁酸壬酯 butyl nonanoate					09.334																
2696	57403-32-4	丁基-2-辛烯酸酯 butyl oct-2-enoate				10536	09.335																
2697	6380-28-5	香芹酸乙酯 carvacryl acetate					09.337																
2698	61792-12-9	肉桂酸-2-甲基巴豆酸酯（异构体混合物） cinnamyl 2-methylcrotonate (mixture of isomers)					09.339																

续附表 1-1

序号	CAS	化合物名称	FEMA	JECFA	CoE	EFSA	GB 2760	A	B	C	D	E	F	G	H	I	J	K	L	M	N	O
2699	10580-25-3	香叶醇酸己酯 citronellyl hexanoate				09.341																
2700	69842-11-1	环十五基乙酸酯 cyclogeranyl acetate				09.342																
2701	818-04-2	双戊基琥珀酸酯 di-isopentyl succinate			10555	09.345																
2702	6280-99-5	丁基苹果酸二酯 dibutyl malate				09.346																
2703	141-03-7	丁基琥珀酸二酯 dibutyl succinate				09.347																
2704	141-28-6	乙基己二酸二酯 diethyl adipate				09.348																
2705	32074-56-9	乙基柠檬酸二酯 diethyl citrate				09.349																
2706	623-91-6	乙基反丁烯二酸二酯 diethyl fumarate				09.350																
2707	141-05-9	乙基顺丁烯二酸二酯 diethyl maleate			10551	09.351																
2708	624-17-9	乙基壬二酸二酯 diethyl nonanedioate			10549	09.352																
2709	95-92-1	乙基草酸二酯 diethyl oxalate				09.353																
2710	818-38-2	乙基戊二酸二酯 diethyl pentanedioate				09.354					√											
2711	56422-50-5	新莰醇基乙酸酯 neo-dihydrocarvyl acetate			10859	09.355																
2712	20487-40-5	1,1-二甲丙基乙酸酯 1,1-dimethylethyl propionate				09.356																
2713	20780-49-8	3,7-二甲基辛基乙酸酯 3,7-dimethyloctyl acetate			10899	09.358																
2714	2985-28-6	乙基-2-乙酰氧基丙酸酯 ethyl 2-acetoxypropionate				09.360																
2715	60770-00-5	乙基-4-甲氧基苯-2-羧酸乙酯 ethyl 2-hydroxy-4-methyl-benzoate				09.362																
2716	7335-26-4	乙基-2-甲氧基苯甲酸酯 ethyl 2-methoxybenzoate				09.363																
2717	2510-99-8	乙基-3-苯基丙酸酯 ethyl 2-phenylpropionate				09.364																

续附表 1-1

序号	CAS	化合物名称	FEMA	JECFA	CoE	EFSA	GB 2760	A	B	C	D	E	F	G	H	I	J	K	L	M	N	O
2718	638-10-8	乙基巴豆酸酯 ethyl 3-methylcrotonate			10610	09.365																	
2719	120-47-8	乙基-4-羟基苯甲酸酯 ethyl 4-hydroxybenzoate				09.367																	
2720	6849-18-9	乙基-3-戊烯酸酯 ethyl 4-methylpent-3-enoate			10615	09.368																	
2721	67233-91-4	乙基-9-癸烯酸酯 ethyl dec-9-enoate			10579	09.370						√											
2722	28290-90-6	乙酸-2E-十二碳烯酸酯 ethyl dodec-(2E)-enoate			10584	09.372																	
2723	54340-72-6	乙酸-2E-庚烯酸酯 ethyl hept-(2E)-enoate				09.374																	
2724	97-63-2	乙基甲基丙烯酸酯 ethyl methacrylate				09.375																	
2725	2445-93-4	乙基-2-戊烯酸酯 ethyl pent-2-enoate			10623	09.379																	
2726	41114-00-5	乙酸十五烷基酯 ethyl pentadecanoate			10622	09.380																	
2727	103-09-3	2-乙基己基乙酸酯 2-ethylhexyl acetate				09.381				√					√								
2728	94088-33-2	仲庚-4-顺式烯基乙酸 sec-hept-4-(cis)-enyl acetate				09.386						√											
2729	50862-12-9	庚酸-2-甲基丁酯 heptyl 2-methylbutyrate			10668	09.387																	
2730	5921-82-4	仲庚酸乙酯 sec-heptyl acetate			10802	09.388				√													
2731	6976-72-3	庚酸己酯 heptyl hexanoate			10666	09.390																	
2732	6624-58-4	仲庚酸己酯 sec-heptyl hexanoate			10805	09.391														√			
2733	56423-43-9	庚酸异戊酯 heptyl isovalerate			10667	09.392																	
2734	68133-78-8	己烯基苯乙酸 hex-2-enyl phenylacetate				09.400																	
2735	2445-72-9	戊酸异丁酯 pentyl isobutyrate			293	09.418																	
2736	68922-10-1	香叶醇异戊酸酯 citronellyl isovalerate			455	09.460																	
2737	105-58-8	乙基碳酸二酯 diethyl carbonate			710	09.481																	

续附录 1-1

序号	CAS	化合物名称	FEMA	JECFA	CoE	EFSA	GB 2760	A	B	C	D	E	F	G	H	I	J	K	L	M	N	O
2738	25415-62-7	戊酸异戊酯 pentyl isovalerate			2224	09.499																
2739	71662-27-6	乙酸丁酸乙酯 ethyl butyryl lactate			2242	09.502																
2740	39924-52-2	甲基-3-氧-2-戊烯-1-环戊基醋酸酯 methyl-3-oxo-2-pent-2-enyl-1-cyclopentylacetate		1400	10821	09.521																
2741	108-59-8	丙二酸二甲酯 dimethyl malonate			11754	09.558				√												
2742	121432-33-5	己-3-顺式烯基苯甲酸酯 hex-3 (cis)-enyl anisate				09.560																
2743	56922-80-6	反式-3-己烯酸甲酯 trans-3-hexenyl formate				09.562																
2744	85554-69-4	己-(3Z)-烯酸癸酯 hex-(3Z)-enyl decanoate				09.567																
2745	61444-41-5	己-(3Z)-烯酸辛酯 hex-(3Z)-enyl octanoate				09.569																
2746	42125-17-7	己-(4Z)-烯酸乙酯 hex-(4Z)-enyl acetate				09.572																
2747	629-70-9	十六酸乙酯 hexadec-1-yl acetate				09.574																
2748	61144-39-1	(3Z)-己烯酸庚酯 (3Z)-hexenyl heptanoate				09.575																
2749	1617-25-0	戊酸(E)-2-丁烯己酯 hexyl (E)-but-2-enoate			10688	09.578																
2750	34316-64-8	戊酸月桂酯 hexyl dodecanoate				09.579																
2751	20279-51-0	戊酸乳酯 hexyl lactate				09.580																
2752	6259-76-3	戊酸水杨酸酯 hexyl salicylate			10695	09.581																
2753	42231-99-2	戊酸十四烷酯 hexyl tetradecanoate				09.582																
2754	1117-59-5	戊酸戊酯 hexyl valerate			10696	09.583																
2755	2445-67-2	异丁酸-2-甲基丁酯 isobutyl 2-methylbutyrate			10710	09.585																
2756	97-86-9	异丁酸-2-甲基丙烯酯 isobutyl 2-methylprop-2-enoate				09.586																

续附表 1-1

序号	CAS	化合物名称	FEMA	JECFA	CoE	EFSA	GB 2760	A	B	C	D	E	F	G	H	I	J	K	L	M	N	O
2757	30673-38-2	异丁酸癸酯 isobutyl decanoate			10707	09.587																
2758	37811-72-6	异丁酸月桂酯 isobutyl dodecanoate			10708	09.588																
2759	110-34-9	异丁酸棕榈酯 isobutyl hexadecanoate			10715	09.589																
2760	585-24-0	异丁酸乳酯 isobutyl lactate			10709	09.590																
2761	5461-06-3	异丁酸辛酯 isobutyl octanoate			10714	09.593																
2762	25263-97-2	异丁酸十四烷酯 isobutyl tetradecanoate			10712	09.594																
2763	10482-55-0	异戊酸(Z)-2-丁烯酯 isopentyl-(Z)-but-2-enoate				09.596																
2764	2306-91-4	异戊酸癸酯 isopentyl decanoate				09.598							√									
2765	109-25-1	异戊酸庚酯 isopentyl heptanoate			10719	09.599																
2766	81974-61-0	异戊酸棕榈酯 isopentyl hexadecanoate			10723	09.600																
2767	19329-89-6	异戊酸乳酯 isopentyl lactate			10720	09.601						√										
2768	62488-24-8	异戊酸十四烷酯 isopentyl tetradecanoate			10722	09.602																
2769	6284-46-4	异丙酸巴豆酯 isopropyl crotonate			10729	09.603																
2770	2311-59-3	异丙酸癸酯 isopropyl decanoate			10730	09.604																
2771	10233-13-3	异丙酸月桂酯 isopropyl dodecanoate				09.605																
2772	142-91-6	异丙酸棕榈酯 isopropyl hexadecanoate			10732	09.606																
2773	5458-59-3	异丙酸辛酯 isopropyl octanoate			10731	09.608																
2774	18362-97-5	异丙酸戊酯 isopropyl valerate				09.609																
2775	59230-57-8	4-异丙基苄基乙酸酯 4-isopropylbenzyl acetate				09.611																
2776	25905-14-0	薰衣草酸乙酯 lavandulyl acetate				09.612																

续附表 1-1

序号	CAS	化合物名称	FEMA	JECFA	CoE	EFSA	GB 2760	A	B	C	D	E	F	G	H	I	J	K	L	M	N	O
2777	10471-96-2	芳樟醇酸戊酯 linalyl valerate			10738	09.614																
2778	58985-18-5	对甲苯-8-基乙酸酯 p-menthan-8-yl acetate				09.617																
2779	6070-16-2	(1R,2S,5R)-薄荷基己酸 (1R,2S,5R)-menthyl hexanoate				09.619																
2780	1154-92-3	薄荷基苯乙酸 menthyl phenylacetate				09.620																
2781	89-46-3	(1R,2S,5R)-薄荷基水杨酸酯 (1R,2S,5R)-menthyl salicylate				09.621																
2782	4707-47-5	甲基 2,4-二羟基-3,6-二甲基苯甲酸酯 methyl 2,4-dihydroxy-3,6-dimethylbenzoate				09.623																
2783	6622-76-0	甲基巴豆酸酯 methyl 2-methylcrotonate				09.624																
2784	33603-30-4	甲基2-甲基戊-3(E)-烯酸酯 methyl 2-methylpent-3(E)-enoate				09.625																
2785	600-22-6	甲基2-氧丙酰基乙酸酯 methyl 2-oxopropionate			10848	09.626																
2786	99-75-2	甲基4-甲基苯甲酸酯 methyl 4-methylbenzoate				09.631																
2787	101853-47-8	甲基5-羟基癸酸酯 methyl 5-hydroxydecanoate				09.633																
2788	105-45-3	甲基乙酰乙酸酯 methyl acetoacetate				09.634																
2789	623-43-8	甲基巴豆酸酯 methyl crotonate				09.636				✓												
2790	2482-39-5	甲基癸-2-烯酸酯 methyl dec-2-enoate			11799	09.637																
2791	7367-83-1	甲基癸-(4Z)-烯酸酯 methyl dec-(4Z)-enoate			10784	09.638																
2792	1191-03-3	甲基癸-4,8-二烯酸酯 methyl deca-4,8-dienoate			10782	09.640																

续附表 1-1

序号	CAS	化合物名称	FEMA	JECFA	CoE	EFSA	GB 2760	A	B	C	D	E	F	G	H	I	J	K	L	M	N	O
2793	6208-91-9	甲基十二碳-(2E)-烯酸酯 methyl dodec-(2E)-enoate			10792	09.641																
2794	107-31-3	甲酸甲酯 methyl formate			10795	09.642																
2795	27871-49-4	(S)-乳酸甲酯 (S)-methyl lactate				09.644																
2796	112-61-8	甲基十八烷酸酯 methyl octadecanoate			10849	09.651																
2797	112-62-9	甲基油酸甲酯 methyl oleate			10836	09.652																
2798	5205-12-9	3-甲基丁-3-烯基苯甲酸酯 3-methylbut-3-enyl benzoate				09.656																
2799	51115-64-1	2-甲基丁基丁酸酯 2-methylbutyl butyrate				09.659																
2800	68067-33-4	2-甲基丁基癸酸酯 2-methylbutyl decanoate			10765	09.660																
2801	35073-27-9	2-甲基丁基甲酸酯 2-methylbutyl formate				09.661																
2802	2601-13-0	2-甲基丁基己酸酯 2-methylbutyl hexanoate			10768	09.662				✓												
2803	2445-69-4	2-甲基丁基异丁酸酯 2-methylbutyl isobutyrate			10770	09.663															✓	
2804	67121-39-5	2-甲基丁基辛酸酯 2-methylbutyl octanoate			10776	09.664																
2805	2438-20-2	2-甲基丁基丙酸酯 2-methylbutyl propionate			10778	09.665																
2806	93805-23-3	2-甲基丁基十四烷酸酯 2-methylbutyl tetradecanoate			10774	09.666																
2807	29021-36-1	香叶基乙酸酯 myrtanyl acetate				09.670																
2808	56001-43-5	(3S,6Z)-橙花基乙酸酯 (3S,6Z)-nerolidyl acetate			10862	09.671																
2809	2051-50-5	仲辛基乙酸酯 sec-octyl acetate			10799	09.676																
2810	4887-30-3	辛酸辛酯 octyl hexanoate			10865	09.677																
2811	68039-26-9	戊酸-2-甲基丁酯 pentyl 2-methylbutyrate			10875	09.679				✓												

续附表 1-1

序号	CAS	化合物名称	FEMA	JECFA	CoE	EFSA	GB 2760	A	B	C	D	E	F	G	H	I	J	K	L	M	N	O
2812	7785-63-9	戊酸-2-甲基异戊烯酯 pentyl 2-methylisocrotonate				09.680																
2813	5350-03-8	戊酸月桂酯 pentyl dodecanoate				09.681																
2814	31148-31-9	戊酸棕榈酯 pentyl hexadecanoate				09.682																
2815	6382-06-5	戊酸乳酯 pentyl lactate				09.683																
2816	68141-20-8	(E)-2-苯基乙基-2-丁烯酸酯 (E)-2-phenylethyl 2-butenoate			10880	09.684																
2817	155449-46-0	苯乙醇酸乳酯 phenethyl lactate				09.686																
2818	23511-70-8	苯氧乙基丁酸酯 2-phenoxyethyl butyrate				09.687																
2819	7402-29-1	3-苯基丁酸丙酯 3-phenylpropyl butyrate				09.690																
2820	68555-58-8	异戊烯基水杨酸酯 prenyl salicylate				09.696																
2821	37064-20-3	丙酸-2-甲基丁酯 propyl 2-methylbutyrate			10891	09.698				√		√			√							
2822	10352-87-1	丙酸巴豆酸酯 propyl crotonate				09.699																
2823	30673-60-0	丙酸癸酯 propyl decanoate				09.700																
2824	3487-99-8	戊酸肉桂酯（异构体混合物）pentyl cinnamate (mixture of isomers)			328	09.735																
2825	94022-06-7	异薄荷基苯乙酸 isobornyl phenylacetate			566	09.756																
2826	5137-52-0	戊基苯乙酸 pentyl phenylacetate			612	09.761																
2827	2050-08-0	戊基水杨酸酯 pentyl salicylate			613	09.762																
2828	136-60-7	丁基苯甲酸酯 butyl benzoate			740	09.779																
2829	617-05-0	乙基香豆酸乙酯 ethyl vanillate			2302	09.798						√										

续附表 1-1

序号	CAS	化合物名称		FEMA	JECFA	CoE	EFSA	GB 2760	A	B	C	D	E	F	G	H	I	J	K	L	M	N	O
2830	3943-74-6	甲基香豆酸甲酯	methyl vanillate			2305	09.799						∨										
2831	134-28-1	癸基乙酯	guaiyl acetate			10659	09.808																
2832	3681-78-5	丙酸月桂酯	propyl dodecanoate				09.813																
2833	2239-78-3	丙酸棕榈酯	propyl hexadecanoate			10893	09.814																
2834	616-09-1	丙酸乳酯	propyl lactate				09.815						∨										
2835	624-13-5	丙酸辛酯	propyl octanoate			10892	09.816																
2836	58430-94-7	3,5,5-三甲基己酸乙酯	3,5,5-trimethylhexyl acetate				09.819																
2837	1731-81-3	十一烷基乙酸酯	undecyl acetate			10906	09.820																
2838	607-97-6	乙基 2-乙酰丁酸酯	ethyl 2-acetylbutyrate				09.824																
2839	2049-96-9	戊基苯甲酸酯	pentyl benzoate			2307	09.825																
2840	5452-75-5	乙基环己基乙酸酯	ethyl cyclohexyl acetate			218	09.829																
2841	8007-35-0	松油醇乙酸酯	terpineol acetate		368	205	09.830																
2842	13058-12-3	乙基 3,7-二甲基-2,6-辛二烯酸酯	ethyl 3,7-dimethyl-2,6-octadienoate				09.831																
2843	21188-61-4	乙基 3-乙酰己酸酯	ethyl 3-acetohexanoate			10566	09.832																
2844	21884-26-4	异丙基 4-氧戊酸酯	iso-propyl 4-oxopentanoate				09.833																
2845	42175-41-7	苄基癸酸酯	benzyl decanoate				09.835																
2846	60045-26-3	3-苯丙基苯甲酸酯	3-phenylpropyl benzoate				09.836																
2847	60045-27-4	3-苯丙基 3-苯丙酸酯	3-phenylpropyl 3-phenylpropionate				09.837																

续附录 1-1

序号	CAS	化合物名称		FEMA	JECFA	CoE	EFSA	GB 2760	A	B	C	D	E	F	G	H	I	J	K	L	M	N	O
2848	67633-96-9	(3Z)-己烯基甲酸酯	(3Z)-hexenyl methyl carbonate				09.838																
2849	72928-48-4	癸酸-3-甲基丁酯	decyl 3-methylbutyrate				09.839																
2850	2315-09-5	3-己烯酸甲酯	3-hexenyl formate		1272	2153	09.846																
2851	51115-63-0	2-甲基丁基 2-羟基苯甲酸酯	2-methylbutyl 2-hydroxy-benzoate				09.852																
2852	53398-85-9	顺-3-己烯酸-2-甲基丁酯	cis-3-hexenyl 2-methylbutanoate				09.854																
2853	56922-82-8	(3E)-己烯酸己酯	(3E)-hexenyl hexanoate				09.855																
2854	67674-41-3	苯甲基 2-甲基-2-丁烯酸酯	phenylmethyl 2-methyl-2-butenoate				09.858																
2855	85554-66-1	乙基 3-乙酰氧辛酸	ethyl 3-acetoxy octanoate				09.862																
2856	20290-84-0	己酸(9Z)-十八碳烯酯	hexyl (9Z)-octadecenoate				09.865																
2857	94386-39-7	香芹酸-3-甲基丁酯	carvyl-3-methylbutyrate				09.870																
2858	72934-06-6	香叶醇酸癸酯	citronellyl decanoate				09.871																
2859	72934-07-7	香叶醇酸月桂酯	citronellyl dodecanoate				09.872																
2860	253596-99-5	2-甲基丁基苹果酸二酯	di(2-methylbutyl) malate				09.874																
2861	94088-12-7	(Z)-庚-4-烯-2-基丁酸酯	(Z)-hept-4-en-2-yl butanoate				09.880																
2862	233666-04-1	己-3-烯酸-2-乙基丁酸酯	hex-3-enyl-2-ethylbutyrate				09.884																
2863	233666-03-0	己-3-烯酸己酸酯	hex-3-enyl hexadecanoate				09.885																

续附表 1-1

序号	CAS	化合物名称	FEMA	JECFA	CoE	EFSA	GB 2760	A	B	C	D	E	F	G	H	I	J	K	L	M	N	O
2864	406700-80-9	2-异丙基-5-甲基苯甲酸酯 2-isopropyl-5-methylphenyl formate				09.893																
2865	61114-23-6	2-甲氧基-4-(丙-1-烯基)苯基3-甲基丁酸酯 2-methoxy-4-(prop-1-enyl) phenyl 3-methyl-butyrate				09.894																
2866	71172-26-4	4-甲氧基苄基-2-甲基丙酸酯 4-methoxybenzyl-2-methyl-propionate				09.895																
2867	54702-13-5	3-甲基丁-3-烯-1-基丁酸酯 3-methylbut-3-en-1-yl butyrate				09.897																
2868	53655-22-4	3-甲基丁-3-烯-1-基己酸酯 3-methylbut-3-en-1-yl hexanoate				09.898																
2869	999999-91-4	2,6-二甲基-2,5,7-辛三烯-1-醇乙酸酯 2,6-dimethyl-2,5,7-octatriene-1-ol acetate		1226		09.931																
2870	115869-76-6	1-薄荷基(S)-3-羟基丁酸酯 1-menthyl (S)-3-hydroxy-butyrate				09.949																
2871	34686-71-0	癸-7-烯-1,5-内酯 dec-7-eno-1,5-lactone		247		10.033																
2872	63095-33-0	顺-癸-7-烯-1,4-内酯 cis-dec-7-eno-1,4-lactone				10.039																
2873	3301-90-4	庚酸-1,5-内酯 heptano-1,5-lactone			10660	10.045																
2874	109-29-5	十六酸-1,16-内酯 hexadecano-1,16-lactone				10.047																
2875	730-46-1	十六酸-1,4-内酯 hexadecano-1,4-lactone			10673	10.048																
2876	33673-62-0	3-甲基壬酸-1,4-内酯 3-methylnonano-1,4-lactone				10.052																

续附录 1-1

序号	CAS	化合物名称	FEMA	JECFA	CoE	EFSA	GB 2760	A	B	C	D	E	F	G	H	I	J	K	L	M	N	O
2877	542-28-9	戊酸-1,5-内酯 pentano-1,5-lactone			10907	10.055										√						
2878	32539-85-8	十五酸-1,14-内酯 pentadecano-1,14-lactone				10.068																
2879	1184-78-7	三甲胺氧化物 trimethylamine oxide		1614	10494	11.025																
2880	111-47-7	二丙基硫醚 dipropyl sulfide			541	12.015									√							
2881	625-80-9	二异丙基硫醚 di-isopropyl sulfide			542	12.016																
2882	10152-76-8	丙烯基甲硫醚 allyl methyl sulfide			11429	12.096					√				√							
2883	27817-67-0	丙烯基丙硫醚 allyl propyl sulfide			11434	12.099														√		
2884	1191-08-8	丁烷-1,4-二硫醇 butane-1,4-dithiol				12.103																
2885	513-53-1	丁烷-2-硫醇 butane-2-thiol				12.104																
2886	2432-91-9	S-2-丁基 3-甲基丁烷硫酯 S-2-butyl 3-methylbutanethioate				12.106																
2887	629-45-8	二丁基二硫醚 dibutyl disulfide				12.111																
2888	872-10-6	二戊基硫醚 dipentyl sulfide				12.117																
2889	638-46-0	乙基丁硫醚 ethyl butyl sulfide				12.124																
2890	2432-42-0	乙基丙硫酯 ethyl propanethioate				12.125																
2891	4110-50-3	乙基丙硫醚 ethyl propyl sulfide			11479	12.127																
2892	18721-61-4	3-(乙硫基)丙烷-1-醇 3-(ethylthio) propan-1-ol				12.129						√										
2893	26473-47-2	3-巯基-2-甲基丙酸 3-mercapto-2-methylpropionic acid				12.135																
2894	2464-23-5	3-巯基丙酸 3-mercapto-2-oxopropionic acid				12.136																
2895	60779-24-0	甲基丁基二硫醚 methyl butyl disulfide				12.151																

续附表 1-1

序号	CAS	化合物名称		FEMA	JECFA	CoE	EFSA	GB 2760	A	B	C	D	E	F	G	H	I	J	K	L	M	N	O
2896	628-29-5	甲基丁基硫醚	methyl butyl sulfide				12.152																
2897	20756-86-9	S-甲基己烷硫酯	S-methyl hexanethioate		489	11515	12.156																
2898	5897-45-0	甲基3-甲基-2-丁烯基硫醚	methyl 3-methyl-2-butenylsulphide				12.158																
2899	67-68-5	甲亚磺基甲烷	methylsulfinylmethane		507		12.175										√						
2900	32637-94-8	8-(甲硫基)-3-薄荷酮	8-(methylthio)-p-menthan-3-one				12.177												√				
2901	16630-65-2	3-(甲硫基)丁酸	3-(methylthio) butyric acid				12.178																
2902	31331-53-0	1-(甲硫基)乙烷-1-硫醇	1-(methylthio) ethane-1-thiol				12.180				√												
2903	66735-69-1	1-(甲硫基)戊烷-3-酮	1-(methylthio) pentan-3-one				12.181																
2904	58809-73-7	2-(甲硫基)丙酸	2-(methylthio) propionic acid				12.182																
2905	646-01-5	3-(甲硫基)丙酸	3-(methylthio) propionic acid				12.183						√										
2906	77974-85-7	S-(甲硫基甲基)2-甲基丙烷硫酯	S-(methylthiomethyl) 2-methylpropanethioate				12.189																
2907	14252-42-7	1,1-双(乙硫)乙烷	1,1-bis(ethylthio)-ethane				12.200																
2908	4124-63-4	巯基乙醛	mercaptoacetaldehyde				12.205																
2909	2432-83-9	(S)-甲基辛酸酯	(S)-methyl octanethioate				12.282																
2910	623-20-1	(E)-乙基呋喃丙烯酸酯	(E)-ethyl furfuracrylate			545	13.011																
2911	65505-16-0	(S)-2,5-二甲基-3-呋喃基-2-硫代羧酸甲酯	(S)-2,5-dimethyl-3-thiofuroylfuran		1071	2323	13.040																

附录1 风味产业意义显著的香气成分信息

续附表 1-1

序号	CAS	化合物名称	FEMA	JECFA	CoE	EFSA	GB 2760 A	B	C	D	E	F	G	H	I	J	K	L	M	N	O
2912	583-33-5	丁基2-呋喃甲酸酯 butyl 2-furoate				13.102																
2913	61197-06-6	2,5-二甲基-3-(甲硫基二硫)呋喃 2,5-dimethyl-3-(methyl-dithio) furan				13.113																
2914	63359-63-7	2,5-二甲基-3-甲硫基呋喃 2,5-dimethyl-3-(methylthio) furan				13.114																✓
2915	1003-38-9	2,5-二甲基四氢呋喃 2,5-dimethyltetrahydrofuran				13.120																
2916	614-99-3	乙基2-呋喃甲酸酯 ethyl 2-furoate			10588	13.122					✓											
2917	2024-70-6	乙基呋喃基硫醚 ethyl furfuryl sulfide				13.124																
2918	1703-52-2	2-乙基-5-甲基呋喃 2-ethyl-5-methylfuran			10942	13.125					✓	✓										
2919	13678-61-0	呋喃基2-甲基丁酸酯 furfuryl 2-methylbutyrate			10643	13.127						✓										
2920	59020-84-7	呋喃基丁-2(E)-烯酸酯 furfuryl but-2(E)-enoate				13.129																
2921	623-21-2	呋喃基丁酸酯 furfuryl butyrate		759	638	13.130																
2922	39252-02-3	呋喃基己酸酯 furfuryl hexanoate			10641	13.132																
2923	6270-55-9	呋喃基异丁酸酯 furfuryl isobutyrate				13.133																
2924	88-14-2	2-呋喃甲酸 2-furoic acid			10098	13.136					✓											
2925	67-47-0	5-羟甲基呋喃醛 5-hydroxymethylfurfuraldehyde			11112	13.139					✓								✓			
2926	1365-19-1	芳樟醇氧化物(5-环) linalool oxide (5-ring)		1454	11876	13.140										✓						
2927	108499-33-8	甲基(2-呋喃基硫)乙酸酯 methyl (2-furfurylthio) acetate				13.141																
2928	78818-78-7	甲基5-甲基呋喃基二硫醚 methyl 5-methylfurfuryl disulfide				13.144															✓	

续附表 1-1

序号	CAS	化合物名称	FEMA	JECFA	CoE	EFSA	GB 2760	A	B	C	D	E	F	G	H	I	J	K	L	M	N	O
2929	13679-60-2	甲基 5-甲基呋喃基硫醚 methyl 5-methylfurfuryl sulfide			11522	13.145																
2930	66169-00-4	甲基呋喃基三硫醚 methyl furfuryl trisulfide				13.146																
2931	4179-38-8	2-辛基呋喃 2-octylfuran			10965	13.162																
2932	5421-00-1	(四氢呋喃基)甲基苯乙酸 (tetrahydrofuryl) methyl phenylacetate				13.167																
2933	3033-23-6	2S-顺-四氢-4-甲基-2-(2-甲基-1-丙烯基)-2H-吡喃 2S-cis-tetrahydro-4-methyl-2-(2-methyl-1-propenyl)-2H-pyran				13.170							✓									
2934	159113-17-4	3-[(2-呋喃基)二硫]-2-丁酮 3-[(2-furfuryl) dithio]-2-butanone				13.185																
2935	56469-39-7	芳樟醇氧化物(5)乙酸酯 linalool oxide(5) acetate				13.189																
2936	94-62-2	胡椒碱 piperine		1600	492	14.003																
2937	99583-29-6	2-乙酰-1-吡咯啉 2-acetyl-1-pyrroline		1604		14.080																
2938	54300-10-6	5-乙酰-2,3-二甲基吡嗪 5-acetyl-2,3-dimethyl-pyrazine				14.081																
2939	43108-58-3	2-乙酰-5-乙基吡嗪 2-acetyl-5-ethylpyrazine				14.083																
2940	22047-27-4	2-乙酰-5-甲基吡嗪 2-acetyl-5-methylpyrazine			11297	14.084																
2941	6982-72-5	2-乙酰-5-甲基吡咯 2-acetyl-5-methylpyrrole				14.085																
2942	34413-34-8	2-乙酰-6-乙基吡嗪 2-acetyl-6-ethylpyrazine			11295	14.086																
2943	22047-26-3	2-乙酰-6-甲基吡嗪 2-acetyl-6-methylpyrazine			11298	14.087																

续附表 1-1

序号	CAS	化合物名称	FEMA	JECFA	CoE	EFSA	GB 2760	A	B	C	D	E	F	G	H	I	J	K	L	M	N	O
2944	576-15-8	1-乙酰吲哚 1-acetylindole				14.088																
2945	1122-54-9	4-乙酰吡啶 4-acetylpyridine				14.089																
2946	15987-00-5	2-丁基-3-甲基吡嗪 2-butyl-3-methylpyrazine				14.091																
2947	5058-19-5	2-丁基吡啶 2-butylpyridine				14.092																
2948	539-32-2	3-丁基吡啶 3-butylpyridine				14.093																
2949	13238-84-1	2,5-二乙基吡嗪 2,5-diethylpyrazine			11306	14.097										√						
2950	41330-21-6	6,7-二氢-5,7-二甲基-5H-环戊吡嗪 6,7-dihydro-5,7-dimethyl-5H-cyclopentapyrazine				14.099																
2951	55031-15-7	3,(5-或6)-二甲基-2-乙基吡嗪 3,(5-or 6)-dimethyl-2-ethylpyrazine		775	727	14.100		√			√	√				√	√					
2952	40790-20-3	2,5-二甲基-3-异丙基吡嗪 2,5-dimethyl-3-isopropylpyrazine			11318	14.101										√	√					
2953	38917-61-2, 38917-62-3	2,5-dimethyl-6,7-二氢-5H-环戊吡嗪 2,5-dimethyl-6,7-dihydro-5H-cyclopentapyrazine				14.102																
2954	583-61-9	2,3-二甲基吡啶 2,3-dimethylpyridine				14.103																
2955	583-58-4	3,4-二甲基吡啶 3,4-dimethylpyridine				14.105																
2956	591-22-0	3,5-二甲基吡啶 3,5-dimethylpyridine			11382	14.106																
2957	2379-55-7	2,3-二甲基喹喔啉 2,3-dimethylquinoxaline				14.108				√	√											
2958	614-18-6	烟酸乙酯 ethyl nicotinate				14.110		√	√						√	√						
2959	13360-65-1	3-乙基-2,5-二甲基吡嗪 3-ethyl-2,5-dimethyl-pyrazine				14.111		√	√	√	√	√			√	√		√	√	√	√	√

续附表 1-1

序号	CAS	化合物名称	FEMA	JECFA	CoE	EFSA	GB 2760	A	B	C	D	E	F	G	H	I	J	K	L	M	N	O
2960	52517-53-0	5-乙基-6,7-二氢-5H-环戊吡嗪 5-ethyl-6,7-dihydro-5H-cyclopentapyrazine				14.113																
2961	100-71-0	2-乙基吡啶 2-ethylpyridine			11767	14.115															√	
2962	536-75-4	4-乙基吡啶 4-ethylpyridine			11387	14.116																
2963	142-08-5	2-羟基吡啶 2-hydroxypyridine				14.118																
2964	553-60-6	异烟酸异丙酯 isopropyl nicotinate				14.120																
2965	93905-03-4	2-异丙基-(3,5 或 6)-甲氧基吡嗪 2-isopropyl-(3,5 or 6)-methoxypyrazine		790	11344	14.121	√															
2966	67952-59-4	2-异丙基-3-甲基硫代吡嗪 2-isopropyl-3-methylthiopy-razine			11342	14.122																
2967	644-98-4	2-异丙基吡啶 2-isopropylpyridine			11400	14.124																
2968	696-30-0	4-异丙基吡啶 4-isopropylpyridine				14.125																
2969	25680-57-3	2-甲氧基-3-丙基吡嗪 2-methoxy-3-propylpyrazine				14.127					√											
2970	15586-80-8	2-甲基-3-丙基吡嗪 2-methyl-3-propylpyrazine				14.129																
2971	95-20-5	2-甲基吲哚 2-methylindole				14.131					√											
2972	109-06-8	2-甲基吡啶 2-methylpyridine			11415	14.134																
2973	108-99-6	3-甲基吡啶 3-methylpyridine			11801	14.135															√	
2974	108-89-4	4-甲基吡啶 4-methylpyridine			11416	14.136																
2975	120-94-5	1-甲基咯啉 1-methylpyrrolidine				14.137																
2976	1802-20-6	3-戊基吡啶 3-pentylpyridine				14.140																

附录1 风味产业意义显著的香气成分信息

续附表 1-1

序号	CAS	化合物名称	FEMA	JECFA	CoE	EFSA	GB 2760	A	B	C	D	E	F	G	H	I	J	K	L	M	N	O
2977	4673-31-8	3-丙基吡啶 3-propylpyridine			11419	14.143																
2978	52517-54-1	5,6,7,8-四氢-5-甲基喹喔啉 5,6,7,8-tetrahydro-5-methylquinoxaline				14.148																
2979	108-75-8	2,4,6-三甲基吡啶 2,4,6-trimethylpyridine				14.150																
2980	7533-07-5	2-乙酰-4-甲基噻唑 2-acetyl-4-methylthiazole			11589	15.038																
2981	59303-17-2	2-乙酰-5-甲基噻唑 2-acetyl-5-methylthiazole				15.039																
2982	88-15-3	2-乙酰呋喃 2-acetylthiophene			11728	15.040									√							√
2983	37645-61-7	2-丁基噻唑 2-butylthiazole			11597	15.044																
2984	1455-20-5	2-丁基呋喃 2-butylthiophene				15.045																
2985	92900-67-9	3,5-二异丁基-1,2,4-三硫杂环己烷 3,5-di-isobutyl-1,2,4-trithiolane				15.047																
2986	54934-99-5	3,5-二异丙基-1,2,4-三硫杂环己烷 3,5-di-isopropyl-1,2,4-trithiolane				15.048																
2987	41981-71-9	2,5-二乙基-4-甲基噻唑 2,5-diethyl-4-methylthiazole				15.050																
2988	4276-68-0	2,5-二乙基-4-丙基噻唑 2,5-diethyl-4-propylthiazole				15.051																
2989	15729-76-7	2,5-二乙基噻唑 2,5-diethylthiazole				15.052																
2990	67411-27-2	3,6-二甲基-1,2,4,5-四硫杂环己烷 3,6-dimethyl-1,2,4,5-tetra-thiane				15.056																
2991	873-64-3	4,5-二甲基-2-乙基噻唑 4,5-dimethyl-2-ethylt-hiazole				15.058													√			
2992	60755-05-7	2,4-二甲基-3-噻唑啉 2,4-dimethyl-3-thiazoline				15.060																

续附表 1-1

序号	CAS	化合物名称	FEMA	JECFA	CoE	EFSA	GB 2760	A	B	C	D	E	F	G	H	I	J	K	L	M	N	O
2993	32272-57-4	2,5-二甲基-4-乙基噻唑 2,5-dimethyl-4-ethylthiazole				15.061																
2994	541-58-2	2,4-二甲基噻唑 2,4-dimethylthiazole			11605	15.062													√				
2995	32272-48-3	4-乙基-2-甲基噻唑 4-ethyl-2-methylthiazole				15.067																	
2996	52414-91-2	4-乙基-5-甲基噻唑 4-ethyl-5-methylthiazole				15.069																	
2997	15679-09-1	2-乙基噻唑 2-ethylthiazole				15.071																	
2998	36880-33-8	5-乙基呋喃-2-甲醛 5-ethylthiophene-2-carb-aldehyde				15.074																	
2999	53498-30-9	2-异丙基-4,5-二甲基噻唑 2-isopropyl-4,5-dimethyl-thiazole				15.080																	
3000	7774-73-4	3-巯基呋喃 3-mercaptothiophene				15.082																	
3001	51647-38-2	3-甲基-1,2,4-三硫杂环己烷 3-methyl-1,2,4-trithiolane				15.083																	
3002	86290-21-3	5-甲基-2-戊基噻唑 5-methyl-2-pentylthiazole				15.084																	
3003	13679-83-9	4-甲基-2-丙酰基噻唑 4-methyl-2-propionylthiazole			11622	15.085																	
3004	2346-00-1	2-甲基-2-噻唑啉 2-methyl-2-thiazoline				15.086																	
3005	2527-76-6	2-甲基-3-巯基呋喃 2-methyl-3-mercapto-thiophene				15.087					√												√
3006	3581-87-1	2-甲基噻唑 2-methylthiazole			11626	15.089																	
3007	880-36-4	2-辛基呋喃 2-octylthiophene				15.093																	
3008	13679-75-9	2-丙酰基呋喃 2-propionylthiophene			11635	15.097																	
3009	17626-75-4	2-丙基噻唑 2-propylthiazole				15.098																	
3010	291-22-5	1,2,4,5-四硫杂环己烷 1,2,4,5-tetrathiane				15.103		√															

续附表 1-1

序号	CAS	化合物名称	FEMA	JECFA	CoE	EFSA	GB 2760	A	B	C	D	E	F	G	H	I	J	K	L	M	N	O
3011	6258-63-5	呋喃甲烷硫醇 2-thiophenemethanethiol				15.108		√															√
3012	2765-04-0	2,4,6-三甲基-1,3,5-三硫杂环己烷 2,4,6-trimethyl-1,3,5-trithiane				15.110					√								√				
3013	289-16-7	1,2,4-三硫杂环己烷 1,2,4-trithiolane				15.111			√														
3014	61323-24-8	2-异丁基-4-甲基噻唑 2-isobutyl-4-methyl thiazole				15.115																	
3015	233665-91-3	2-乙酰-4-乙基噻唑 2-acetyl-4-ethylthiazole				15.116																	
3016	53833-33-3	4-丁基噻唑 4-butylthiazole				15.118																	
3017	39800-92-5	2-异丁基-3-噻唑啉 2-isobutyl-3-thiazoline				15.119																	
3018	7783-06-4	硫化氢 hydrogen sulfide		1658	647	16.007				√		√	√										
3019	59324-17-3	反式-2-甲基-4-丙基-1,3-氧硫杂环己烷 trans-2-methyl-4-propyl-1,3-oxathiane				16.062							√					√					
3020	95-47-6	1,2-二甲基苯(邻二甲苯) 1,2-dimethyl benzene (o-xylene)						√															√
3021	546-80-5	α-侧柏酮 α-thujone													√								
3022	79-10-7	2-丙烯酸 α-humulene													√						√		
3023	6753-98-6	(−)-龙脑 (−)-borneol								√	√	√			√	√							
3024	464-45-9	3-丙基吡啶 3-propylpyridine									√	√	√										
3025	23726-93-4	(E)-β-大马酮 (E)-β-damascenone						√		√	√	√		√	√	√		√	√			
3026	87-40-1	2,4,6-三氯苯甲醚 2,4,6-trichloroanisole													√	√	√		√	√	√	√
3027	未查到	5-甲基戊酸 5-methylpentanoic acid						√	√	√	√	√		√	√	√		√	√	√	√	√

续附表 1-1

序号	CAS	化合物名称	FEMA	JECFA	CoE	EFSA	GB 2760	A	B	C	D	E	F	G	H	I	J	K	L	M	N	O
3028	189010-62-6	顺式-4,5-环氧-(E)-2-壬烯醛 cis-4,5-epoxy-(E)-2-nonenal						√														√
3029	134454-31-2	顺式-4,5-环氧-(E)-2-癸烯醛 cis-4,5-epoxy-(E)-2-decenal						√		√	√			√	√		√	√	√	√		√
3030	515-69-5	α-葎草醇 α-bisabolol									√				√							
3031	106-28-5	(E,E)-2,6-法呢醇 (E,E)-2,6-farnesol								√		√			√							
3032	24323-25-9	2-甲基十一酸 2-methylundecanoic acid													√							
3033	490-91-5	甘茗酮 thymoquinone																				
3034	91-20-3	萘 naphthalene						√		√		√			√	√	√					√
3035	67-71-0	二甲砜 dimethyl sulfone						√										√				
3036	35154-45-1	顺式-3-己烯基异戊酸酯 cis-3-hexenyl isovalerate										√			√	√						
3037	475-20-7	长叶烯 longifolene										√			√	√						
3038	75-15-0	硫化碳 carbon disulfide															√			√	√	
3039	100-41-4	乙苯 ethylbenzene						√									√	√				
3040	53496-15-4	2-戊基乙酸酯 2-pentyl acetate								√												
3041	626-93-7	2-己醇 2-hexanol							√	√	√	√		√								
3042	128-37-0	丁基化羟基甲苯 butylated hydroxytoluene								√											√	
3043	487-11-6	艾莫林 elemicin							√					√								
3044	96-76-4	2,4-二叔丁基苯酚 2,4-ditert-butylphenol								√	√				√				√		√	
3045	1730-91-2	(S)-2-甲基丁酸 (S)-2-methylbutanoic acid																√	√			

附录1 风味产业意义显著的香气成分信息

续附表 1-1

序号	CAS	化合物名称	FEMA	JECFA	CoE	EFSA	GB 2760	A	B	C	D	E	F	G	H	I	J	K	L	M	N	O
3046	32231-50-8	(R)-2-甲基丁酸 (R)-2-methylbutanoic acid																					
3047	154002-67-2	顺式-4,5-环氧-(E)-2-癸醛 cis-4,5-epoxy-(E)-2-decenal														✓				✓			✓
3048	1195-09-1	5-甲氧基-2-甲氧基苯酚 5-methyl-2-methoxyphenol										✓				✓				✓	✓		✓
3049	13067-27-1	2,6-二乙基吡嗪 2,6-diethylpyrazine							✓	✓		✓				✓		✓		✓	✓		
3050	27538-09-6; 27538-10-9	4-羟基-5-乙基-2-甲氧基-3(2H)-呋喃酮 4-hydroxy-5-ethyl-2-methyl-3(2H)-furanone									✓	✓	✓										
3051	3779-61-1	顺式-β-香叶烯 trans-β-ocimene									✓	✓			✓	✓	✓	✓			✓		
3052	120-12-7	蒽 anthracene															✓						
3053	55013-32-6	顺式-威士忌内酯 cis-whiskey lactone									✓	✓				✓							
3054	876-17-5	顺式-玫瑰氧化物 cis-rose oxide									✓	✓											
3055	876-18-6	反式-玫瑰氧化物 trans-rose oxide										✓											
3056	1117-61-9	d-香叶醇 d-citronellol													✓								
3057	5932-68-3	反式-异丁香酚 trans-isoeugenol									✓	✓				✓	✓	✓			✓		✓
3058	3856-25-5	α-石竹烯 α-copaene						✓								✓	✓			✓	✓		
3059	26370-28-5	2,6-壬二烯醛 2,6-nonadienal						✓				✓				✓						✓	
3060	22104-79-6	2-壬烯醇 2-nonenol											✓			✓							
3061	20053-88-7	霍曲烯醇 hotrienol										✓	✓				✓						
3062	6114-18-7	乙基(E)-9-十八烯酸酯 ethyl (E)-9-octadecenoate										✓	✓										
3063	1177282-04-0	3-(甲黄酰基)丙醛 3-(methylsulfonyl)propanal										✓				✓							

续附表 1-1

序号	CAS	化合物名称	FEMA	JECFA	CoE	EFSA	GB 2760	A	B	C	D	E	F	G	H	I	J	K	L	M	N	O
3064	645-59-0	3-苯基丙腈 3-phenylpropanenitrile													√					√			
3065	3012-37-1	苯基硫氰酸酯 benzyl thiocyanate													√								
3066	5888-51-7	4-乙基香兰醇 4-ethylveratrol														√							
3067	135-77-3	1,2,4-三甲氧苯 1,2,4-trimethoxybenzene														√							√
3068	581-42-0	2,6-二甲基萘 2,6-dimethylnaphthalene														√							
3069	928-95-0	(E)-2-己烯-1-醇 (E)-2-hexen-1-ol									√		√		√	√			√				
3070	16423-19-1	地霉烯 geosmin						√			√						√						
3071	93302-56-8	α-甲基紫罗兰酮 α-methylionone						√														√	
3072	182699-77-0	葡萄酒内酯 wine lactone						√			√		√		√								
3073	10307-61-6	(S)-乙酸 2-甲基丁酯 (S)-ethyl 2-methylbutanoate									√		√										
3074	30364-38-6	1,1,6-三甲基-1,2-二氢萘 1,1,6-trimethyl-1,2-dihydronapthalene									√	√											
3075	1569-50-2	3-戊烯-2-醇 3-penten-2-ol									√	√	√				√		√				
3076	79-50-5	泛酰乳酮 pantolactone						√			√	√										√	
3077	84-74-2	邻苯二甲酸二丁酯 n-dibutyl phthalate									√												
3078	54546-22-4	乙基十六碳-9-烯酸酯 ethyl hexadec-9-enoate									√					√							
3079	5129-61-3	16-甲基庚十七酸甲酯 (isostearate) 16-methyl-heptadecanoic acid, methylester									√												
3080	2765-11-9	十五烷醛 pentadecanal									√												
3081	20126-76-5	(-)香叶醇 (-) terpinen-4-ol									√												

附录1　风味产业意义显著的香气成分信息

续附录表 1-1

序号	CAS	化合物名称	FEMA	JECFA	CoE	EFSA	GB 2760	A	B	C	D	E	F	G	H	I	J	K	L	M	N	O
3082	502-99-8	α-香叶烯 α-ocimene																					
3083	19780-33-7	2-乙基-1-十二醇 2-ethyl-1-dodecanol								√													
3084	1003-29-8	1H-吡咯-2-甲醛 1H-pyrrole-2-carbaldehyde															√		√	√			
3085	565-63-9	(Z)-2-甲基-2-丁烯酸 (Z)-2-methyl-2-butenoic acid																	√				
3086	61692-84-0	异丁基(E)-2-甲基丁-2-烯酸酯 isobutyl (E)-2-methylbut-2-enoate																	√				
3087	61692-77-1	2-甲基丁基(Z)-2-甲基丁-2-烯酸酯 2-methylbutyl (Z)-2-methyl-2-butenoate																	√				
3088	13925-09-2	2-乙烯基-6-甲基吡嗪 2-ethenyl-6-methylpyrazine										√							√	√			
3089	96-14-0	3-甲基戊烷 3-methylpentane							√														√
3090	110-54-3	己烷 hexane							√														
3091	57-55-6	丙二醇 propylene glycol								√		√											
3092	10348-47-7	乙酸乙酯-2-羟基-4-甲基戊酸酯 ethyl 2-hydroxy-4-methylvalerate										√											
3093	57194-69-1	(Z)-肉桂醛 (Z)-cinnamaldehyde										√			√						√		
3094	81944-08-3	反-白芷内酯 trans-ligustilide										√		√	√								
3095	515-13-9	β-菜烯 β-elemene										√		√									
3096	489-41-8	(-)-球状醇 (-)-globulol										√											
3097	30899-19-5	3-甲基丁醇 3-methylbutan-1-ol												√		√					√	√	
3098	108-88-3	甲苯 toluene						√		√	√											√	√

· 263 ·

续附表 1-1

序号	CAS	化合物名称	FEMA	JECFA	CoE	EFSA	GB 2760	A	B	C	D	E	F	G	H	I	J	K	L	M	N	O
3099	21450-56-6	1,2,3,4-四甲氧基苯 1,2,3,4-tetramethoxybenzene														√							
3100	2033-89-8	3,4-二甲氧基苯酚 3,4-dimethoxyphenol														√			√				
3101	4313-02-4	(E,Z)-2,4-庚二烯醛 (E,Z)-2,4-heptadienal								√						√							
3102	6443-69-2	3,4,5-三甲氧基甲苯 3,4,5-trimethoxytoluene														√					√		
3103	494-99-5	3,4-二甲氧基甲苯 3,4-dimethoxytoluene														√							
3104	825-55-6	2-王酮 2-nonanone								√	√										√	√	
3105	7432-60-2	(E)-2-癸烯醛 (E)-2-decenal						√		√			√			√	√		√	√	√	
3106	25152-83-4	(E,Z)-2,4-癸二烯醛 (E,Z)-2,4-decadienal						√		√			√			√	√	√	√	√	√	√
3107	517-22-6	3-乙基-2,4-二甲基-1H-吡咯 3-ethyl-2,4-dimethyl-1H-pyrrole													√								
3108	588-62-9	1-甲基-4-(1-甲基乙基亚甲基)环己烯 1-methyl-4-(1-methylethylidene)cyclohexene													√								
3109	3016-19-1	2,6-二甲基-2,4,6-辛三烯 2,6-dimethyl-2,4,6-octatriene													√								
3110	637-84-7	(E,Z)-2,6-二甲基-2,4,6-辛三烯 (E,Z)-2,6-dimethyl-2,4,6-octatriene													√								
3111	575-37-1	1,7-二甲基萘 1,7-dimethyl-naphthalene													√								
3112	1203-08-3	4-(2,6,6-三甲基环己-1,3-二烯基)丁-3-烯-2-酮 4-(2,6,6-trimethylcyclohexa-1,3-dienyl)but-3-en-2-one													√								

续附表 1-1

序号	CAS	化合物名称	FEMA	JECFA	CoE	EFSA	GB 2760	A	B	C	D	E	F	G	H	I	J	K	L	M	N	O
3113	73209-42-4	顺式-卡拉曼烯 trans-calamenene								√					√	√						
3114	916611-67-7	卡达拉-1(10),3,8-三烯 cadala-1(10),3,8-triene														√						
3115	63-42-3	乳糖 lactose																√				
3116	4192-77-2	(E)-3-苯基-2-丙烯酸乙酯 (E)-3-phenyl-2-propenoic acid ethyl							√						√			√	√			
3117	140698-12-0	d-卡戊酮 d-carvone													√							
3118	94-59-7	安息香脑 safrole													√							
3119	1929-30-2	乙酸对甲氧基肉桂酯 ethyl p-methoxycinnamate													√							
3120	17092-92-1	5,6,7,7a-四氢-4,4,7a-三甲基-2(4H)-苯并呋喃硫醚 5,6,7,7a-tetrahydro-4,4,7a-trimethyl-2(4H)-benzofuranone sulfide															√					
3121	463-40-1	亚麻酸 linolenic acid										√										
3122	9009-62-5	2-甲氧基苯酚 2-methoxy-phenol														√			√			
3123	1576-87-0	(E)-2-戊烯醛 (E)-2-pentenal													√		√	√	√			√
3124	79-49-3	乙酸波恩酯 bornyl acetate													√		√					
3125	464-43-7	(1R,2S,4R)-波恩醇 (1R,2S,4R)-borneol							√					√	√	√						
3126	126-91-0	(R)-芳樟醇 (R)-linalool							√					√	√	√				√		√
3127	7785-70-8	(R)-α-蒎烯 (R)-α-pinene							√		√			√	√	√				√	√	
3128	7785-26-4	(S)-α-蒎烯 (S)-α-pinene							√		√			√	√	√				√		
3129	471-15-8	β-侧柏酮 β-thujone										√				√						

续附表 1-1

序号	CAS	化合物名称	FEMA	JECFA	CoE	EFSA	GB 2760	A	B	C	D	E	F	G	H	I	J	K	L	M	N	O
3130	464-48-2	(1S,4S)-樟脑 (1S,4S)-camphor								√		√			√								
3131	40309-41-9	乙酸(2S,3S)-2-羟基-3-甲基戊酸酯 ethyl (2S,3S)-2-hydroxy-3-methylpentanoate										√											
3132	60856-83-9	乙酸2-羟基-4-甲基戊酸酯 ethyl 2-hydroxy-4-methylpentanoate								√		√											
3133	15892-23-6	2-丁醇 2-butanol								√													
3134	4170-30-3	2-丁烯醛 2-butenal								√									√				
3135	106-42-3	1,4-二甲基苯 1,4-dimethylbenzene								√		√			√					√			√
3136	108-38-3	甲苯甲基 toluene methyl							√	√													
3137	96-54-8	1-甲基吡咯 1-methylpyrrole								√					√					√			√
3138	1576-96-1	(E)-2-戊烯-1-醇 (E)-2-penten-1-ol								√								√					
3139	547-64-8	甲基2-羟基丙酸酯 methyl 2-hydroxypropanoate								√							√						
3140	1373307-56-2	2-乙酰-1-吡咯啉 2-acetyl-1-pyrrolidine								√													
3141	5704-20-1	2-羟基-3-戊酮 2-hydroxy-3-pentanone								√													
3142	623-50-7	乙基乙酸酯 ethyl glycolate								√													
3143	3194-15-8	2-丙酰基呋喃 2-propionyl furan								√													
3144	1679-47-6	4,5-二氢-3-甲基-2(3H)-呋喃酮 4,5-dihydro-3-methyl-2(3H)-furanone								√													
3145	502-44-3	γ-己内酯 γ-caprolactone								√	√												
3146	765-70-8	枫树内酯 maple lactone								√													

266

续附表 1-1

序号	CAS	化合物名称	FEMA	JECFA	CoE	EFSA	GB 2760	A	B	C	D	E	F	G	H	I	J	K	L	M	N	O
3147	4780-14-7	3-甲氧基-2-甲基-4H-吡喃-4-酮 3-methoxy-2-methyl-4H-pyran-4-one									✓											
3148	2381-87-5	4-甲基-2,3-二氢吡喃-6-酮 4-methyl-2,3-dihydropyran-6-one									✓											
3149	939-23-1	4-苯基吡啶 4-phenylpyridine									✓											
3150	5355-16-8	2,4-二氨基-5-(3',4'-二氯苯基)-甲基嘧啶 2,4-diamino-5-(3',4'-dichlorophenyl)-methylpyrimidine									✓											
3151	4128-31-8	2-辛醇 2-octanol																				✓
3152	585-74-0	3'-甲基苯乙酮 3'-methylacetophenone																	✓			
3153	555-10-2	β-派烯 β-phellandrene								✓	✓				✓	✓				✓		
3154	1335-09-7	6-甲基-5-庚烯-2-醇 6-methyl-5-hepten-2-ol													✓	✓			✓			
3155	14398-35-7	去氢-β-紫罗兰酮 dehydro-β-ionone															✓					
3156	2216-81-1	庚酸丙酯 heptyl propionate													✓							
3157	556-64-9	甲基硫氰酸酯 methyl thiocyanate													✓							
3158	34424-44-7	3-丁烯基异硫氰酸酯 3-butenyl isothiocyanate													✓							
3159	23708-56-7	6-十一醇 6-undecanol													✓							
3160	115-10-6	二甲醚 dimethyl ether													✓							
3161	126-98-7	甲基丙烯腈 methylacrylonitrile															✓					
3162	5153-92-4	鼠李芹酯氧化物 sclareoloxide											✓			✓						
3163	14371-1-9	(E)-肉桂醛 (E)-cinnamaldehyde														✓		✓				

续附表 1-1

序号	CAS	化合物名称	FEMA	JECFA	CoE	EFSA	GB 2760	A	B	C	D	E	F	G	H	I	J	K	L	M	N	O
3164	527-84-4	邻丙基甲苯 o-cymene								√													
3165	25343-57-1	2-乙酰四氢吡啶 2-acetyltetrahydropyridine					√								√								√
3166	100113-52-8	(E,E,Z)-2,4,6-壬三烯醛 (E,E,Z)-2,4,6-nonatrienal					√			√					√	√							
3167	51447-08-6	(E,Z)-1,3,5-十一三烯 (E,Z)-1,3,5-undecatriene								√													
3168	2225-98-1	3-蒈烯氧化物 3-carene oxide								√													
3169	65767-22-8	(Z)-1,5-辛二烯-3-酮 (Z)-1,5-octadien-3-one						√	√	√					√	√	√	√	√	√	√	√	
3170	700-46-9	4-甲基喹唑啉 4-methylquinazoline						√	√														
3171	1708-82-3	顺式-3-己烯酸乙酯 cis-3-hexenyl acetate								√			√		√							√	
3172	16648-44-5	苯乙酸 benzeneacetic												√									
3173	2639-63-3	己酸己酯 hexyl butanoate								√													
3174	68916-43-8	香叶醇 citronellol														√	√						
3175	6728-36-3	E-2-己烯醛 E-2-hexenal								√													
3176	19361-62-7	苯乙烯 phenyl ethylene								√													
3177	169102-88-9	四甲基-1-氧杂螺(4.5)癸-9-烯 tetramethyl-1-oxaspiro(4.5)dec-9-ene								√													
3178	124-18-5	癸烷 decane					√																√
3179	764-96-5	5-十一烯 5-undecene					√																
3180	124-02-7	二丙烯胺 diallylamine					√																
3181	28467-88-1	2-己烯醛,2-甲基 2-hexenal,2-methyl					√																
3182	30567-26-1	2-庚烯醛,2-甲基 2-heptenal,2-methyl					√																

续附表 1-1

序号	CAS	化合物名称	FEMA	JECFA	CoE	EFSA	GB 2760	A	B	C	D	E	F	G	H	I	J	K	L	M	N	O
3183	532-27-4	2-庚烯醛,2-丙基 2-heptenal,2-propyl						✓														
3184	141-32-2	丙酸丁酯 N-butyl acrylate							✓													
3185	523-75-0	2,3-二甲基苯酚 2,3-dimethylphenol								✓										✓			
3186	621-27-2	3-丙基苯酚 3-propylphenol																		✓			
3187	91-64-5	香豆素 coumarin													✓	✓	✓	✓			✓	✓	✓
3188	21661-99-4	(E,Z)-壬-2,4-二烯醛 (E,Z)-nona-2,4-dienal						✓								✓			✓	✓	✓	✓	
3189	91-57-6	2-甲基萘 2-methylnaphthalene						✓				✓								✓		✓	
3190	3548-78-5	顺式-α-紫罗兰酮 cis-α-ionone													✓							✓	✓
3191	2918-13-0	1-庚烯-3-酮 1-hepten-3-one									✓	✓											
3192	31502-19-9	(E)-6-壬烯-1-醇 (E)-6-nonen-1-ol													✓	✓		✓			✓	✓	
3193	4229-91-8	2-丙基呋喃 2-propyl furan										✓	✓										
3194	39638-67-0	顺式-3-甲基-γ-辛内酯 cis-3-methyl-γ-octalactone										✓	✓			✓							
3195	613-90-1	苯甲酰氰化物 benzoyl cyanide											✓										
3196	254-357-4	(Z)-威士忌内酯 (Z)-whiskey lactone								✓			✓										
3197	111-35-3	dowanol peg dowanol peat								✓			✓		✓	✓					✓		
3198	69064-37-5	(E)-2-十二烯-1-醛 (E)-2-dodecen-1-al											✓										
3199	483-77-2	(-)-卡拉曼烯 (-)-calamenene											✓										
3200	496-11-7	吲哚烷 indane																			✓		
3201	50306-18-8	(Z)-1,5-辛二烯-3-醇 (Z)-1,5-octadien-3-ol																✓		✓		✓	
3202	57266-86-1	(Z)-2-庚烯醛 (Z)-2-heptenal						✓								✓				✓	✓	✓	✓

续附表 1-1

序号	CAS	化合物名称	FEMA	JECFA	CoE	EFSA	GB 2760	A	B	C	D	E	F	G	H	I	J	K	L	M	N	O
3203	620-02-2	5-甲基-2-呋喃甲醛 5-methyl-2-furancarboxaldehyde																			√		
3204	65405-70-1	E-4-癸烯醛 E-4-decenal													√						√	√	
3205	2437-95-8	β-蒎烯 β-pinene								√												√	
3206	15707-26-0	2-乙基-3-甲基吡嗪 2-ethyl-3-methylpyrazine										√											
3207	75907-74-3	2-(3,5,6-三甲基吡嗪基)甲醇 (3,5,6-trimethylpyrazin-2-yl) methanol										√											
3208	7561-64-0	7,10,13顺-十六碳三烯酸 pentatonic acid										√											
3209	39028-58-5	反式-2,2,6-三甲基-6-乙烯基四氢-2H-呋喃-3-醇 trans-2,2,6-trimethyl-6-vinyltetrahydro-2H-furan-3-ol													√								
3210	14009-71-3	顺式-2,2,6-三甲基-6-乙烯基四氢-2h-呋喃-3-醇 cis-2,2,6-trimethyl-6-vinyltetrahydro-2h-furan-3-ol													√	√							
3211	18479-51-1	1,2-二氢芳樟醇 dihydrolinalool														√							
3212	17699-14-8	反式-α-荜澄茄油烯 trans-alpha-cadinene									√				√	√							
3213	3976-70-1	香叶基丙酮 linalool propionate							√							√							
3214	2835-99-6	4-氨基-3-甲基苯酚 4-amino-3-methylphenol														√							
3215	54446-78-5	1-(2-丁氧基乙氧基)-乙醇 1-(2-butoxyethoxy) ethanol														√							
3216	1565-80-6	(S)-(-)-2-甲基-1-丁醇 (S)-(-)-2-methyl-1-butanol							√				√										
3217	607-91-0	麦锡醇 myristicin													√	√	√				√		
3218	111-84-2	壬烷 nonane													√						√		

续附表 1-1

序号	CAS	化合物名称	FEMA	JECFA	CoE	EFSA	GB 2760	A	B	C	D	E	F	G	H	I	J	K	L	M	N	O
3219	5911-04-6	3-甲基壬烷 3-methylnonane																		√		
3220	22567-17-5	γ-崖柏烯 γ-gurjunene																		√		
3221	27538-10-9	乙基呋喃酚 (2-乙基-4-羟基-5-甲基呋喃-3(2H)-酮) ethyl furaneol (2-ethyl-4-hydroxy-5-methylfuran-3(2H)-one)										√										
3222	10482-56-1	α-松油醇 α-terpineol														√							
3223	8000-27-9	雪松醇 cedrol														√							
3224	2102-59-2	(1R,5R)-香芹醇 (1R,5R)-carveol									√												
3225	18383-51-2	(1R,5S)-香芹醇 (1R,5S)-carveol														√							
3226	18031-40-8	1-紫苏醛 1-perilladehyde									√												
3227	1575-46-8	3,4-二甲基-2(5)-呋喃酮 3,4-dimethyl-2(5)-furanone											√										
3228	3050-69-9	正己酸乙烯酯 ethyl hexanoate																		√			
3229	818-72-4	1-辛炔-3-醇 1-octyn-3-ol																		√			
3230	13744-15-5	d-毕澄茄烯 d-cadinene															√	√					
3231	20296-29-1	3-辛醇 3-octanol						√	√	√	√												
3232	99-87-7	对伞花烃 parachrysene								√									√				
3233	2393-17-1	己醛 hexanal								√													
3234	20348-51-0	顺-2-癸醛 trans-2-decanal																			√		
3235	1703-51-1	2,5-辛二酮 2,5-hexanedione																			√		

续附表 1-1

序号	CAS	化合物名称	FEMA	JECFA	CoE	EFSA	GB 2760	A	B	C	D	E	F	G	H	I	J	K	L	M	N	O
3236	7705-14-8	(d)-柠檬烯 (d)-limonene								√												
3237	34429881-3	(Z)-β-罗勒烯 (Z)-β-ocimene								√												
3238	123-54-6	戊烷2,3-二酮 pentane-2,3-dione								√												
3239	6789-80-9	(3Z)-己-3-烯醛 (3Z)-hex-3-enal								√												
3240	623-51-8	乙酸乙酯2-巯基 ethyl 2-mercaptoacetate										√										
3241	22564-99-4	3,7-二甲基-1,6-辛二烯-3-醇 3,7-dimethyl-1,6-octadien-3-ol						√							√		√					
3242	16635-54-4	(Z)-2-己烯醛 (Z)-2-hexenal													√		√		√			
3243	144164-15-8	苯乙醛 benzeneacetaldehyde													√							
3244	55722-59-3	异香草醛 isogeranial																				
3245	2497-25-8	(Z)-2-癸烯醛 (Z)-2-decenal						√							√	√	√					
3246	15423-57-1	香茅醇 germacrene b													√		√					√
3247	134346-43-3	(E)-4,5-环氧-(E)-2-癸烯醛 (E)-4,5-epoxy-(E)-2-undecenal													√							
3248	2385-77-5	(R)-香叶醛 (R)-citronellal													√		√					
3249	5949-05-3	(S)-香叶醛 (S)-citronellal													√							
3250	67133-86-2	2-甲基-6-庚烯-1-醇 2-methyl-6-hepten-1-ol																	√				
3251	109-75-1	3-丁烯腈 3-butenenitrile																	√				
3252	4786-20-3	2-丁烯腈 2-butenenitrile																	√				
3253	4635-87-4	3-戊烯腈 3-pentenenitrile																	√				

续附表 1-1

序号	CAS	化合物名称	FEMA	JECFA	CoE	EFSA	GB 2760	A	B	C	D	E	F	G	H	I	J	K	L	M	N	O
3254	5048-19-1	5-己烯腈 5-hexenenitrile																	√				
3255	56249-52-6	苯乙腈 phenylacetonitrile																	√				
3256	59121-25-4	5-(甲硫基)戊烯腈 5-(methylsulfanyl) pentanenitrile																	√				
3257	72931-29-4	6-(甲硫基)己烯腈 6-(methylsulfanyl) hexanenitrile																	√				
3258	33522-03-1	异硫氰酸环戊烷 isothiocyanatocyclopentane																	√				
3259	8070-53-9	(甲磺氧基)甲烷(methylsulfinyl) methane																	√				
3260	4786-19-0	3-甲基-3-丁烯腈 3-methyl-3-butenenitrile																	√				
3261	35120-10-6	(甲硫基)乙腈 (methylsulfanyl) acetonitrile																	√				
3262	54974-63-9	3-(甲硫基)丙烯腈 3-(methylsulfanyl) propanenitrile																	√				
3263	59121-24-3	4-(甲硫基)丁烯腈 4-(methylsulfanyl) butanenitrile																	√				
3264	8007-40-7	3-异硫氰酸-1-丙烯 3-isothiocyanato-1-propene																	√				
3265	56601-42-4	异硫氰酸环丙烷 isothiocyanatocyclopropane																	√				
3266	3581-89-3	5-甲基-1,3-噻唑 5-methyl-1,3-thiazole														√							
3267	17626-73-2	5-乙基-1,3-噻唑 5-ethyl-1,3-thiazole																	√				
3268	20296-50-8	δ-3-蒈烯 δ-3-carene								√													
3269	199992-75-1	2-羟基-3-甲基-2-环戊烷-1-酮 2-hydroxy-3-methyl-2-cyclopentan-1-one										√											
		2,3-二氢-5-羟基-6-甲基-4(4H)-吡喃酮 (dihydromaltol)										√						√		√			
3270	38877-21-3	2,3-dihydro-5-hydroxy-6-methyl-4(4H)-pyranone																					√

续附表 1-1

序号	CAS	化合物名称		FEMA	JECFA	CoE	EFSA	GB 2760	A	B	C	D	E	F	G	H	I	J	K	L	M	N	O
3271	73692-69-0	3-羟基-6-甲基-2(2H)-吡喃酮 3-hydroxy-6-methyl-2(2H)-pyranone										√											√
3272	110516-60-4	5-乙基-4-羟基-2-甲基-3(2H)-呋喃酮或2-乙基-4-羟基-5-甲基-3(2H)-呋喃酮 5(or 2)-ethyl-4-hydroxy-2(or 5)-methyl-3(2H)-furanone										√												
3273	28564-83-2	2,3-二氢-3,5-二羟基-6-甲基-4(4H)-吡喃酮(hydroxymaltol) 2,3-dihydro-3,5-dihydroxy-6-methyl-4(4H)-pyranone										√								√		√		
3274	7372-86-3	2-乙基-6-甲基吡嗪 2-ethyl-6-methylpyrazide																						
3275	110-12-3	5-甲基-2-己酮 5-methyl-2-hexanone														√		√						
3276	481-34-5	τ-卡多醇 τ-cadinol															√	√						
3277	2511-10-6	(Z)-呋喃-芳樟醇氧化物 (Z)-furan linalool oxide														√		√						
3278	4955-29-7	(E)-别罗勒烯醋酸酯 (E)-pinocaryl acetate																						
3279	2581826-65-3	(5E,7E,9)-癸三烯-2-酮 (5E,7E,9)-decatrien-2-one								√														
3280	2556943-60-1	(5Z,7E,9)-癸三烯-2-酮 (5Z,7E,9)-decatrien-2-one								√														
3281	1754-62-7	甲基(E)-3-苯基丙-2-烯酸酯 methyl (E)-3-phenylprop-2-enoate								√	√					√								
3282	8013-90-9	紫罗兰酮 ionone														√								
3283	5208-49-1	4-蒎烯 4-carene														√								
3284	26040-98-2	1-二十五烷 1-pentacosanol														√								

续附表 1-1

序号	CAS	化合物名称	FEMA	JECFA	CoE	EFSA	GB 2760	A	B	C	D	E	F	G	H	I	J	K	L	M	N	O
3285	93732-43-5	3-乙基-2-(2-吡啶基)-1H-吲哚 3-ethyl-2-(2-pyridyl)-1H-indole													√							
3286	223134-74-5	甲基丙酸 methylpronoic acid										√											
3287	814-78-8	3-甲基-3-丁烯-2-酮 3-methyl-3-buten-2-one								√							√						
3288	115-22-0	3-羟基-3-甲基-2-丁酮 3-hydroxy-3-methyl-2-butanone															√						
3289	600-07-7	2-甲基丁酸 2-methyl butanoic acid															√						
3290	53925-82-9	二-1-丙烯基二硫醚 di-1-propenyl disulfide												√									
3291	115868-72-9	二-1-丙烯基三硫醚 di-1-propenyl trisulfide												√									
3292	118-65-0	异石竹烯 isocaryophyllene													√								
3293	489-39-4	芳香杜松烯 aromadendrene													√	√							
3294	999-10-0	乙酸二乙酯 4-羟基丁酸 ethyl 4-hydroxybutyrate											√										
3295	626-11-9	乙酸二乙酯 dl-苹果酸 diethyl dl malate											√										
3296	69134-53-8	乙酸二乙酯 2-羟基戊二乙酯 diethyl-2-hydroxy-pentadioate											√										
3297	4959-35-7	顺式-柠檬烯氧化物 cis-limonene oxide														√							
3298	27300-27-2	2-乙酰-3,4,5,6-四氢吡啶 2-acetyl-3,4,5,6-tetrahydropyridine						√									√		√				√
3299	17747-43-2	3-乙酰氧吡啶 3-acetoxypyridine															√						
3300	3238-55-9	2-丙酰基吡啶 2-propionylpyridine															√						

续附表 1-1

序号	CAS	化合物名称	FEMA	JECFA	CoE	EFSA	GB 2760	A	B	C	D	E	F	G	H	I	J	K	L	M	N	O
3301	80933-75-1	2-丙酰基-3,4,5,6-四氢吡啶 2-propionyl-3,4,5,6-tetrahydropyridine																				√
3302	15862-72-3	乙酸哌啶酯 ethyl pipecolinate														√						
3303	694-05-3	1,2,3,6-四氢吡啶 1,2,3,6-tetrahydropyridine														√						
3304	80933-74-0	2-丙酰基-1,4,5,6-四氢吡啶 2-propionyl-1,4,5,6-tetrahydropyridine														√						√
3305	5756-24-1	二甲基四硫醚 dimethyl tetrasulfide						√										√				
3306	92508-08-2	2-甲氧基-3,5-二甲基吡嗪 2-methoxy-3,5-dimethylpyrazine						√										√		√		√
3307	6714-00-7	5-庚烯-2-酮 5-hepten-2-one													√							
3308	124-12-9	辛腈 octanenitrile													√							
3309	80028-57-5	2-乙烯基-4h-1,3-二噻吩 2-vinyl-4h-1,3-dithiin																√				
3310	13882-12-7	甲硫基甲磺酸甲酯 S-methylmethanethiosulfinate																√				
3311	3299-32-9	2,4,5-三甲基-1,3-二氧杂环己烷 2,4,5-trimethyl-1,3-dioxolane									√											
3312	589-62-8	4-辛醇 4-octanol										√										
3313	5932-79-6	4-壬醇 4-nonanol										√										
3314	65416-59-3	葡萄螺烷 vitispirane										√		√								
3315	5944-20-7	异香叶醇 isogeraniol										√										
3316	292-45-5	1,2,4,6-四硫环己烷 1,2,4,6-tetrathiepane						√														

续附表 1-1

序号	CAS	化合物名称	FEMA	JECFA	CoE	EFSA	GB 2760	A	B	C	D	E	F	G	H	I	J	K	L	M	N	O
3317	42536-97-0	(Z)-甲基环氧亚胺酸甲酯 (Z)-methyl epijasmonate															√						
3318	20664-46-4	(Z)-2-辛烯醛 (Z)-2-octenal																√			√		
3319	1576-95-0	(Z)-2-戊烯-1-醇 (Z)-2-penten-1-ol						√							√					√			
3320	10359-64-5	(2R)-2-(甲硫基)丁烷 (2R)-2-(methylsulfanyl)butane									√												
3321	1551-21-9	2-(甲硫基)丙烷 2-(methylsulfanyl)propane										√											
3322	2382597-24-0	(2S)-2-(甲硫基)戊烷 (2S)-2-(methylsulfanyl)pentane										√											
3323	500-99-2	3,5-二甲氧基苯酚 3,5-dimethoxyphenol																			√		
3324	5150-42-5	2,3-二甲氧基苯酚 2,3-dimethoxyphenol																			√		
3325	939-27-5	2-乙基萘 2-ethylnaphthalene																			√		
3326	1197-06-4	(Z)-香芹醇 (Z)-carveol														√	√	√					
3327	1197-07-5	(E)-香芹醇 (E)-carveol														√	√	√					
3328	1134-95-8	顺-香芹酸乙酯 trans-carvyl acetate														√	√						
3329	17957-94-7	6R-薄荷呋喃 6R-menthofuran														√							
3330	79734-52-4	2E-乙叉-5R-甲基环己酮 2E-ethylidene-5R-methylcyclohexanone														√							
3331	321936-01-0	6R-薄荷呋喃醇 6R-menthofurolactone														√							
3332	930-30-3	环戊烯-1-酮 cyclopentene-1-one										√											

续附表 1-1

序号	CAS	化合物名称	FEMA	JECFA	CoE	EFSA	GB 2760	A	B	C	D	E	F	G	H	I	J	K	L	M	N	O
3333	181589-32-2	2-乙烯基-3-乙基-5-甲基吡嗪 2-ethenyl-3-ethyl-5-methylpyrazine						√											√			√
3334	765-70-8; 80-71-7	2-羟基-3-甲基-2-环戊烯-1-酮 2-hydroxy-3-methyl-2-cyclopenten-1-one									√									√			√
3335	116664-30-3	5,5-二甲基-1,2,3,4-四硫环己烷 5-dimethyl-1,2,3,4-tetrathiokycyclohexane																√					
3336	534-25-8	1,2-二噻吩-3-硫酮 1,2-dithiole-3-thione								√									√				
3337	498-62-4	3-呋喃甲醛 3-formaldehyde thiophene																	√				
3338	21662-20-4	顺式-3-庚烯醛 cis-3-heptenal																	√				
3339	872-55-9	2-乙基呋喃 2-ethylthiophene																	√				√
3340	98-03-3	2-呋喃甲醛 2-formaldehyde thiophene																	√				√
3341	62488-52-2	3-乙烯基-1,2-二噻环己-4-烯 3-vinyl-1,2-dithiacyclohex-4-ene													√		√						
3342	62488-53-3	3-乙烯基-1,2-二噻环己-5-烯 3-vinyl-1,2-dithiacyclohex-5-ene														√							
3343	1918-82-7	2-乙炔基呋喃 2-ethenylthiophene													√								
3344	638-00-6	2,4-二甲基呋喃 2,4-dimethylthiophene													√	√							
3345	632-16-6	2,3-二甲基呋喃 2,3-dimethylthiophene													√								
3346	74804-37-8	1-氧杂-4,6-二氮杂环辛烷-5-硫酮 1-oxa-4,6-diazacyclooctane-5-thione													√								

续附表 1-1

序号	CAS	化合物名称	FEMA	JECFA	CoE	EFSA	GB 2760	A	B	C	D	E	F	G	H	I	J	K	L	M	N	O
3347	35972-85-1	2-呋喃羰酸甲酯 2-furancarbodithioic acid methyl ester												✓								
3348	5380-42-7	2-呋喃甲酸甲酯 methyl 2-thiophene carboxylate												✓								
3349	1121-66-0	2-环庚烯-1-酮 2-cyclohepten-1-one								✓												
3350	4606-07-9	乙酸环丙丙酯 ethyl cyclopropanecarboxylate								✓												
3351	554-61-0	2-蒈烯 2-carene								✓												
3352	18368-95-1	1,3,8-薄荷三烯 1,3,8-p-menthatriene								✓	✓				✓							
3353	116-04-1	β-葎草烯 β-humulene								✓												
3354	535-77-3	β-异丙基甲苯 β-cymene								✓												
3355	21698-41-9	γ-11-烯-10-醇 guai-11-en-10-ol																					✓
3356	24347-58-8	[S-(R*,R*)]-2,3-丁二醇 [S-(R*,R*)]-2,3-butanediol										✓											
3357	687-47-8	(S)-乳酸乙酯 ethyl-(S)-lactate										✓											
3358	1128085-77-7	3-甲基-2-呋喃硫醇 3-methyl-2-furanthiol																					✓
3359	56-81-5	甘油 glycerin											✓										
3360	40716-66-3	顺式-荼尔利醇 cis-nerolidol							✓	✓	✓	✓	✓			✓	✓						
3361	592-57-4	1,3-环己二烯 1,3-cyclohexadiene										✓											
3362	7216-56-0	佩罗烯 perolene									✓	✓											
3363	108-67-8	甲苯异构体 mesitylene																			✓		
3364	67-66-3	三氯甲烷 trichloromethane																			✓		
3365	539-52-6	香芹烯 perillene														✓							

续附表 1-1

序号	CAS	化合物名称	FEMA	JECFA	CoE	EFSA	GB 2760	A	B	C	D	E	F	G	H	I	J	K	L	M	N	O
3366	1845-30-3	顺式-佛手柑醇 cis-verbenol													✓							
3367	6379-72-2	顺式-甲基异丁香酚 trans-methyl isoeugenol													✓							
3368	96631-04-8	1-(2-呋喃基)乙硫醇 1-(2-furyl)ethanethiol																				✓
3369	140-29-4	苯甲腈 benzyl nitrile																	✓				
3370	96-17-3; 590-86-3	2/3-甲基丁醛 2-/3-methylbutanal										✓			✓							
3371	137-32-6; 123-51-3	2/3-甲基-1-丁醇 2-/3-methyl-1-butanol										✓										
3372	600-07-7; 503-74-2	2/3-甲基丁酸 2-/3-methyl butanoic acid					✓					✓			✓	✓	✓		✓			
3373	1921-70-6	2,6,10,14-四甲基十五烷 2,6,10,14-tetramethyl-pentadecane																			✓	
3374	544-76-3	十六烷 hexadecane																			✓	✓
3375	629-78-7	十七烷 heptadecane																			✓	
3376	638-36-8	2,6,10,14-四甲基十六烷 2,6,10,14-tetramethyl-hexadecane																			✓	
3377	112-95-8	二十烷 eicosane																			✓	
3378	629-92-5	十九烷 nonadecane																			✓	
3379	2234-20-0	2,4-二甲基苯乙烯 2,4-dimethylstyrene								✓												
3380	18217-81-7	反式-2-甲基苯-6-(1-丙烯基)吡嗪 trans-2-methyl-6-(1-propenyl)-pyrazine														✓						

附录1 风味产业意义显著的香气成分信息

续附表 1-1

序号	CAS	化合物名称	FEMA	JECFA	CoE	EFSA	GB 2760	A	B	C	D	E	F	G	H	I	J	K	L	M	N	O
3381	23838-23-5	(E,E)-1,4-二-(1-丙烯基)二硫 (E,E)-bis-(1-propenyl) disulfide													√							
3382	121609-82-3	(E,Z)-1,4-二-(1-丙烯基)二硫 (E,Z)-bis-(1-propenyl) disulfide													√							
3383	5912-86-7	(Z)-异丁香酚 (Z)-isoeugenol													√							√
3384	99915-14-7	(Z)-2-丁基-2-辛烯醛 (Z)-2-butyl-2-octenal						√											√			
3385	30336-14-2	4-羟基-2-辛烯酸内酯 4-hydroxy-2-octenoic acid lactone						√														
3386	73757-26-3	2-丁基-2-庚烯醛 2-butyl-2-heptenal						√														
3387	73757-28-5	2-丙基-2-辛烯醛 2-propyl-2-octenal						√														
3388	14073-97-3	(2S,5R)-(-)-薄荷脑 (2S,5R)-(-)-menthone													√							
3389	19883-27-3	(3E,5Z)-十一碳-1,3,5-三烯 (3E,5Z)-undeca-1,3,5-triene								√						√						
3390	16807-48-0	3-乙酰基-2-羟基-6-甲基-4H-吡喃-4-酮 3-acetyl-2-hydroxy-6-methyl-4H-pyran-4-one						√														
3391	37830-90-3	4,5-二甲基-1,3-二氧杂环丁-2-酮 4,5-dimethyl-1,3-dioxol-2-one						√														
3392	1730-97-8	(S)-2-甲基丁醛 (S)-2-methylbutanal										√										
3393	1115-11-3	2-甲基-2-丁烯醛 2-methyl-2-butenal								√						√				√		
3394	25016-16-4	4-乙酰基吡唑 4-acetylpyrazole													√							

续附表 1-1

序号	CAS	化合物名称	FEMA	JECFA	CoE	EFSA	GB 2760	A	B	C	D	E	F	G	H	I	J	K	L	M	N	O
3395	2091-29-4	十六碳-9-烯酸 9-hexadecenoic acid																				
3396	123-73-9	(E)-2-丁烯醛 (E)-2-butenal																	√				
3397	3102-33-8	(E)-3-戊烯-2-酮 (E)-3-penten-2-one						√									√						
3398	1335-40-6	乙基呋喃甲酸酯 ethyl furoate											√										
3399	13925-07-0; 13360-65-1	2-乙基-3,5(6)-二甲基吡嗪 2-ethyl-3,5(6)-dimethylpyrazine																					√
3400	625-38-7	3-丁烯酸 3-butenoic acid														√							
3401	38533-54-9	1,3,5,8-十一碳四烯 1,3,5,8-undecatetraene														√			√				
3402	69112-21-6	(E)-3-己烯醛 (E)-3-hexenal											√		√								
3403	110-01-0	四氢噻吩 tetrahydrothiophene													√								
3404	184288-57-1	4-巯基丁基异硫氰酸酯 4-mercaptobutyl isothiocyanate													√								
3405	5910-85-0	2,4-庚二烯 2,4-heptadiena										√				√							
3406	2867-05-2	α-松油烯 α-thujene														√							
3407	54324-03-7	双环三葵烯 bicyclosesquiphellandrene													√								
3408	24703-35-3	双环十一碳烯 bicyclogermacrene														√							
3409	473-15-4	β-桉叶烯 β-eudesmol												√									√
3410	1862-61-9	顺式-香叶基乙酸 cis-geranic acid							√														
3411	638-66-4	十八醛 octadecanal														√		√				√	
3412	58130-93-1	1-氰-2,3-二硫丙烷 1-cyano-2,3-epithiopropane												√									
3413	54004-42-1	乙基-2,3-二甲基丁酸酯 ethyl-2,3-dimethylbutanoate							√														

附录1 风味产业意义显著的香气成分信息

续附表1-1

序号	CAS	化合物名称	FEMA	JECFA	CoE	EFSA	GB 2760	A	B	C	D	E	F	G	H	I	J	K	L	M	N	O
3414	17094-21-2	甲基-2-甲基乙酰甲酯 methyl-2-methyl acetoacetate								√													
3415	2177-81-3	甲基-2-甲基己酸酯 methyl-2-methylhexanoate								√													
3416	65596-31-8	甲基-3-羟基-4-甲基戊酸酯 methyl-3-hydroxy-4-methylpentanoate									√												
3417	81586-83-6	甲基(4E)-4-辛烯酸酯 methyl (4E)-4-octenoate								√													
3418	10230-62-3	2,4-二羟基-2,5-二甲基-3(2H)-呋喃酮 2,4-dihydroxy-2,5-dimethyl-3(2H)-furanone						√															
3419	35234-23-2	甲基-5-乙酰氧辛酸酯 methyl-5-acetoxy octanoate								√													
3420	77171-55-2	(−)-斯帕图林醇 (−)-spathulenol								√													
3421	24034-73-9	香叶基香叶醇 geranyl geraniol								√													
3422	24903-94-4	7-甲基-1,6-辛二烯-3-酮 7-methyl-1,6-octadien-3-one														√							
3423	52711-52-1	(E,Z)-2,7-癸二烯醛 (E,Z)-2,7-decadienal								√													
3424	10208-80-7	α-木兰烯 α-muurolene										√				√							
3425	272-16-2	苯并异噻唑 benzisothiazole														√	√						
3426	18172-67-3	(−)-β-蒎烯 (−)-β-pinene														√							
3427	69401-36-1	维斯蒂酮 vestitenone															√						
3428	13326-06-2	丙基3-苯基丙酸酯 propyl 3-phenylpropanoate															√						
3429	112-34-5	2-(2-丁氧乙氧)乙醇 2-(2-butoxyethoxy) ethanol								√		√										√	
3430	2371-42-8	2-甲基异薄荷醇 2-methylisoborneol								√		√											√

续附表 1-1

序号	CAS	化合物名称		FEMA	JECFA	CoE	EFSA	GB 2760	A	B	C	D	E	F	G	H	I	J	K	L	M	N	O
3431	54135-80-7	2,3,4-三氯茴香醚	2,3,4-trichloroanisole																				√
3432	2579-04-6	8-十七烯	8-heptadecene																				√	
3433	131425-49-5	顺式-3,4-二甲基-2,3-二氢噻吩-2-硫醇	cis-3,4-dimethyl-2,3-dihydrothiophene-2-thiol																					
3434	67-56-1	甲醇	methanol						√															
3435	29803-81-4	(1S,4S)-1-甲基-4-丙基环己-2-烯-1-醇/顺式-2-蒎烯-1-醇 (1S,4S)-1-methyl-4-propan-2-ylcyclohex-2-en-1-ol/cis-2-p-menthen-1-ol								√		√	√										
3436	644-30-4	1-甲基-4-(6-甲基庚-5-烯-2-基)苯/α-姜黄烯 1-methyl-4-(6-methylhept-5-en-2-yl)benzene/α-curcumene													√		√						
3437	495-60-3	(5R)-2-甲基-5-[(2S)-6-甲基庚-5-烯-2-基]环己-1,3-二烯/姜黄烯 (5R)-2-methyl-5-[(2S)-6-methylhept-5-en-2-yl]cyclohexa-1,3-diene/zingiberene													√					√			
3438	20307-83-9	3-(6-甲基庚-5-烯-2-基)-6-甲基亚甲基环己烯/β-倍半水香烯 3-(6-methylhept-5-en-2-yl)-6-methylidenecyclohexene/β-sesquiphellandrene													√					√			
3439	575-43-9	1,6-二甲基萘	1,6-dimethyl-naphthalene						√															

续附表 1-1

序号	CAS	化合物名称	FEMA	JECFA	CoE	EFSA	GB 2760	A	B	C	D	E	F	G	H	I	J	K	L	M	N	O
3440	21944-83-2	(Z,Z)-3,6-壬二烯醛 (Z,Z)-3,6-nonadienal												√								√
3441	1239976-90-9	反式-4,5-环氧-(E,Z)-2,7-癸二烯醛 trans-4,5-epoxy-(E,Z)-2,7-decadienal														√	√						
3442	617-92-5	1-乙基吡咯 1-ethylpyrrole																					√
3443	33877-11-1	(1S)-1-苯乙烷-1-硫醇 (1S)-1-phenylethane-1-thiol												√		√							
3444	33877-16-6	(1R)-1-苯乙烷-1-硫醇 (1R)-1-phenylethane-1-thiol												√									
3445	26914-40-9	乙烷-1,1-二硫醇 ethane-1,1-dithiol								√													
3446	10307-60-5	甲基(2S)-2-甲基丁酸酯 methyl (2S)-2-methylbutanoate								√													
3447	31331-54-1	1-(乙基硫代)乙基硫醇 1-(ethylsulfanyl) ethanethiol								√													
3448	31331-56-3	1-(乙基硫代)丙烷-1-硫醇 1-(ethylsulfanyl) propane-1-thiol								√													
3449	94944-48-6	1-(乙基二硫代)-1-(乙基硫代)乙烷 1-(ethyldisulfanyl)-1-(ethylsulfanyl) ethane								√													
3450	529-01-1	异薄荷酮 isopiperitenone													√								
3451	18951-85-4	(R)-(+)-香芹酸 (R)-(+)-citronellic acid													√								
3452	117421-34-8	2-戊基-3-甲基丁酸酯 2-pentyl 3-methylbutanoate								√													
3453	1929579-66-7	己基(E)-3-己烯酸酯 hexyl (E)-3-hexenoate								√													
3454	3790-78-1	(Z)-橙花醇 (Z)-nerolidol													√	√						
3455	142928-08-3	道卡-5,8-二烯 dauca-5,8-diene													√								

续附表 1-1

序号	CAS	化合物名称	FEMA	JECFA	CoE	EFSA	GB 2760	A	B	C	D	E	F	G	H	I	J	K	L	M	N	O
3456	5341-95-7	内消旋-2,3-丁二醇 meso-2,3-butanediol																					
3457	527-54-8	3,4,5-三甲酚 3,4,5-trimethylphenol																					√
3458	100-83-4	3-羟基苯甲醛 3-hydroxybenzaldehyde																					√
3459	121-71-1	3-羟基苯乙酮 3-hydroxyacetophenone																					√
3460	26560-14-5	(Z,E)-α-法尼烯 (Z,E)-α-farnesene																		√			
3461	6776-19-8	乙基(Z)-2-丁烯酸酯 ethyl (Z)-2-butenoate									√												
3462	124-17-4	2-(2-丁氧乙氧基)乙基醋酸酯 2-(2-butoxyethoxy) ethyl acetate									√	√											
3463	33204-48-7	(R)-2-甲基丁醛 (R)-2-methylbutanal												√									
3464	157615-33-3	2-乙烯基-3,5-二甲基吡嗪 2-ethenyl-3,5-dimethylpyrazine										√				√	√		√	√			√
3465	621-59-0	异香草醛 isovanillin															√						
3466	111-90-0	2-(2-乙氧乙氧基)乙醇 2-(2-ethoxyethoxy)-ethanol												√									
3467	106-41-2	4-溴苯酚 4-bromophenol																				√	
3468	59919-41-4	2,6-二乙基萘 2,6-diethylnaphthalene																				√	
3469	18339-16-7	5α-雄甾-16-烯-3-酮 5α-androst-16-en-3-one																				√	
3470	3878-55-5	丁二酸单甲酯 butanedioic acid, monomethyl ester										√											
3471	41438-24-8	(3E)-4-(2-呋喃基)-3-丁烯-2-酮 (3E)-4-(2-furyl)-3-buten-2-one										√								√			

续附表 1-1

序号	CAS	化合物名称	FEMA	JECFA	CoE	EFSA	GB 2760	A	B	C	D	E	F	G	H	I	J	K	L	M	N	O
3472	1229617-30-4	(Z)-3-甲基-1-丁烯-1-硫醇 (Z)-3-methyl-1-butene-1-thiol																			√	
3473	28163-84-0	(E)-3-庚烯酸 (E)-3-heptenoic acid																			√	
3474	1229617-39-3	(E)-2-甲基-1-丁烯-1-硫醇 (E)-2-methyl-1-butene-1-thiol																			√	
3475	361336-38-1	反式-4,5-环氧-(2E)-十一碳-2-烯醛 trans-4,5-epoxy-(2E)-undec-2-enal								√													
3476	6694-71-9	表高喹啉 epi-guaipyridine																					
3477	1940169-15-2	萎烯-9,11-二烯吡啶 guaia-9,11-dienpyridine														√							
3478	1940169-12-9	莎芙-8-酮 cyperen-8-one														√							
3479	3466-15-7	莎芙酮 cyperotundone														√							
3480	6750-60-3	斯帕图林醇 spathulenol														√							
3481	1209-71-8	γ-杜松烯醇 γ-eudesmol														√							
3482	50895-55-1	γ-杜松醇 γ-cadinol														√							
3483	481-33-4	β-杜松醇 β-cadinol																					
3484	13382-53-1	2-(甲硫基)丙醛 2-(methylthio)-propanal																		√			
3485	6512-99-8	9-十八碳烯酸乙酯 ethyl 9-octadecenoate										√											√
3486	10522-26-6	2-甲基-十一烷醇 2-methyl-1-undecanol																					√
3487	5881-17-4	3-乙基-辛烷 3-ethyl-octane																					√
3488	62183-79-3	2,2,4,4-四甲基辛烷 2,2,4,4-tetramethyloctane																					√

续附表 1-1

序号	CAS	化合物名称	FEMA	JECFA	CoE	EFSA	GB 2760	A	B	C	D	E	F	G	H	I	J	K	L	M	N	O
3489	1120-21-4	十一烷 undecane																				√	√
3490	60-29-7	乙醚 diethyl ether																					√
3491	14542-13-3	2-甲氧基噻唑 2-methoxy thiazole														√							
3492	81944-09-4	(Z)-川芎内酯 (Z)-ligustilide														√							
3493	13679-41-9	3-苯基呋喃 3-phenylfuran																		√			√
3494	3879-26-3	橙花叔酮 neryl acetone								√						√							
3495	110-00-9	呋喃 furan															√						
3496	20547-99-3	二氢氧化磷酰酮 dihydrooxophorone														√							
3497	35692-94-5	4-羟基-2,6,6-三甲基-1-环己烯-1-羧醛 4-hydroxy-2,6,6-trimethyl-1-cyclohexene-1-carboxaldehyde														√							
3498	619-62-5	对薄荷-2-烯-1-醇 p-menth-2-en-1-ol									√					√							
3499	124600-88-0	乙基 (2S,3S)-2-羟基-3-甲基戊酸酯 ethyl (2S,3S)-2-hydroxy-3-methyl pentanoate											√										
3500	4412-91-3	3-呋喃甲醇 3-furanmethanol																					
3501	67920-63-2	丁香醛 lilac aldehyde														√							
3502	2441-06-7	乙基 2-羟基-3-甲基丁酸酯 ethyl 2-hydroxy-3-methylbutanoate												√									
3503	1658479-64-1	3-巯基-3,7-二甲基-6-辛烯基醋酸酯 3-mercapto-3,7-dimethyl-6-octenyl acetate														√						√	

续附表 1-1

序号	CAS	化合物名称	FEMA	JECFA	CoE	EFSA	GB 2760	A	B	C	D	E	F	G	H	I	J	K	L	M	N	O
3504	1577-18-0	(E)-3-己烯酸 (E)-3-hexenoic acid																					✓
3505	67814-27-1	色拉醇 serratol														✓							
3506	16721-39-4	(E)-顺哌醇 (E)-piperitol														✓							✓
3507	1192-79-6	5-甲基-1H-吡咯-2-羧基甲醛 5-methyl-1H-pyrrole-2-carboxaldehyde																		✓			
3508	2613-89-0	苯基马来酸 phenyl malonic acid							✓														
3509	147254-32-8	顺式 3-甲基-4-癸内酯 cis-3-methyl-4-decanolide										✓										✓		
3510	599-04-2	d-泛酸内酯 d-pantolactone																					
3511	590-90-9	4-羟基-2-丁酮 4-羟基-2-丁酮									✓												
3512	38284-27-4	(E,E)-3,5-辛二烯-2-酮 (E,E)-3,5-辛二烯-2-酮									✓												
3513	94-71-3	邻乙氧基苯酚 o-methoxyphenol														✓							✓
3514	2277-15-8	(Z)-壬-4-醛 (Z)-non-4-enal																✓					
3515	1070-34-4	丁二酸单乙酯 丁二酸单乙酯														✓							
3516	13837-75-7	Z-氧化柠檬烯 Z-氧化柠檬烯																					
3517	620-14-4	1-乙基-3-甲基苯 1-ethyl-3-methylbenzene																		✓			
3518	2816-57-1	2,6-二甲基环己酮 2,6-dimethylcyclohexanone																		✓			
3519	29461-03-8	2-甲基-5-丙基吡嗪 2-methyl-5-propylpyrazine																		✓			
3520	636-41-9	2-吡咯 2-methylpyrrole																		✓			
3521	91-19-0	喹喔啉 quinoxaline																		✓			
3522	645-10-3	萜品烷 germacrane										✓											

续附表 1-1

序号	CAS	化合物名称	FEMA	JECFA	CoE	EFSA	GB 2760	A	B	C	D	E	F	G	H	I	J	K	L	M	N	O
3523	52089-54-0	乙基 2-羟基丁酸酯 ethyl 2-hydroxybutanoate											√										
3524	58688-79-2	(E)-2-丁烯-1-硫醇 (E)-2-butene-1-thiol								√													
3525	29837-19-2	(E,Z,Z)-1,3,5,8-十一碳四烯 (E,Z,Z)-1,3,5,8-undecatetraene								√						√							√
3526	42832-47-3	1-十一烯-3-酮 1-undecen-3-one																						
3527	15798-64-8	(Z)-2-丁烯醛 (Z)-2-butenal																					√	
3528	29873-99-2	γ-派烯 γ-elemene														√								
3529	552-41-0	芍药酮 paeonol														√								
3530	27840-40-0	β-葎草烯 β-vatirenene														√								
3531	68039-49-6	苯香醛 ligustral																						
3532	612-94-2	β-苯基萘 β-phenylnaphthalene														√								
3533	63883-69-2	2-乙基-(E)-2-丁烯醛 2-ethyl-(E)-2-butenal																		√				
3534	20521-42-0	2-乙烯基-2-丁烯醛 2-ethenyl-2-butenal								√										√				
3535	33467-76-4	(E)-2-庚烯-1-醇 (E)-2-hepten-1-ol																		√				
3536	2407-43-4	4-羟基-2-己烯酸内酯 4-oh-2-hexenoic acid lactone																		√				
3537	26248-42-0	三十五烷 tridecanol																		√				
3538	19780-94-0	2-甲基己二酸二甲酯 dimethyl 2-methylhexanedioate																				√		
3539	10042-59-8	2-丙基庚醇 2-propylheptanol																				√		
3540	18252-46-5	顺式-α-柏木烯 cis-α-bergamotene								√														
3541	2216-87-7	3-十一酮 3-undecanone																				√		

续附表 1-1

序号	CAS	化合物名称	FEMA	JECFA	CoE	EFSA	GB 2760	A	B	C	D	E	F	G	H	I	J	K	L	M	N	O
3542	6963-52-6	2-己基丁酸酯 2-hexyl butanoate								√												
3543	300697-66-9	(Z)-4-辛烯-1-基戊酸酯 (Z)-4-octen-1-yl pentanoate								√												
3544	71978-01-3	(Z)-5-辛烯-1-基-3-甲基丁酸酯 (Z)-5-octen-1-yl 3-methylbutanoate								√												
3545	7328-34-9	乙基 (E,E)-2,4-癸二烯酸酯 ethyl (E,E)-2,4-decadienoate										√										
3546	60026-20-2	2-乙酰吡咯啉 2-acetylpyrroline									√	√							√			
3547	125811-37-2	椴树醚 linden ether									√			√								
3548	80466-34-8	2,4-己二烯醛 2,4-hexadienal								√								√				
3549	17066-67-0	β-薁 β-seliene													√							
3550	20303-60-0	β-艾脑烯 β-elemenone													√							
3551	616-44-4	3-甲基噻吩 3-methylthiophene																√				
3552	629-50-5	三十三烷 tridecane													√							
3553	3891-98-3	2,6,10-三甲基十二烷 2,6,10-trimethyldodecane																	√			
3554	15726-15-5	3-甲基-4-庚酮 3-methyl-4-heptanone																				√
3555	102322-83-8	5-甲基-(E)-2-庚烯-4-酮 5-methyl-(E)-2-hepten-4-one																		√		√
3556	25679-28-1	顺式-茴香脑 cis-anethol										√										
3557	17699-16-0	反式-蓝桉醇水合物 trans-sabinene hydrate													√							
3558	3691-11-0	δ-杜松烯 δ-guaiene													√							

续附表 1-1

序号	CAS	化合物名称	FEMA	JECFA	CoE	EFSA	GB 2760	A	B	C	D	E	F	G	H	I	J	K	L	M	N	O
3559	39029-41-9	γ-杜松烯 γ-cadinene														√							
3560	4407-36-7	(E)-肉桂醇 (E)-cinnamyl alcohol								√													
3561	21040-45-9	(E)-肉桂酸酯 (E)-cinnamyl acetate								√			√										
3562	523-47-7	β-杜松烯 β-cadinene														√							
3563	23074-10-4	5-乙基呋喃甲醛 5-ethylfurfural																	√				
3564	92760-25-3	脱氢-1,8-桉叶油素 dehydro-1,8-cineole						√															
3565	151409-47-1	丙基 (2S)-2-甲基丁酸酯 propyl (2S)-2-methylbutanoate								√													
3566	31331-55-2	1-(甲硫基)丙烷-1-硫醇 1-(methylsulfanyl) propane-1-thiol								√													
3567	860210-40-8	1-(丙基硫代)乙基硫醇 1-(propylsulfanyl) ethanethiol								√					√								
3568	1123751-39-2	(6Z,8E,10)-十一碳三烯-3-酮 (6Z,8E,10)-undecatrien-3-one								√													
3569	34935-26-7	(3E)-4-甲基-3-己烯酸 (3E)-4-methyl-3-hexenoic acid									√												
3570	53447-46-4	丁香醛 lilac aldehyde A								√													
3571	13361-31-4	异丁基氰基乙酸酯 isobutyl cyanoacetate												√									
3572	1898-13-1	松香烯 cembrene														√							
3573	13720-12-2	2,3-脱氢-γ-紫罗兰酮 2,3-dehydro-γ-ionone															√						
3574	15051-81-7	10-epi-γ-杜松醇 10-epi-γ-eudesmol														√							

续附表 1-1

序号	CAS	化合物名称	FEMA	JECFA	CoE	EFSA	GB 2760	A	B	C	D	E	F	G	H	I	J	K	L	M	N	O
3575	5937-11-1	epi-α-杜松醇 epi-α-cadinol														√	√						
3576	19912-62-0	epi-α-木兰醇 epi-α-muurolol													√	√							
3577	112379-21-2	4-羟基-7,8-二氢-β-紫罗兰酮 4-hydroxy-7,8-dihydro-β-ionone											√										
3578	591-81-1	4-羟基丁酸 4-hydroxybutanoic acid						√															
3579	2281-28-9	2,3-二羟基-6-甲基-4H-吡喃-4-酮 2,3-dihydroxy-6-methyl-4H-pyran-4-one						√															
3580	1050211-66-9	(Z,E)-6,8,10-十一碳三烯-4-醇 (Z,E)-6,8,10-undecatrien-4-ol								√													
3581	111-65-9	辛烷 octane																					
3582	95-63-6	1,2,4-三甲基苯 1,2,4-trimetylbenzene						√															
3583	23313-79-3	顺式,反式-2,6-壬二烯醛 cis,trans-2,6-nonadienal													√								
3584	1229617-42-8	4-巯基-3-己酮 4-mercapto-3-hexanone										√											
3585	5954-69-8	2-甲基-1-丙烯-1-硫醇 2-methyl-1-propene-1-thiol										√											
3586	854471-62-8	2-甲基-1-丁烯-1-硫醇 2-methyl-1-butene-1-thiol										√											
3587	17042-24-9	2-巯基-3-戊酮 2-mercapto-3-pentanone										√											
3588	2004-70-8	反式-1,3-戊二烯 trans-1,3-pentadiene																	√				
3589	1126-51-8	4-羧乙基-γ-丁内酯 4-carbethoxy-g-butyrolactone											√							√			
3590	34562-58-8	米利醇 myliol							√														
3591	1229617-33-7	(E)-3-甲基-1-丁烯-1-硫醇 (E)-3-methyl-1-butene-1-thiol										√										√	

续附表 1-1

序号	CAS	化合物名称	FEMA	JECFA	CoE	EFSA	GB 2760	A	B	C	D	E	F	G	H	I	J	K	L	M	N	O
3592	56577-28-7	甲基 (2S,3S)-2-羟基-3-甲基戊酸酯 methyl (2S,3S)-2-hydroxy-3-methylpentanoate								√													
3593	638-02-8	2,5-二甲基噻吩 2,5-dimethylthiophene																					√
3594	5402-55-1	2-噻吩-2-乙醇 2-thiophen-2-ylethanol																					√
3595	14250-96-5	2-甲基-(E)-2-戊烯醛 2-methyl-(E)-2-pentenal						√															√
3596	3310-02-9	顺式-蓝桉醇 cis-sabinol										√												
3597	21573-31-9	7-辛醛 7-octenal																						√
3598	39770-04-2	8-壬醛 8-nonenal																						√
3599	308805-43-8	3-甲基-3-硫基丁醛 3-methyl-3-sulfanylbutanal											√											
3600	26473-61-0	3-硫基丙基醋酸酯 3-sulfanylpropyl acetate											√											
3601	473438-37-8	3-硫基庚醛 3-sulfanylheptanal											√											
3602	33746-72-4	(E)-西芹酮 (E)-ocimenone														√								
3603	591-78-6	2-己酮 2-hexanone																	√					
3604	54096-45-6	3,4-环氧硫代丁基氰化物 3,4-epithiobutyl cyanide														√								
3605	68820-33-7	(Z)-5-十二醛 (Z)-5-dodecenal														√								
3606	38514-13-5	3-乙基-4-甲基戊醇 3-ethyl-4-methylpentanol											√											
3607	13389-42-9	E-2-辛烯 E-2-octene																				√		
3608	56577-29-8	甲基 (2R,3S)-2-羟基-3-甲基戊酸酯 methyl (2R,3S)-2-hydroxy-3-methylpentanoate									√													

附录1 风味产业意义显著的香气成分信息

续附表 1-1

序号	CAS	化合物名称	FEMA	JECFA	CoE	EFSA	GB 2760	A	B	C	D	E	F	G	H	I	J	K	L	M	N	O
3609	95452-08-7	2-乙烯基-1,1-二甲基-3-亚甲基环己烷 2-ethenyl-1,1-dimethyl-3-methylene cyclohexane								√												
3610	17374-18-4	四氢-1,3-噁嗪-2-硫酮 tetrahydro-1,3-oxazine-2-thione								√												
3611	14507-02-9	2,4-癸二烯-1-醇 2,4-decadien-1-ol								√		√										
3612	4610-11-1	(+)-顺式-玫瑰氧化物 (+)-cis-rose oxide																				
3613	608-33-3	2,6-二溴苯酚 2,6-dibromophenol								√												
3614	621-58-9	2-甲氧基-5-乙烯基苯酚 2-methoxy-5-vinylphenol													√							
3615	531-59-9	7-甲氧基香豆素 7-methoxycoumarin																√		√			
3616	548741-00-0	3-硫基庚-1-醇 3-sulfanylheptan-1-ol											√										
3617	6902-91-6	(E,E)-格马酮 (E,E)-germacrone														√		√					
3618	30021-74-0	γ-木兰烯 γ-muurolene														√							
3619	19435-97-3	δ-卡迪诺醇 δ-cadinol														√							
3620	1195-79-5	香芹酮 fenchone																√					
3621	52089-55-1	乙基 2-羟基己酸酯 ethyl 2-hydroxyhexanoate											√										
3622	50888-63-6	3,5-二甲基-2-丁基吡嗪 3,5-dimethyl-2-butylpyrazine											√										
3623	50888-62-5	3,5-二甲基-2-戊基吡嗪 3,5-dimethyl-2-pentylpyrazine											√										
3624	4173-41-5	(E,Z)-3,5-辛二烯-2-酮 (E,Z)-3,5-octadien-2-one																				√	
3625	56269-22-8	2,4,6-壬三烯醛 2,4,6-nonatrienal																				√	
3626	82493-99-0	N-(2'-甲基丁基)吡咯烷 N-(2'-methylbutyl) pyrrolidine																				√	

续附表 1-1

序号	CAS	化合物名称	FEMA	JECFA	CoE	EFSA	GB 2760	A	B	C	D	E	F	G	H	I	J	K	L	M	N	O
3627	4462-08-2	N-(3'-甲基丁基)吡咯烷 N-(3'-methylbutyl) pyrrolidine																				√
3628	54518-97-7	2-甲基-N-(2'-甲基丁亚甲基)丁胺 2-methyl-N-(2'-methylbutylidene) butanamine																				√	
3629	120144-58-3	2-甲基-N-(3'-甲基丁亚甲基)丁胺 2-methyl-N-(3'-methylbutylidene) butanamine																					√
3630	40136-65-0	甲基异丙基二硫醚 methyl isopropyl disulfide																				√	
3631	67421-83-4	甲基 2-甲基丙基二硫醚 methyl 2-methylpropyl disulfide																				√	
3632	18433-98-2	2,5-二甲基-3-(3'-甲基丁基)吡嗪 2,5-dimethyl-3-(3'-methylbutyl) pyrazine																		√		√	
3633	629-14-1	二乙氧乙烷 diethoxyethane											√										
3634	22735-58-6	6-丁基-1,4-环庚二烯 6-butyl-1,4-cycloheptadiene														√							
3635	538-68-1	戊基苯 amylbenzene														√							
3636	469-61-4	α-雪松烯 α-cedrene														√							
3637	18409-18-2	反式-2-癸烯醇 trans-2-decenol														√							
3638	28973-97-9	顺式-β-法尼醇 cis-β-farnesene														√							
3639	58615-39-7	异薄荷酮 isopiperitone														√							
3640	65570-26-5	2-十二烯-4-酮 2-dodecen-4-one														√							
3641	28982-60-7	脱氢香叶醇 dehydro carveol														√							
3642	60594-23-2	顺式-石竹烯表氧化物 cis-caryophyllene epoxide									√					√							
3643	577-27-5	榄草醇 ledol														√							

附录1 风味产业意义显著的香气成分信息

续附表 1-1

序号	CAS	化合物名称	FEMA	JECFA	CoE	EFSA	GB 2760	A	B	C	D	E	F	G	H	I	J	K	L	M	N	O
3644	1653-34-5	2-十五烷醇 2-pentadecanol													√							
3645	7132-64-1	甲基十五烷酸酯 methyl pentadecanoate													√							
3646	629-90-3	十七醛 heptadecanal													√							
3647	4128-17-0	反式,反式-法尼基乙酸酯 trans,trans-farnesyl acetate													√							
3648	3790-71-4	顺式,反式-法尼醇 cis,trans-farnesol													√							
3649	14010-23-2	乙基十七烷酸酯 ethyl heptadecanoate													√							
3650	78683-81-5	14-羟基-β-石竹烯 14-hydroxy-β-caryophyllene													√							
3651	88542-70-5	异丁酰邻苯二甲酸酐 isobutylidene phthalide													√							
3652	4431-01-0	川芎内酯 ligustilide													√							
3653	4680-24-4	(+)-顺式-柠檬烯氧化物 (+)-cis-limonene oxide													√							
3654	6909-30-4	(+)-反式-柠檬烯氧化物 (+)-trans-limonene oxide													√							
3655	120021-96-7	δ-木兰烯 δ-muurolene													√							
3656	73744-93-1	倍半香木兰烯 sesquiphellandrene													√							
3657	593-45-3	十八烷 octadecane													√							
3658	14912-44-8	α-依兰烯 α-ylangene													√							
3659	10136-52-4	9-棕榈酸 9-hexadecanoic acid									√											
3660	586-81-2	γ-萜品醇 γ-terpineol									√											
3661	2437-56-1	三烯 tridecene									√											
3662	14905-56-7	2,6,10-三甲基十四烷 2,6,10-trimethyltetradecane									√											
3663	88-04-0	4-氯-3,5-二甲基苯酚 4-chloro-3,5-dimethylphenol																√				

续附表 1-1

序号	CAS	化合物名称	FEMA	JECFA	CoE	EFSA	GB 2760	A	B	C	D	E	F	G	H	I	J	K	L	M	N	O
3664	81149-96-4	(Z)-2-十二烯醛 (Z)-2-dodecenal												√									
3665	71277-06-0	(Z)-2-十三烯醛 (Z)-2-tridecenal												√									
3666	23838-20-2	丙烯基丙基二硫醚 Z-propenyl propyl disulfide													√								
3667	553-84-4	紫苏酮 perilla ketone													√								
3668	18252-44-3	β-香树烯 β-copaene													√								
3669	54264-02-7	十四烯醛 tetradecenal													√								
3670	57877-72-2	5-甲基-2-辛基-(2H)呋喃-3-酮 5-methyl-2-octyl-(2H)furan-3-one													√								
3671	63038-10-8	人参素 senkyunolide																					
3672	4821-04-9	α-萜品烯乙酸酯 α-terpinenyl acetate										√											
3673	17398-16-2	6-乙基-2,3,5-三甲基吡嗪 6-ethyl-2,3,5-trimethyl-pyrazine																	√				
3674	17909-77-2	α-辛脑 α-sinensal													√								
3675	5187-71-3	2-甲基-4-戊烯醛 2-methyl-4-pentenal								√													
3676	335162-49-7	4-乙烯基-3-甲氧基苯酚 4-vinyl-3-methoxyphenol						√															
3677	109959-42-4	(E)-甲酯茉莉酸 (E)-methyl jasmonate															√						
3678	317803-03-5	N-(2-巯基乙基)-1,3-噻唑烷 N-(2-mercaptoethyl)-1,3-thiazolidine																				√	
3679	164524-94-1	5-丙酰基-3,4-二氢-2H-1,4-噻嗪 5-propionyl-3,4-dihydro-2H-1,4-thiazine																				√	

续附录表 1-1

序号	CAS	化合物名称	FEMA	JECFA	CoE	EFSA	GB 2760	A	B	C	D	E	F	G	H	I	J	K	L	M	N	O
3680	513-23-5	侧柏醇 thujyl alcohol												√								
3681	32142-08-8	β-艾脑 β-elemol												√								
3682	142-82-5	庚烷 heptane								√												
3683	3913-02-8	2-丁基-1-辛醇 2-butyl-1-octanol									√											
3684	100-47-0	苯甲腈 benzonitrile									√											
3685	41285-72-7	3-壬-2-醇 3-nonen-2-ol								√												
3686	20938-74-3	N-(甲基)巯基乙酰胺 N-(methyl)mercaptoacetamide										√										
3687	24405-90-1	葎醇 humuladienone										√										
3688	84314-29-4	(R)-乙基 3-羟基己酸酯 (R)-ethyl 3-hydroxyhexanoate								√												
3689	540-08-9	辛酮 octyl ketone						√														
3690	1131-62-0	3,4-二甲氧基乙酰苯酮 3,4-dimethoxyacetophenone														√		√				
3691	624-16-8	4-癸酮 4-decanone																√				
3692	498-60-2	3-呋喃甲醛 3-furaldehyde						√														
3693	54934-55-3	2,3-壬二醇 2,3-nonadecanediol						√														
3694	247024-18-6	1,3(E),5(Z),9-十一碳四烯 1,3(E),5(Z),9-undecatetraene									√											
3695	15456-69-6	6-十二碳烯酸-γ-内酯 6-dodeceno-γ-lactone						√			√											
3696	31823-43-5	(Z)-3-壬烯醛 (Z)-3-nonenal																	√			√
3697	10408-16-9	(-)-香叶烯 (-)-sabinene								√												
3698	2009-00-9	(+)-香叶烯 (+)-sabinene								√												

续附表 1-1

序号	CAS	化合物名称	FEMA	JECFA	CoE	EFSA	GB 2760	A	B	C	D	E	F	G	H	I	J	K	L	M	N	O
3699	19902-08-0	(+)-β-派烯 (+)-β-pinene									√												
3700	4221-98-1	R-(-)-派烯 R-(-)-α-phellandrene									√												
3701	2243-33-6	S-(+)-派烯 S-(+)-α-phellandrene									√					√							
3702	105683-99-6	(Z)-癸-6-烯醛 (Z)-dec-6-enal													√								
3703	18217-82-8	2-甲基-5-((E)-1-丙烯基)吡嗪 2-methyl-5-((E)-1-propenyl)pyrazine																	√				
3704	122440-59-9	5-甲基-(E)-2-庚烯-4-酮 (filbertone) 5-methyl-(E)-2-hepten-4-one (filbertone)																	√				√
3705	55138-74-4	(Z)-2-丙烯基-3,5-二甲基吡嗪 (Z)-2-propenyl-3,5-dimethylpyrazine																						√
3706	55138-78-8	(E)-2-丙烯基-3,5-二甲基吡嗪 (E)-2-propenyl-3,5-dimethylpyrazine																						
3707	1314926-27-6	2-乙酰基-2-吡咯啉 2-acetyl-2-pyrroline								√														
3708	26494-10-0	4-羟基-2,5-二甲基-3(2H)-噻吩酮 4-hydroxy-2,5-dimethyl-3(2H)-thiophenone										√												√
3709	108943-45-9	R-δ-辛内酯 R-δ-octenolactone																			√			
3710	63357-96-0	R-γ-壬内酯 R-γ-nonalactone																			√			
3711	2825-91-4	R-δ-癸内酯 R-δ-decalactone																			√			
3712	38028-82-9	2,3-二乙基-5-乙基吡嗪 2,3-diethyl-5-ethylpyrazine																			√			
3713	14541-36-7	甲叉基双(甲硫醚) methylene bis(methylsullide)																√						

附录1　风味产业意义显著的香气成分信息

续附表 1-1

序号	CAS	化合物名称	FEMA	JECFA	CoE	EFSA	GB 2760	A	B	C	D	E	F	G	H	I	J	K	L	M	N	O
3714	28750-52-9	2-羟基-4,4,6-三甲基-2,5-环己二烯-1-酮 2-hydroxy-4,4,6-trimethyl-2,5-cyclohexadien-1-one													✓							
3715	10395-54-7	莰基甲基醚 bornyl methyl ether												✓								
3716	58334-55-7	姜黄烯 zingiberenol													✓								✓
3717	496-64-0	3-羟基-2H-吡喃-2-酮 3-hydroxy-2H-pyran-2-one																	✓			
3718	7251-61-8	2-甲基噻吩 trans-4,5-epoxydec-2-enal															✓					
3719	2307798-73-6	5-乙基-2,4-二甲基噻唑 5-ethyl-2,4-dimethylthiazole																		✓		
3720	38205-61-7	2-羟基-3,4-二甲基-2-环戊烯-1-酮 2-hydroxy-3,4-dimethyl-2-cyclo-penten-1-one																	✓			
3721	21835-00-7	莳萝醚 dill ether														✓						
3722	74410-10-9	5-乙基-(3H)-呋喃-2-酮 5-ethyl-(3H)-furan-2-one																				
3723	2313-01-1	3-呋喃甲醛 3-furaldehyde						✓														

注：本表展示了3723种香气成分在FEMA、JECFA、CoE、EFSA、GB 2760等国内外监管机构许可名录中的收录情况，根据项目收集的数据整理了香气成分是否以关键香气成分形式在15类风味产品样本中的存在情况。为了便于表格设计、节省篇幅，风味体系在表头表头中以字母表示，具体如下：A，粮食类；B，食用菌；C，水果类；D，调味品；E，酒类；F，蛋类；G，蔬菜类；H，芳香植物类；I，乳制品；J，茶类；K，食用植物油；L，可可/咖啡类；M，肉类；N，水产品；O，其他。

附录 2 特殊香气成分生物学调节功能统计

附表 2-1 特殊香气成分生物学调节功能统计表

类别	序号	CAS 号	中文名	抗肿瘤	降血压	抗阿尔茨海默病	抗糖尿病	抗肥胖	抗焦虑	抗帕金森病	抗抑郁	降血脂	抗血栓	合计功能数量/种
萜类及其衍生物	1	499-75-2	香芹酚	√	√	√	√	√	√	√	√	√	√	10
	2	89-83-8	百里香酚	√	√	√	√	√	√	√	√	√	√	10
	3	490-91-5	百里醌	√	√	√	√	√	√	√	√	√	√	10
	4	87-44-5	β-石竹烯	√	√	√	√	√	√	—	√	√	—	9
	5	138-86-3	柠檬烯	√	√	√	—	—	√	√	√	√	√	9
	6	470-82-6	1,8-桉叶素	√	√	√	—	√	√	√	√	√	—	8
	7	78-70-6	芳樟醇	√	√	√	√	—	√	√	√	√	—	8
	8	106-24-1	香叶醇	√	—	√	√	—	—	√	√	—	—	8
	9	116-26-7	藏红花醛	√	√	√	√	√	√	—	√	√	—	8
	10	5392-40-5	柠檬醛	√	√	—	√	√	√	—	√	√	—	7
	11	89-78-1	薄荷醇	—	—	√	√	—	—	√	√	√	—	7
	12	7212-44-4	橙花叔醇	√	√	√	√	—	√	√	√	√	—	7
	13	507-70-0	冰片	√	—	√	—	—	√	√	—	√	—	5
	14	4674-50-4	圆柚酮	√	—	√	—	√	√	√	√	√	—	6
	15	80-56-8	α-蒎烯	√	—	√	—	—	√	√	—	√	—	5

附录2 特殊香气成分生物学调节功能统计

续附表 2-1

类别	序号	CAS 号	中文名	抗肿瘤	降血压	抗阿尔茨海默病	抗糖尿病	抗肥胖	抗焦虑	抗帕金森病	抗抑郁	降血脂	抗血栓	合计功能数量/种
萜类及其衍生物	16	515-69-5	红没药醇	√	√	√	—	—	—	√	—	—	—	5
	17	99-49-0	香芹酮	√	—	—	√	—	√	—	—	√	—	5
	18	564-94-3	桃金娘烯醛	√	—	√	√	√	—	√	—	√	—	5
	19	4602-84-0	合金欢醇	√	√	—	—	—	—	√	—	√	—	5
	20	2111-75-3	紫苏醛	√	√	√	√	—	—	—	√	√	—	4
	21	106-22-9	香茅醇	√	√	—	√	—	√	√	—	√	—	5
	22	515-13-9	β-榄香烯	√	√	—	√	—	—	—	—	√	√	4
	23	106-23-0	香茅醛	√	—	—	√	—	√	—	—	√	—	4
	24	99-87-6	对异丙基甲苯	—	—	—	√	√	—	√	—	—	—	4
	25	122-03-2	枯茗醛	√	—	√	√	√	—	√	—	—	—	4
	26	23089-26-1	(-)-α-没药醇	—	—	√	√	√	√	√	—	—	—	3
	27	6902-91-6	吉马酮	√	—	√	—	√	—	—	—	—	—	3
	28	470-67-7	1,4-桉叶素	—	—	√	√	√	√	—	√	—	—	3
	29	5989-27-5	D-柠檬烯	√	√	—	√	—	—	√	—	—	—	3
	30	515-00-4	桃金娘烯醇	—	—	√	√	—	√	√	—	—	—	3
	31	79-92-5	莰烯	√	—	—	√	—	—	—	—	√	—	3
	32	562-74-3	4-萜烯醇	√	√	√	—	—	—	√	—	—	—	3
	33	123-35-3	月桂烯	√	—	√	—	—	—	√	—	—	—	3
	34	76-49-3	乙酸龙脑酯	—	√	—	—	—	—	—	—	√	—	2

续附表 2-1

类别	序号	CAS号	中文名	抗肿瘤	降血压	抗阿尔茨海默病	抗糖尿病	抗肥胖	抗焦虑	抗帕金森病	抗抑郁	降血脂	抗血栓	合计功能数量/种
萜类及其衍生物	35	89-82-7	长叶薄荷酮	—	—	√	—	—	√	—	—	—	—	2
	36	115-95-7	乙酸芳樟酯	—	√	—	√	—	—	—	—	—	—	2
	37	98-55-5	α-松油醇	√	√	—	—	—	—	—	—	—	—	2
	38	127-91-3	β-蒎烯	—	√	—	—	—	—	—	—	—	—	2
	39	99-83-2	α-水芹烯	√	—	—	—	—	—	—	√	√	—	2
	40	536-59-4	紫苏醇	√	√	—	—	—	—	—	—	—	—	2
	41	586-62-9	异松油烯	√	—	—	√	—	—	—	—	—	—	2
	42	106-25-2	橙花醇	√	—	√	—	—	—	—	—	—	—	2
	43	79-77-6	反式 β-紫罗兰酮	√	—	√	—	—	—	—	—	—	—	2
	44	6750-60-3	斯巴醇	√	—	—	—	—	—	—	—	—	—	1
	45	10458-14-7	薄荷酮	—	—	—	—	—	—	—	√	—	—	1
	46	2244-16-8	D-香芹酮	√	—	—	—	—	—	—	—	—	—	1
	47	105-87-3	乙酸香叶酯	√	—	—	—	—	—	—	—	—	—	1
	48	502-47-6	香茅酸	—	—	—	√	—	—	—	—	—	—	1
	49	7785-70-8	蒎烯	√	—	—	—	—	—	—	√	—	—	1
	50	1139-30-6	氧化石竹烯	—	—	—	—	—	—	—	—	—	—	1
	51	459-80-3	香叶酸	—	—	—	√	—	—	—	—	—	—	1
	52	18031-40-8	(−)-紫苏醛	—	—	—	—	—	—	—	√	—	—	1
	53	77-53-2	柏木脑	—	—	—	—	—	√	—	—	—	—	1

续附录表 2-1

类别	序号	CAS号	中文名	抗肿瘤	降血压	抗阿尔茨海默病	抗糖尿病	抗肥胖	抗焦虑	抗帕金森病	抗抑郁	降血脂	抗血栓	合计功能数量/种
萜类及其衍生物	54	14901-07-6	β-紫罗兰酮	✓	—	—	—	—	—	—	—	—	—	1
	55	10482-56-1	α-松油醇	—	✓	—	—	—	—	—	—	—	—	1
	56	89-79-2	异胡薄荷醇	—	—	—	—	—	✓	—	—	—	—	1
	57	3790-78-1	顺式-橙花叔醇	✓	—	—	—	—	—	—	—	—	—	1
	58	141-27-5	橙花醛	✓	—	—	—	—	—	—	—	—	—	1
	59	473-15-4	β-桉叶醇	✓	—	—	—	—	—	—	—	—	—	1
	60	99-48-9	香芹醇	—	✓	—	—	—	—	—	—	—	—	1
	61	14073-97-3	左旋薄荷酮	—	—	—	—	—	—	—	✓	—	—	1
	62	18172-67-3	左旋-β-蒎烯	—	—	—	✓	—	—	—	—	—	—	1
	63	89-80-5	胡薄荷酮	—	✓	—	—	—	—	—	—	—	—	1
	64	6753-98-6	α-荜草烯	✓	—	—	—	—	—	—	—	—	—	1
	65	104-55-2	肉桂醛	✓	✓	✓	✓	✓	✓	✓	✓	✓	✓	10
	66	528-43-8	木兰醇	✓	✓	✓	✓	✓	✓	✓	✓	✓	✓	10
	67	122-48-5	姜酮	✓	—	✓	✓	✓	✓	✓	✓	✓	✓	9
苯类/苯丙素类及其衍生物	68	97-53-0	丁香酚	✓	✓	✓	✓	✓	✓	✓	✓	—	✓	9
	69	6066-49-5	3-正丁基苯酞	✓	✓	✓	—	✓	✓	✓	✓	✓	—	9
	70	121-34-6	香草酸	✓	✓	✓	✓	✓	—	✓	✓	✓	—	8
	71	81944-09-4	乙-高木肉酯	✓	✓	✓	✓	—	—	✓	✓	✓	✓	8
	72	121-33-5	香兰素	✓	—	✓	✓	✓	✓	✓	✓	✓	—	8

续附表 2-1

类别	序号	CAS号	中文名	抗肿瘤	降血压	抗阿尔茨海默病	抗糖尿病	抗肥胖	抗焦虑	抗帕金森病	抗抑郁	降血脂	抗血栓	合计功能数量/种
苯类/苯丙素类及其衍生物	73	621-82-9	肉桂酸	√	√	√	√	√	—	√	√	—	—	7
	74	4180-23-8	反式-大茴香脑	√	√	√	√	√	√	—	√	—	—	7
	75	5471-51-2	覆盆子酮	—	√	√	√	√	—	—	—	—	√	5
	76	501-94-0	对羟基苯乙醇	—	—	√	√	√	—	√	—	—	—	4
	77	104-54-1	肉桂醇	√	√	—	—	√	—	—	—	—	—	3
	78	134-96-3	丁香醛	—	√	√	√	—	—	—	—	—	—	2
	79	97-54-1	异丁香酚	—	√	—	√	—	√	—	—	—	—	2
	80	93-16-3	异丁香酚甲醚	—	—	—	—	—	√	—	—	—	—	2
	81	60-12-8	苯乙醇	—	—	√	—	—	√	—	—	—	—	2
	82	614-60-8	邻羟基肉桂酸	—	√	—	√	√	—	—	—	—	—	2
	83	103-26-4	肉桂酸甲酯	—	—	—	—	√	√	—	—	—	—	2
	84	531-59-9	7-甲氧基香豆素	—	√	—	—	—	—	—	—	—	—	1
	85	123-11-5	大茴香醛	√	—	—	—	√	—	—	—	—	—	1
	86	120-57-0	胡椒醛	—	√	—	—	—	—	—	√	—	—	1
	87	140-10-3	反式-肉桂酸	—	√	—	—	—	—	—	—	—	—	1
	88	103-36-6	肉桂酸乙酯	√	—	—	—	—	—	—	—	—	—	1
	89	2628-17-3	4-羟基苯乙烯	—	—	—	—	—	√	—	—	—	—	1
	90	100-51-6	苯甲醇	—	√	—	—	—	—	—	—	—	—	1
	91	51-67-2	对羟基苯乙胺	—	—	—	—	—	—	—	—	—	—	1

附录2 特殊香气成分生物学调节功能统计

续附表2-1

类别	序号	CAS号	中文名	抗肿瘤	降血压	抗阿尔茨海默病	抗糖尿病	抗肥胖	抗焦虑	抗帕金森病	抗抑郁	降血脂	抗血栓	合计功能数量/种
苯类/苯丙素类及其衍生物	92	121-32-4	乙基香兰素	—	—	—	—	—	—	—	—	—	—	1
	93	100-52-7	苯甲醛	√	—	—	—	—	—	—	—	—	—	1
	94	120-51-4	苯甲酸苄酯	—	—	—	—	—	√	—	—	√	—	1
	95	103-82-2	苯乙酸	—	—	—	—	—	—	—	—	—	—	1
	96	673-22-3	2-羟基-4-甲氧基苯甲醛	—	—	√	—	—	—	—	—	—	—	1
	97	99-93-4	对羟基苯乙酮	√	—	—	—	—	—	—	—	√	—	1
	98	14371-10-9	反式-肉桂醛	—	—	—	—	—	√	—	—	—	—	1
	99	90-05-1	愈创木酚	—	—	—	—	—	—	—	—	—	√	1
	100	104-46-1	茴香脑	√	—	—	—	—	—	—	—	—	—	1
	101	1504-74-1	邻甲氧基肉桂醛	—	—	—	—	—	—	√	—	—	√	1
	102	498-00-0	香草醇	—	—	—	—	—	—	—	—	—	—	1
	103	100-83-4	3-羟基苯甲醛	√	√	√	√	√	—	√	—	—	√	8
	104	143-07-7	月桂酸	√	√	√	—	√	√	√	√	√	√	9
	105	463-40-1	α-亚麻酸	√	—	√	√	—	—	√	—	√	—	5
	106	617-35-6	丙酮酸乙酯	√	—	√	√	√	√	√	—	—	—	5
	107	1211-29-6	苯莉酸甲酯	—	—	√	—	√	√	√	√	—	—	5
	108	334-48-5	癸酸	√	—	√	√	—	√	—	—	—	—	5
	109	124-07-2	辛酸	—	—	—	√	—	—	√	—	—	—	4

307

续附表 2-1

类别	序号	CAS号	中文名	抗肿瘤	降血压	抗阿尔茨海默病	抗糖尿病	抗肥胖	抗焦虑	抗帕金森病	抗抑郁	降血脂	抗血栓	合计功能数量/种
苯类/苯丙素类及其衍生物	110	79-09-4	丙酸	√	—	—	√	√	—	—	—	√	—	4
	111	544-63-8	肉豆蔻酸	—	—	—	√	√	√	—	—	—	—	3
	112	64-19-7	乙酸	—	—	—	√	√	—	—	—	—	√	3
	113	107-92-6	丁酸	—	—	—	√	√	—	—	—	—	—	2
	114	503-74-2	异戊酸	—	—	—	—	√	√	—	—	—	—	2
	115	25152-84-5	反式-2,4-癸二烯醛	√	√	—	—	—	—	—	—	—	—	2
	116	109-52-4	戊酸	√	—	—	—	—	—	√	—	—	—	2
	117	1002-84-2	十五烷酸	√	—	—	√	—	—	—	—	—	—	2
	118	127-17-3	丙酮酸	—	—	√	—	—	—	√	—	—	—	2
	119	57-11-4	硬脂酸	√	—	—	—	—	—	—	—	—	—	1
	120	111-14-8	正庚酸	√	—	—	—	—	—	—	—	—	—	1
	121	764-39-6	2-戊烯醛	√	—	—	—	—	—	—	—	—	—	1
	122	112-05-0	壬酸	√	—	—	—	—	—	—	—	—	—	1
	123	66-25-1	己醛	—	—	—	—	—	√	—	—	—	—	1
	124	112-39-0	棕榈酸甲酯	—	√	—	—	—	—	—	—	—	—	1
	125	1576-87-0	反式-2-戊烯醛	√	—	—	—	—	—	—	—	—	—	1
	126	112-30-1	正癸醇	—	—	√	—	—	—	—	—	—	—	1
	127	112-37-8	十一烷酸	√	—	—	—	—	—	—	—	—	—	1
	128	1629-58-9	1-戊烯-3-酮	√	—	—	—	—	—	—	—	—	—	1
	129	24851-98-7	二氢茉莉酸甲酯	√	—	—	—	—	—	—	—	—	—	1

附录2 特殊香气成分生物学调节功能统计

续附表 2-1

类别	序号	CAS 号	中文名	抗肿瘤	降血压	抗阿尔茨海默病	抗糖尿病	抗肥胖	抗焦虑	抗帕金森病	抗抑郁	降血脂	抗血栓	合计功能数量/种
硫化物	130	2050-87-5	二烯丙基三硫醚	√	—	√	√	√	—	—	—	√	√	6
	131	57-06-7	异硫氰酸烯丙酯	√	√	—	√	√	—	—	—	√	—	5
	132	622-78-6	苯基异硫氰酸酯	√	—	—	√	√	—	√	—	√	—	5
	133	2179-57-9	二烯丙基二硫醚	√	√	√	—	—	—	—	—	√	—	4
	134	57-09-2	2-苯基乙基异硫代氰酸酯	√	—	—	—	√	—	—	—	√	—	3
	135	534-25-8	3H-1,2-二硫杂环戊二烯-3-硫酮	√	—	√	—	—	—	√	—	—	—	3
	136	3658-80-8	二甲基三硫	√	—	—	—	√	—	—	—	—	—	2
	137	592-88-1	二烯丙基硫醚	√	√	—	—	—	—	√	—	—	—	2
	138	624-92-0	二甲基二硫	√	√	—	—	—	—	—	—	—	—	2
	139	1124-11-4	2,3,5,6-四甲基吡嗪	√	√	√	√	—	√	√	√	√	√	9
氮氧杂环类	140	123-32-0	2,5-二甲基吡嗪	—	—	—	—	—	√	—	—	—	—	1
	141	118-71-8	麦芽酚	√	—	—	—	—	—	—	—	—	—	1
			合计	85	52	51	50	46	46	44	35	40	19	

注:"√"表示香气成分具有相应生物学调节功能,"—"表示香气成分不具相应该生物学调节功能。